姜涵 著

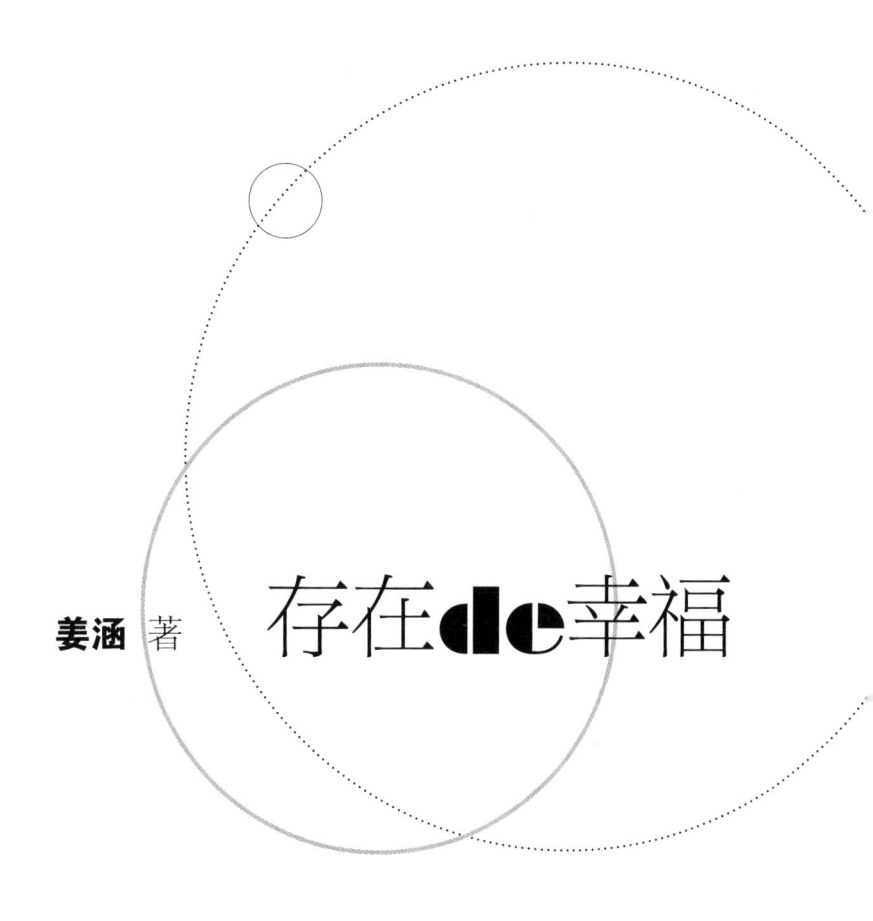

存在de幸福

社会科学文献出版社
SOCIAL SCIENCES ACADEMIC PRESS (CHINA)

图书在版编目(CIP)数据

存在的幸福/姜涵著.—北京:社会科学文献出版社,2015.2
ISBN 978-7-5097-7049-8

Ⅰ.①存… Ⅱ.①姜… Ⅲ.①幸福-通俗读物 Ⅳ.①B82-49

中国版本图书馆CIP数据核字(2015)第014270号

存在的幸福

著　　者 /	姜　涵
出 版 人 /	谢寿光
项目统筹 /	顾婷婷
责任编辑 /	桂　芳
出　　版 /	社会科学文献出版社·北京社科智库电子音像出版社 (010)59367105
	地址:北京市北三环中路甲29号院华龙大厦　邮编:100029
	网址:www.ssap.com.cn
发　　行 /	市场营销中心(010)59367081　59367090
	读者服务中心(010)59367028
印　　装 /	三河市尚艺印装有限公司
规　　格 /	开本:787mm×1092mm　1/16
	印张:22.25　插页:0.5　字数:270千字
版　　次 /	2015年2月第1版　2015年2月第1次印刷
书　　号 /	ISBN 978-7-5097-7049-8
定　　价 /	39.00元

本书如有破损、缺页、装订错误,请与本社读者服务中心联系更换

版权所有 翻印必究

献　给

过世的父亲姜伯和、公公林春平：感谢对我的爱护与信任，我当活出您的精神！

感恩母亲林美惠、婆婆周阿招：您让我遇见自己，在我受苦之前您已经受苦了！

吾爱林明志（江峰）：我们是生活伴侣、生命伴侣、灵魂伴侣，此生无憾！

知己儿子林侃：你创生了自己的思想，爬上了高峰与我们相见，你是上苍的孩子！

女儿林佳＋女婿张智翔：爱情十年具体实践"让他（她）成为他（她）所是"！

义妹李美兰：无怨无悔竭尽所能地贡献自己！

感谢你们对我无尽的爱和成全，并参与了这一生幸福旅程！

序 一

顾蕴璞[*]

《存在的幸福》是一部我有幸先睹为快的、充满智慧而且富含灵气的宝书，作者姜涵老师是一位教人认知"身、心、灵"三者共同存在的哲人，她曾是台湾多次获金钟奖的资深广播节目主持人，如今已是广受学生爱戴的家庭教育名师。由于她师承傅佩荣教授的西方哲学，融会贯通了从苏格拉底到卡缪（加缪）这八位顶级哲学家的核心思想，能针对不同对象，教会学生回答关于存在的根本议题：我是谁？我可以如何存在？我可以如何与他人、与世界共处？教他们认识爱是生命的核心动力，用爱去影响他人，创造价值，以万物自身的定位与世界和谐共处，活出自我创生的意义和精神来。她潜心贯通世界顶级哲思和中华伦理经典，多年来不辞辛劳，不断往返于海峡两岸之间，在中华民族伟大复兴的共同征程中，从家庭教育着手对青少年（甚至扩及不少成功人士）进行循循善诱的启蒙，成绩斐然。她的奉献，除目标的高远外，还应归功于方法的革新：她动用了广播节目主持人与听众传递与反馈信息的互动体验，独创了苏格拉底用对话向学生传授真理的现代模式，令人茅塞顿开，由衷敬佩。

---

[*] 本文作者系北京大学外国语学院教授，我国著名俄罗斯文学研究家、翻译家，因主编《莱蒙托夫全集》并译其中的抒情诗而荣获首届"鲁迅文学奖"，中国译协颁发的"资深翻译家荣誉证书"和俄罗斯作协颁发的"高尔基奖状"、"莱蒙托夫奖章"的获得者。

本书读似浅显，领悟与照办却有一定难度，不仅是因为作者所倚重的苏格拉底等八大哲人的思想博大精深，还因为如要读者认识自己也曾参与的荒谬，摒弃那些早已僵化的偏见（比如把在社会上的角色带到家庭中来，等等），仿佛脱胎换骨，谈何容易！这一点，作者用现身说法在自序中就已提醒读者。但同时，她又从卡缪的一句名言"我所认识的世界，并不是世界本身"找到了革"荒谬的认知"（一般会说："我以为"）的命的金钥匙。她还以自己家庭为例，阐明了父母在家庭教育中的重要性，父母对子女的尊重与否，会直接影响到他们是否也让自己的后代重蹈"荒谬的认知"的覆辙。对于姜涵老师在哲学的理性指引下对青少年的家庭教育理念，我不但完全认同，而且愿意与读者分享自己的亲身经历，作为来自大陆的对姜涵老师的理论与实践的补充验证。

我三生有幸，如姜老师所说，遇上一个懂得尊重孩子的爸爸。父亲从来不打骂我，不随便操控我，我从小就从他那里潜移默化地学到了对人的尊重。他常对我说，要学会吃亏，这是不容易的，但一定要学会。从父亲那里继承的品格自然也体现在对待我的女儿的态度上，加上近年来我和我老伴习练了"开心保健"，懂得遇事如改变不了别人，就先改变自己。必须从"以自我为中心"变成"以自我完善为中心"。我们家三代人：姥姥、姥爷；妈妈（女儿）、爸爸（女婿）；外孙之间，也逐渐因在乎对方的感受而改变对对方并非真相的认识，我自然比较容易对姜老师在书中所发扬的孔子的"共学"理念，产生心有灵犀一点通的共鸣。特别是在仔细研读了全书清样，向她当面求教一些不明白的问题之后，我的态度发生了突变：由原先不敢为她写序，转成毅然承担写序，因为我已自信不但读懂了这部著作，而且深知它对弘扬中华与世界文明，净化人的心灵的价值。

序二 哲学的旅思：存在、幸福与爱

陈李翔*

12月初，正好逢周末，我试着读姜涵女士的《存在的幸福》书稿。没想到，竟由此开启了一段对话式的旅行——一段旅行，八个派对。姜涵试图引领我（你或者他）与八位西方哲学先贤进行直接的、个人的对话。

她是一位极好的主持人，做足了先贤们的功课，引人入胜的故事讲述，通俗易懂的思想阐发，结合她个人的人生经验和况味——诱发与拷问，促我省思。读这本书，你一定不会只是一个阅读者，你一定会是这场漫长、严肃而极有趣的对话的一方。但这书的确有点长，我又没有大块时间可用来阅读。在读下去还是放下来的纠结中，我断断续续地游走在这场颇有些风花雪月的存在主义之旅中。其间，有句话一直在我的眼前跳跃，似"精灵"一般，我便尝试着写下来：

存在是真的实体，幸福是善的体验，而爱是美的哲学。

这话是属于我自己的。那么什么是我的存在？物质的存在还是意识的存在？抑或是超越物质和意识的存在？存在首先是自己作为我的实体而存在，其次是个人相对群体的存在，最终是自己和个人因着我

---

* 本文作者系北京大学中国职业研究所常务副所长，长期从事工作研究，曾主持和参与国家职业分类、产业人才战略、职业资格体系等重大课题研究。著有《能力·课程·资格》、《职业资格概论》、《技能振兴：战略与技术》等。

的灵魂而存在,也就是你的精气神,故孟子曰养吾浩然之气。所以,人的存在是自己、个人和精神的统合。作为自己,你生而自由;作为个人,你当自觉;自己和个人回溯到精神,你便自在。自由、自觉、自在统合而为我的自性,就是我的存在,所以佛曰自性具足。因此,我说我的存在是真的实体。

什么是幸福呢?我的体会是,幸福便是作为存在的我在选择善的过程中的体验(而不是选择的结果)。自由选择,自我承担,自我实现,便是存在的幸福,便是我的幸福。这个过程中有各种痛苦,各种焦虑,但是这个过程是自由的,是自我的灵性决意要成为自我本身。没有人能替代,也没有人能真正左右。我的母亲曾是一名老师,做过近二十年的校长。当她回首一生时,她说她的一生是她自己走过来的,与他人无关。当她说这个话时,我能看到她眼睛里有淡淡的忧伤,而她的嘴角上总是挂着轻轻的微笑。所以我知道她的人生是她自己的,在那个特殊的年代里,尽管有太多的磨难和不幸,但她的体验是幸福的。古人说:人之初,性本善。当我们跳进人生长河,追求幸福的过程便是体验善的过程,这是一种自由的体验。

什么是爱呢?在我看来,爱就是我的存在在体验幸福的过程中的信仰,是我的存在"走过自己"的力量,是自我源自内心的本真。所以,三岁的孩子在妈妈遇到困难的时候,会不假思索地说,妈妈我来保护你!这就是"赤子之心"。爱并不是自我的创造,也不是人类的发明,它本来就静静地待在那里,始终很强大。《老子》说:"有物混成,先天地生。寂兮寥兮,独立而不改,周行而不殆,可以为天地母。吾不知其名,字之曰道,强为之名曰大。大曰逝,逝曰远,远曰反。"此物其实乃"爱"也。这里的这个"反"字很是了得,返回到哪里去?"夫物芸芸,各复归其根。归根曰静,静曰复命。复命曰常,知常曰明。"返回到存在之真!爱是我存在的理由,爱是我真诚的原因，是我走过自己体验幸福的力量，所以王阳明悟出"天道即人心"。爱的表达则必为行动，不用思索，没有功利，并可推己及人。故孔子要求其弟子"泛爱众，而亲仁，行有余力，则以学文"（《论语·学而》）。

我终于知道我的"精灵"也一直就待在那儿，只是我不曾听见或者看见。当我感觉到我的"精灵"的时候，我便豁然，得以洞见自我。所以，我得谢谢姜涵女士。

我后来才知道，姜涵女士的确做过电台主持人，所以她有能力推动这个对话。其实，我与她并不怎么相熟。2013年，一个偶然的机会，遇见她和她的先生。姜女士告诉我，她在做HBDI（全脑思维优势）测评，并愿意为我做一次分析。我平生第一次做这类测评，但结果让我觉得很有意思。后来，我邀请她到双井恭和苑（老年持续照料生活社区）为住户老人开设"生命动力工作坊"。意想不到的是老人们很活跃，积极参与其中，并开始重新审视各种人生问题。

2014年10月间，她通过微信告诉我，她写了一本书。我说很期待能尽早拜读到这本书。之后有一天，她从台北回到北京，就来我的办公室，坐下便讲她的书和她的经历，我也与她分享我的经历和思虑。她提出要我为她的书写序，我真的觉得很突兀。我是一个已经退出江湖的技术官僚，并无任何学术地位，所以我很为难。她说她在北京认识的人很有限，所以想到了我。她说得很平常，但言辞恳切。我只好说，先读书吧，若有心得，或可用。

书还没读完的时候，女儿邀我去看克里斯托弗·诺兰（Christopher Johnathan James Nolan）的《星际穿越》（Interstellar），这又是一个关于末日与拯救的故事，崇高的目标和善意的谎言交织在一起。最终，当一切谎言被揭穿，抉择再一次摆在主人公的前面，一个承诺，一个包含着爱的承诺，拯救了自己，拯救了家人，也拯救了人类。

看这电影的时候，一对恋人坐在我的左边。男生一开始总是用技术的眼光在挑剔地评论着，实话说，我有些烦这个小伙子。电影快结束的时候，我的左边传来哭泣声，那种不加掩饰的男人哭声……我便惊了。是爱的存在击中了他？或许，他将走过自己……

哎，我在应当自知的年龄里仍不能自知，在不该絮叨的年龄时却开始絮叨……书读完了，不知这序可用否？

序三　成为其所是

江　峰*

著名人本主义心理学家卡尔·罗哲斯（Carl Rogers），在大三那年代表学校到中国参加"世界学生基督徒联合大会"。那是1922年，第一次世界大战刚结束四年。会中他目睹与会的法国人与德国人之间仍有强烈的仇恨，"虽然他们个别的人看来都还蛮可亲的"。他因而有了重大的体悟："即使是诚实、真心的人之间，仍可能信仰着极为歧异的信条！"

从此之后，罗哲斯形容自己"从我父母亲的宗教思想中解放出来……这种思想上的独立造成了我们亲子关系间很大的痛苦和紧张。但是返首回顾那段历史，我相信……就是那时候我才变成了独立的人。"[①]

一个刚刚成年（罗哲斯1902年出生）的大学生，目睹他国人士之间的仇恨，为什么会得到"诚实、真心的人之间，仍可能信仰着极为歧异的信条"这样的体悟？而这番体悟为什么又会让他挣脱父母亲的宗教思想，得到思想上的独立？

我猜想，罗哲斯在出国开会前，对于宗教的观点可能已经和父母

---

* 江峰为本书作者姜涵夫婿，两人于1986年因广播结缘、合作进而决定共度此生。江峰系鼎爱文化事业董事长、好好好家庭教育文教基金会创会董事长，长期从事家庭教育广播节目制作主持、青少年教育与对话辅导。

① 卡尔·罗哲斯：《成为一个人》，台湾左岸文化，2014。

亲不同，而且双方沟通过却失败了，因而彼此之间有些对立甚至不愉快的情绪。表面上，罗哲斯虽然坚持己见，不愿意放弃自己的观点，但身为儿子，他在内心里为了自己与父母之间的歧异，其实感到痛苦、彷徨。他的父母，正如同他在中国所看到的法、德国民一样，都是"诚实、真心"的人，而他与父母之间在宗教思想上的重大歧异，也正如这些法、德国民一样，因为第一次世界大战期间的敌对，彼此仍然对立，互不兼容。

正因为罗哲斯原本就对自己与父母亲之间的歧异甚至对立感到痛苦不堪，也思考过该如何面对、解决，所以当他看到法、德国民之间的歧异对立时，才能很快就联结到自身的处境，也让他顿悟：对立的两边，都是好人，没有坏人，而彼此之间除了立场不同之外，其实也并没有什么深仇大恨。当他拿掉自己的情绪，看清楚事情的本质后，才发现自己真正反对的，并不是父母亲，而是父母亲的"宗教思想"！换句话说，自己还是爱父母的，只是自己的"宗教思想"与父母亲的"宗教思想"不同而已；既然如此，双方根本不需要伤害彼此的感情，更不需要因而感到内疚！

罗哲斯认清了自己与父母冲突的本质后，知道自己不是背叛父母，只是与父母的观点不同，这番体认让他从此以后可以安心地坚持自己的看法、发展自己的思想，这对一个感受特别敏锐，"自我"正在形成，而且看重与父母之间关系的年轻人来说，实在太关键了！也因为这番体悟，日后他才会提出"成为一个如其所是的自我（To Be That Self Which One Truly Is）"这个重要的观点。

罗哲斯的遭遇并不是特例，我们在成长的过程中，往往因为自己与父母的观点不同、立场相异而感到不安、惶惑、困扰甚至痛苦。年轻人不懂得区分"我与父母意见不和"和"我与父母情感不和"之间的差别，总觉得自己常常忤逆父母，"害"父母气坏身体，而父母明明是爱我们的，我们怎么可以"恩将仇报"！有些人因而在家里"不敢做自己"，甚至出了家门也"迷失了自己"，不晓得该如何面对人际关系，而相对地，有些人在家里"压抑自己"，在工作上却"放大自己、不管别人"，人际关系也很失败。

另一方面，有些父母无法接受子女"居然"不认同自己的信仰、想法或行之多年的观念，愤怒者有之，伤心者有之，感慨者有之，但大家似乎都忘了，这一代受的教育与我们当年有多么不同！而他们身处的环境与面临的未来又跟我们有多大的差异！还有些父母鼓励子女要有"独立思考"的能力，但是当子女真的有自己的想法，却跟自己大不相同的时候，反倒大感意外，无法接受，似乎在他们心目中，"独立思考"的前提是"必须顺从父母"！

这些子女其实都可以放心做自己，而父母也可以安心地让子女与自己不同，诚如姜涵在书中所说："**我可以成为自己，同时我也可以成为父母良善的知己；我们不会因为完成命运的高度就跟父母对立，而是完成了自己之后，有那个高度，同时还可以成为父母生命的意义。**"子女要成为父母良善的"知己"，首先要能够理解父母的立场与心情，知道父母真正的心意是什么，想要表达、真正看重的又是什么。有些父母用传统的说法、概念来表达他们对子女的期许、祝福，让子女觉得为难、无法遵从，但如果我们能体贴父母的本意，即使选择表面上看起来违背父母的做法，却同样可以让父母安心、满意。

举例来说，当年我在填写大学志愿时，揣摩父母的心意，似乎希望我能念医学系，但是我对医学并没有兴趣，于是推想父母的本意是希望我选择"待遇好、有出路、受人尊敬"的工作，便按照同样的原则念了电机系。果然，父母接纳我的选择，亲子之间没有冲突。

其次，子女要追求成为父母"良善"的知己。"良善"有两个方向，首先是自己做人要良善，力求上进，"立身行道，扬名于后世，以显父母，孝之终也"（《孝经》）。其次，子女还可以协助父母追求"良善"。如果父母对事情的看法与处理有所疏失，身为子女，要委婉劝说，不能坐视父母违背良善，伤害别人甚至自己！（《论语·里仁》："事父母几谏。见志不从，又敬不违，劳而不怨。"）

能够成为父母良善的知己，代表我们足够成熟，可以成为家里的"第三个大人"，为父母分劳解忧，甚至协调沟通、排解纠纷。罗哲斯一旦理解自己与父母只是意见不和，并非背叛父母之后，虽然双方关系难免有段时间比较紧张、痛苦，但是他勇敢地坚持下去，终于拥有自己的思想体系，可以在心理学界开创自己的一片天空，帮助更多需要"确立自我、同理别人"的人。

当罗哲斯完成命运的高度，成为人本主义心理学大师时，他的成就擦亮了家族的姓氏，而他对世人的贡献除了是他自己生命的意义之外，父母能够生养这么一位对世界有所贡献的心理学大师，也等于是父母的生命有了重大的意义。这印证了姜涵在书中所说的**"成为父母生命的意义"**，同时跟前面所引用的《孝经》"立身行道，扬名于后世，以显父母，孝之终也"意思是相通的。有趣的是，人本主义心理学派正是受到存在主义的影响而发展出来的心理学第三学派（前两者分别是"精神分析"学派与"行为主义"学派）。

我与姜涵，多年来从事青少年"自我教育"与"生命教育"，帮助年轻人学习"人的知识"，从认识"人"，到认识"自己"；从"爱真正的自己"到"真正地爱自己"；这些过程，让年轻人更懂得珍惜自我、爱惜生命，也懂得看重关系、维护价值。而我们教导学生的核心价值，正是"让对方成为其所是"，不管对方是我们的子女、配偶或学生，都要协助对方找到"内在的声音"，追随"生命的罗盘"，找到人生的方向！

自　序

姜　涵

对我来说，卡缪非常重要，他是带领我认识荒谬真谛的老师。我在学习哲学的路程当中，试图理解他的想法，而当我理解之后，觉得很可怕，因为我发现：原来我也曾是荒谬的参与者，甚至我也创造荒谬！对于自己过去的行径，我认为我必须要把自己僵化的偏见、世故而不以人为主的观念全部抛掉，这对当时学习调整的我相当于八级地震，我该如何进入自我重建的工程？在35岁时，我的人生已经具备传统社会的保守观念（即使我看起来像新时代女性）、工作体制的刻板观念（即使我充满创意）、家庭伦理的因循窠臼（即使我想要平等、尊重，但也害怕出拳后生活实况的反作用力会伤自己更重）。我是积极背后的消极者、创造力十足的保守者、男尊女卑的反抗者、长幼有序的支持者、大局为重的远见者、重叠角色的慌乱者、意见很多的谨慎者、勤能补拙的拥护者，等等。在别人的眼中，我能干、坚毅、和善、勤奋、大方。就自我来说，这样一个人，到底在躯壳中住着什么样的灵魂？为什么是积极背后的消极者？

原来，这一切来自母亲说过的性别观念带来的差异：女人再强也强不过男人；女人尿尿也不比男人高。这两句母亲的妈妈（外祖母）送她的话，她毫不犹豫地也这么教我和姊姊。这对我们在青少年阶段的自我发展与自我评价，造成非常严重的扭曲和伤害，还好我是积极、勤奋、不信邪的丫头，我总在心里鼓励自己奋发向上，但人生总有起落、难免困境；在努力过后的困境中，我总不自觉地跌回谷底（消极、悲观）。面对那种无法分辨、厘清的人情世故，总以妈妈的处事风格作为我的处事典范。我，活在母亲自我压抑的生命中，拷贝她的压抑成为我的，之后即便我有感应并试图自创见解，也会被她叨念——我从此不在她面前说我的想法，因为否定总胜过接纳与赞同。

父亲是师范学院毕业的学生，在理解程度上比母亲好些。我在中学阶段常听他们两人说话，说到最后父亲说："我讲的你听不懂、我说的你不知道。"母亲很生气，但她仍是压抑、温和地说："好，我请教你，你说给我听好不好。"我看得出来，母亲内心仍然觉得父亲否定她，即使她嘴上说得温和，但她已经受伤了。直到我学了哲学，才知道父亲从来没有否定母亲的意思，父亲只是就事论事，他知道母亲听不懂，很直接地告诉母亲你听不懂。很不幸的是，青少年时期的我只觉得父亲说话太重，而我不喜欢他对母亲的直接批评。后来在还没有学习哲学前，我发现只要有人跟我说："你不懂。"我就会暴跳，紧接着就自我否定。

学习后我才知道，消极是在否定中悄悄生长；我把不喜欢、讨厌的自己排除在自我之外，所以当我被直接批判（就像老爸对母亲的态度）的时候，犹如被烈日曝晒、万箭穿心般难受，这是原生家庭带来的心灵误伤。"没有人故意为恶"，尤其是父母，因此我找到他们之所以成为他们的路径，明白了他们生命的难处。最后我告诉自己："不管他们明不明白对我的教养所造成的影响，我都由衷地感激他们，因为他们尽力了。"

我说自己曾经是参与、创造荒谬的人，因为我的脑海中也曾经有过许多似是而非、似懂非懂、没有原则的集体观念，这些都必须用炸弹爆破，再重新建构！这样的过程需要非常大的勇气，于是我思考到底哪些要留下来、哪些要爆破。当时我自己也不是很清楚，于是就设定了学习哲学的旅程——从 35 岁到 50 岁，一边检证哲学思想，一边印证哲学思想的意义与价值。而在检证之前，必须先把自己的荒谬大楼一步一步拆解掉，或者先爆破某些部分，因为有些积习难改的地方就像铜墙铁壁，需要用炸弹摧毁；如果一颗炸弹不够，就用三颗，有时候甚至要用原子弹！40 岁前我建构了"意义价值的生命蓝图"（另外还有给学生的简易版本：打开生命蓝图）系统，立志"成为更好的自己，追求卓越，贡献自己！"这是我学习哲学的动机。

然而，刺激我积极反思的是卡缪，我到底透过他看到了什么，为什么他的思想让我这么心向往之？首先，卡缪说："我所认识的世界，并不是世界本身。"许多人不会一开始就同意这句话，如果没有认真思考过，你也不会同意它，因为"我所认识的世界明明就是世界本身，我所看到的一切，就如同我所看到的，怎么会不是呢？"譬如说，大家都认识"山"，辛弃疾的《贺新郎》"我见青山多妩媚，料青山见我应如是。"山在我们眼中多么美好！却有人去爬山时摔断腿，还有人甚至在山林中失踪！这不是很荒谬吗？我以为我所看到的"山"，就是山的本身，其实是自作多情！没有真正认识山是什么，只是凭感官印象觉得它是山，就是我所认识的山，山应该是如我所想！这样想就是自以为是了。一个人活到 35 岁，突然发现自己过去都是自以为是，这是多么可怕的事情！这难道不是一种非常剧烈的撞击吗？后来，我看到但丁写《神曲》的年龄也是 35 岁，内心总算宽慰一些，心想：还好有但丁陪我。

如果对自然界的山都这么自以为是，那对"人"呢？我以为我爱孩子，结果我不断地把他们雕塑成我想要的作品，这不就是误会吗？而我所认识的自己就是自己本身吗？对我来说，这又是一个很严肃的议题。

我以为的事实，却不是真相，这就是荒谬的认知（一般会说：

"我以为"），或者说是荒谬的开始。这是惯性思想上的革命，对我而言，革自己想法的命是非常严肃、恐怖的议题，因为我必须要很清楚地面对"自己为什么会这样想"——我的想法是来自别人告诉我、约定俗成或本能？如果是别人告诉我的，为什么我没有加以澄清？如果是约定俗成，是由谁约定的？如果是本能，为什么没有厘清本能是什么？因此我发现，我需要知识，我需要跟人有关的知识。如果没有"人的知识"，我怎么能够先弄清楚自己，又怎么能够弄清楚自然界到底是怎么回事？我以为我所认识的世界就是世界本身，**我以为我知道，但其实我并不知道；当我知道"自己不知道"的时候，我才能够真正知道我"知道什么"。**

诚如《论语·为政》篇中孔子对于知道的看法。孔子："子路，我教你，什么叫作知道？知道就是知道，不知道就是不知道，这就是真知道。"（《论语·为政》子曰："由，诲女，知之乎？知之为知之，不知为不知，是知也。"）再说明一下当时的背景，子路性子急，学习的时候经常囫囵吞枣，还没有深入理解就说自己懂了；孔子担心这个慷慨大方的学生只能看到表象，无法进入真相。所以有一次子路又说他懂了，孔子就说我来教你，什么样的知道才算是真的知道。孔子的意思是，理解了真相才是真的知道。知道背景之后，我们再来翻译就比较好懂。子路，我告诉你，什么叫作真正的知道？理解了真相就是知道，不理解真相就是不知道，能够知道自己哪里不理解，就是知道的开始了。

从不知道到知道，至今已经跨过20个年头了。我拥有幸福的家庭，先生、儿子、女儿和一群积极贡献的学生，如今我们一起致力于教育工作。对我而言，从抉择要成为贡献者的那一刻开始，我成了自己生命的主人；我真诚面对每一个角色，在每一个角色的背后时时提醒自己，要尽己所能从根本而完整的角度来考量对应者的需求，于是我清楚地知道我已经甩掉了积极背后的消极者了。

《存在的幸福》是人的知识的一部分，写出来也成了我从事教育工作的心得分享，它让我知道生命正在向上攀升。分享人的知识，除了再一次回顾过往之外，也希望让身边的学生能够立志"成为贡献者"——并从孔子的真诚开始，一点一滴踏实地将本分做好，坚定地相信这就是对灵性自我的雕塑，也就能如我般收获清明、素朴，拥有穿透本质的思辨力。

哲学始于惊奇！对我而言：原来爱智如此迷人、清澈透明，让人无所焦虑、无所恐惧，这已经是存在的幸福了，更惊艳的是灵性自我的逍遥愉悦。

目　录

存在的幸福：人生议题系统 …………………………………… 001

存在主义之源起 …………………………………………………… 001

  缘起：楔子 …………………………………………………… 003

  苏格拉底的抉择 ……………………………………………… 005

  齐克果的选择 ………………………………………………… 006

  尼采的抉择是走过自己 ……………………………………… 006

  雅士培面对死亡的抉择 ……………………………………… 007

  海德格抉择了真正存在 ……………………………………… 007

  马塞尔对"是"的抉择 ……………………………………… 007

  沙特抉择了自由 ……………………………………………… 008

  卡缪以反抗超越了荒谬 ……………………………………… 008

苏格拉底 ……………………………………………………………… 009

  缘起：楔子 …………………………………………………… 011

  生平背景 ……………………………………………………… 013

    雕刻家与助产士之子 …………………………………… 014

    从军 ……………………………………………………… 017

我的朋友是城邦内的人而非城外的树木 ･･････････ 018

　人格表现 ･････････････････････････････････････ 020
　　智慧的启发 ･････････････････････････････････ 020
　　苏格拉底教学法 ･････････････････････････････ 021
　　苏格拉底身为老师的观点 ･････････････････････ 024

　哲学信念 ･････････････････････････････････････ 025
　　主张"认识自己"而不是认识自然 ･････････････ 025
　　追求真理 ･･･････････････････････････････････ 031
　　肯定传统 ･･･････････････････････････････････ 033
　　内心之声 ･･･････････････････････････････････ 036
　　选择 ･･･････････････････････････････････････ 037
　　灵魂不死 ･･･････････････････････････････････ 039
　　对我身为老师的启发 ･････････････････････････ 040

　苏格拉底名言 ･････････････････････････････････ 041

齐克果 ･･ 043

　缘起：楔子 ･･･････････････････････････････････ 045

　生平背景 ･････････････････････････････････････ 047

　思想核心 ･････････････････････････････････････ 054
　　选择成为自己、个人 ･････････････････････････ 054
　　自由 ･･･････････････････････････････････････ 056
　　主体性真理 ･････････････････････････････････ 058
　　跳跃与信仰 ･････････････････････････････････ 062

　人生的进程与困难 ･････････････････････････････ 064
　　人生三阶段 ･････････････････････････････････ 064
　　人生的三种绝望 ･････････････････････････････ 072

齐克果名言 ·· 076

尼采 ·· 077

缘起：楔子 ·· 079
能够与应该——做生命的主人 ·· 081

生平背景 ·· 084
思想背景 ·· 084
家庭背景 ·· 089
生涯发展 ·· 094

思想精华 ·· 096
健康的文化——希腊悲剧精神 ·· 096
时代的危机——虚无主义的时代已经到来 ·· 101
创造一切价值的根源——权力意志 ·· 103
克服虚无主义——重估一切价值 ·· 120

尼采名言 ·· 126

雅士培 ·· 129

缘起：楔子 ·· 131

生平背景 ·· 132
家庭背景 ·· 133
生涯发展 ·· 134
思想启发 ·· 137

思想精华 ·· 151
人的自由 ·· 151
界限状况 ·· 152
刹那与永恒 ·· 157

密码与超越界 ·· 157
　　四大圣哲 ··· 158
雅士培名言 ·· 162

海德格 ·· 163

缘起：楔子 ·· 165
生平背景 ·· 165
　　家庭背景 ··· 169
　　生涯发展 ··· 169
　　思想背景 ··· 169
思想精华：前期思想 ······································· 170
　　被忽略的"存有"问题 ································ 170
　　人是"此有"与"在世存有" ·························· 172
　　此有与时间 ·· 177
思想精华：后期思想 ······································· 178
　　从存有到存有者 ····································· 178
　　存有当前的命运——虚无主义 ······················ 179
　　真理的本质 ·· 180
　　艺术与技术、思想与哲学、诗与语言 ··············· 182
　　克服虚无主义 ······································· 186
海德格名言 ·· 188

马塞尔 ·· 189

缘起：楔子 ·· 191
生平背景 ·· 193
思想精华 ·· 197

人类当前的困境与解决之道 198
　　存在的旅程 206
　马塞尔名言 208

沙特 211

　缘起：楔子 213
　生平背景 214
　　家庭背景 214
　　生涯发展 216
　　情感与道德 218
　　思想启发 220
　思想精华 225
　　思想的起点 225
　　存有者的类别："在己存有"与"为己存有" 225
　　人生 231
　沙特名言 236

卡缪 237

　缘起：楔子 239
　生平背景 239
　　家庭背景 239
　　生涯发展 240
　　思想启发 240
　　误会的生命 241
　　荒谬的参与者 247
　　活出新生命 248

思想精华 249
　　　　从"荒谬"出发 249
　　　　超越荒谬 260
　　　　卡缪名言 265

结　语 267
　　八位哲学家表格式重点 274

参考文献 280

后记　共学的意义与价值 283

附录一　鼎爱学院亲子共学 290

附录二　HBDI 赫曼全脑优势模型 293

附录三　存在的幸福学生反馈 298

致　谢 322

存在主义之源起

活着，让我们必须面对非自己所造成的"多因多果"交织而生的人生困境，那么，是不是还有"更好的知识"，让我们知道可以怎么好好地活，甚至活出属于自己的精神。

缘起：楔子

　　为什么我在今天要举办"爱智早午餐"、谈"存在主义之旅"？说到"存在主义"，这是相对于"历史洪流"应运而生的新名词。1847这一年出现了一个人，叫爱迪生；爱迪生在1847年2月11日出生。1847年物质文明还非常贫乏，人们靠山吃山，靠水吃水；爸爸经营木材生意，妈妈曾经是一个小学老师，婚后专职家庭主妇。爱迪生来自这样的家庭，学习过程中很喜欢询问，他常常问"为什么？为什么？"那时候家里当然没有百科全书，所以只能问学校老师；而老师当然不可能像百科全书一样博学，虽然会努力解答，但如果被一个小朋友不断问，甚至问倒了，老师还是会不高兴——就连爸爸妈妈被孩子一直问也会不高兴的。

　　爱迪生不但是一个爱问为什么的孩子，而且他是一个"一心多用"的孩子。各位有没有一心多用的经验？我们来检证一下，当你要考期末考的时候，明明要念国文，心思却跑到数学去了——数学那题还不会耶！对了！历史也还没有背耶！我是不是应该先拿数学课本出来……，然后又想到，我地理好像也不太好！于是又把地理拿出来。结果一桌子全是书，却没有一样是现在该做的，即使想做也做不下去！这就是一心多用。

　　一心多用让爱迪生读书不容易专心，而爱发问则让老师招架不住，一气之下，叫他"糊涂蛋（addled）"！妈妈不想让儿子被这样对待，于是把爱迪生带回家自己教。正因为妈妈爱他，鼓励他，而且愿意等待他，让他可以按照自己的进度学习、成长，因此爱迪生长大后才能发挥一心多用的正面价值，成为发明家。爱迪生有一个发明非常令人惊艳——真正令人想到爱迪生的第一个发明不是电灯泡，而是留声机，很烂的留声机，一下子卷一圈就要重来！可是这个留声机开启了他的发明之旅。

爱迪生继续努力，终于在1892年成立一家非常了不起的公司——奇异公司（又名通用电气）。这个公司致力于做一件事情，就是"**把所有看不见的变成看得见**"，所以当人们在黑夜看不见的时候，他发明电灯，把看不见变成看见！爱迪生的努力促成了第二次工业革命，人类开始大规模使用电力，而电灯的发明正是其标志，所以世界有了极大的转变。从1914年第一次世界大战爆发（1918年结束），到1939年第二次世界大战爆发，才相隔25年！为什么短短的25年后就发生第二次世界大战？因为各国都需要更多资源。

第二次世界大战期间，我最欣赏的存在主义心理学家维克多·法兰克（Viktor Frankl）被关在集中营里面，写了一本——《追寻生命的意义》（*Man's Search for Meaning*），他在集中营时期还构想出"矛盾意向法"来治疗失落的心灵。当时犹太人被杀了600万人，而日军在中国的南京大屠杀，也是发生在这期间。所以第二次世界大战牵涉到61个国家、17亿人口、8300万人的死亡，至于受伤的心灵就更难以计数了。

各位想想看，当电被发现（不是被发明，而是被发现）之后，这个世界就变了，这么大的格局谁能够知道？谁能够掌握？谁能够安排要变成什么？因为要面对的人口这么庞大！所以Viktor Frankl在集中营的环境里生出了一些想法；我们可以说，Frankl是一个在电力发现之后工业革命的受害者。宗教哲学里也常常说：一因生多果，多因生一果，一果有多因。换句话说，今天在你身上发生的这件事情，它其实由很多因缘际会的因素和合而成，也就是整合在一起而发生的。

我们看到在这样动荡的时局中，人开始受到死亡的威胁，这时候存在主义出现了，"为什么我们要活着？"还有，活着只是"不知道"的活着，还是可以"知道"的活着？在历史的洪流中，谁跟我们共同联结在此时此刻？这些因缘和合，到底对我们产生了什么作用？**如果活着让我们必须面对的话，是不是还有更好的方法，让我们知道要怎么好好地活？**

相对于"存在"（活着）的是"死亡"。没有人喜欢死亡。依据正规的西方哲学，谈存在主义没有包括苏格拉底。那我为什么要加他进来？因为他可以选择好好活着的时候却抉择了死亡，使死亡成为更长久的存在。没想到只是这样简单的概念，应验了老子的"死而不亡者寿"。我是学了西方哲学之后，运用其中的思想方法，才清晰彻底地认识存在的奥义。

在此，我想叮咛各位，**不要恐惧、蔑视"哲学"**，哲学的表现不过就是"思辨＋行动＋结果＝领悟"，领悟运用在适当的地方就叫作智慧。所以它有一个重要的词源是"爱好智慧"，**爱好智慧不等于拥有智慧，因为没有亲身实践，它就不是属于你的智慧、你的真理**。我的"非典型存在主义之旅"可以说得清楚、讲得明白，是因为这都是我自己亲身实践之后整理出来的想法。我很快乐地当老师，也很享受在承担使命的过程中同时拥抱幸福。仔细回顾起来，哲学的议题中有一种活着不寂寞的宁静感，这一切要感谢"智慧的知识"使我在面临抉择的时刻毫不犹豫且大胆地相信真理。

苏格拉底的抉择

死而不亡者寿是另一种存在的形式！这正是我要选择苏格拉底的

原因，这老头之所以有趣，是因为他说：**我知道"我是无知的"，知道自己不知道是知道的开始，亦即存在的起点。**他的第一个有名的抉择："我的朋友是城邦内的人而非城邦外的树木。"他知道要关心的是人；他清楚地知道，只要是为了让人们能学到正确的价值，引发的争议都可以接受与面对。令我感动与震撼的是第二个抉择：当他接受审判的结果后，勇敢地抉择了另一种活着的方式，从容地等待饮下毒酒的那一刻。这样的抉择，是存在最高境界的体现与代表，我认为他与孔子并驾齐驱，这大概就是我所谓的姜涵式哲学吧。所以我把一位一般不被列入存在主义里的苏格拉底列入名单；他的年代是公元前469年到公元前399年，"自己选择只活"70岁的希腊雅典人——是一个在古代可以继续长寿，却勇敢选择死亡的哲学家。

齐克果的选择

第二位深度自觉的"存在主义之父"齐克果（1813～1855年），丹麦人；活得非常短，才42岁。**"不选择也是一种选择"。面对生命灵性自我的发展，不选择就是选择了绝望。**因此，他说绝望有三种：不知道有灵性自我、不愿意有灵性自我和不能够有灵性自我。

尼采的抉择是走过自己

第三位尼采（1844～1900年），活了56岁的德国人，年代跨越了19世纪到20世纪初。他的名言是"超人是走过自己的人"，"做自己的主人，珍惜并成为自己"，"跟你的生命说Yes，跟你的欲望说

No","当你知道自己为何而活,就可以忍受一切苦难。"这个人太厉害了,很多大学生读到他的书就会觉得自己很有干劲!

雅士培面对死亡的抉择

第四位雅士培,(又称雅斯贝尔斯,1883~1969年)高寿86岁的德国人。**人类拥有"成为自己"的可能,并且要让每个人都能成为自己。**雅士培的名言是"**生命的智慧,来自对生与死的了解**"。为什么?因为这个人从小多病,他总感觉到自己快要死了,所以一路上常常在想死到底是什么?他念了医学,又念了心理学,念了法律,最后回到哲学,理解了生命的"界限状况",在限制中他遇见了更真实的自己。后来他写了一本非常有名的著作《四大圣哲》,其中包含孔子、苏格拉底、释迦牟尼佛与耶稣。

海德格抉择了真正存在

第五位海德格,(又称海德格尔,1889~1976年)高寿87岁的德国人。他说"存有者≠存有",翻译成我们可以理解的概念就是**跑者≠真正在跑**,要做一个真正在跑的人。如何做一个真正在跑的人呢?**去除遮蔽(包含自我中心)**。

马塞尔对"是"的抉择

第六位是马塞尔(1889~1973年),高寿84岁的法国人。他说:

"欲望以对立的方式看待彼此，把对方当成问题而要求拥有；爱则是以参与、分享的心态，视对方为奥秘，追求让对方成为他所是。"他的哲学思维是"是不等于有"，亦即"我是爱你≠我有爱你"。

沙特抉择了自由

第七位沙特（又称萨特，1905～1980年），高寿75岁的法国人。1964年诺贝尔文学奖得主，他的哲学核心是自由。**自由对人而言不仅是权利，也是责任**；而人与人之间的相处也正是自由与自由之间的关系，透过自由将对方纳入自己的自由之中，亦即当作对象来看待，这时人才能保有真诚面对自己的自由。也因此他看待自由是无限的，而所谓的限制是人给自己的。

卡缪以反抗超越了荒谬

第八位卡缪（又称加缪，1913～1960年），享年只有47岁的法国人。卡缪是哲学界的荒谬大师，他的名言是"我反抗所以我存在"。意思是我们要挣脱荒谬才能够证明我们存在。他说**只有透过我的自由、我的反抗、我的热情，才能超越荒谬所扼杀的幸福**。对于荒谬的实况，卡缪采取创作的方式加以说明。其作品有《异乡人》（又译《局外人》）、《误会》、《瘟疫》（又译《鼠疫》）等。

苏格拉底
Socrates
公元前469年~前399年

善是一种知识，知识即德行；教育不是灌输，而是点燃火焰。

缘起：楔子

我们先看两个时间点，第一个是 1914～1918 年，这是第一次世界大战期间，第二个是 1939～1945 年，这是第二次世界大战期间。这两次世界大战改变了人类对于生命的看法。之前我们谈到，为什么会发生对生命看法的重大改变呢？这始于 GE 公司的老祖宗——爱迪生。爱迪生研发钨丝灯泡，从此世界再也没有黑暗，换句话说，当白天永远不会消逝，人们就可以做很多原本黑夜不能进行的工作；当黑夜变成白天，就有了多出来的时间可以工作，所以工业革命带来了物质文明。

现在大家有电梯可以坐、有水可以用，工业革命开启了我们生活的便利性，包括衣食住行。所有抽象的东西都要变成具象的；具象的意思是：如果你没有让我看见实体，我就告诉你这不是真的。各位想想看，这是很可怕的事情，仿佛经过了两千多年之后我们又回到洞穴时代；**许多人没有办法用思想能力去理解什么是抽象里的真实性**。因此在 1939 年之后，因应许多人随着生活便利而降低思考能力，很多东西都要改革，包括哲学。哲学的任务是什么？是让大家能够在生活当中做出明智的抉择，换句话说，从具体的故事、经验式的比喻或模拟，来教会自己选择，然后问自己为什么这样选择？不那样选的目的以及问题到底是什么？

当时有一群人：齐克果、尼采、雅士培、海德格、马塞尔、沙特、卡缪等，这些人开始思考未来人类会发生的问题。他们预见了未来必须要有一套完整的哲学思维，以便让人们在追求物质文明之余还能追求真理。

早在苏格拉底时代以前，有洞穴，没有灯，只能生火来照明。那个时候人们看到的一切都不是真的。苏格拉底的学生柏拉图提出洞穴理论，谈到有一群人在洞穴里，他们必须用火光才能看到彼此，而他们看到的影像，就像皮影戏一样，要有灯光照到皮影，皮影才会投射到布幕上，让幕布前面的观众看到。这群人的手都被绑在后面，身体也动弹不得，而且背对着洞口，只能看到洞壁上被火堆投射的影子，有点像看电影。他们所看见的影像不是真实的，我们说这叫幻象；当幻象出现的时候，眼睛看到的影像不是实体本身，只是人透过感官的能力，看到眼前出现的一切，这有一个非常重要的关键——当火光熄灭的时候，这一切就不见了。

当光源被拿掉的时候，一切似乎都不再存在。可是这个世界一定有什么可以决定我们是不是真实存在。于是活在洞穴中的其中一个人，设法脱困，然后他不断地敲敲敲，终于敲出一个洞，他爬出破洞。他在破洞外遇见了光，遇见了白天，遇见了白天升起的太阳！他发现，原来我生活的洞穴并不是真正的世界，那只是一个虚幻的世界。当幻象变成实像后，人们开始遇见真实的世界，而那个真实的世界有太阳，相对于洞穴里面火堆是光亮的来源，火光是假（人造）的光，太阳是真（自然）的光，这就是生命的本质。当我们谈本质的时候，不能把火光当成阳光。我们可以把蜡烛当作断电时的救急工具、情人约会时的浪漫灯具，但是我们不会认为蜡烛是光的本体，太阳才是。当我们认为太阳才是光的本体时，必须要实际看到太阳，才会相信真的有太阳。

事实上**人拥有看到真实物质与抽象概念并存的能力**。意思是我不一定要看到太阳，一样可以想到太阳是什么；当我看见"太阳"这两个字，或者脑中浮现"太阳"现象的时候，我就知道"太阳"实际的作用。换句话说，假如我们现在身处的现场，没有太阳只有日光灯，当我们看到"太阳"这两个字还是知道太阳实际的样子。"太阳"这两个字，如果从符号学来看，它就是个符号；从文字学来看，它是两个字合起来的名词。然而我们透过"太阳"这两个字很快在脑中呈现太阳真实的作用，这就是人类在认知上的潜能，人类真正的力量。

回到洞穴中的那个人，很不幸的，当他发现真实世界的同时，属于他的悲剧也开始了，原来他爬出去时很兴奋、很开心，阳光充满了他的眼睛，等到他跑回洞穴之后眼睛看不见了，反倒是留在洞穴里的人，因为已经适应里面的火光，眼睛看得很清楚。去过外面的人回到洞穴里面，带着欢欣鼓舞的心情跟别人说：我告诉你，我发现了真实的世界，不是我们洞里的这个样子。

问题出在他的姿态。姿态是我们观察一个人正常与否的标准，即使在两千多年前，人类也是一样的，看一个人的姿态可以判断他是不是正常。由于从外面回来的人刚开始还没有适应光线的落差，跌跌撞撞就跟喝醉的人一样，而当时的人对于人类突然看见强光之后视觉的逆差没有具体的认知，所以看到他跟跟跄跄地走回来，又听到他说他发现了"真实的世界"，别人的回应是：你发什么神经病？这里，这个洞穴里面，就是我们真实的世界，哪里还有更真实的世界？你胡说八道！他说：真的，这是真的！我绝对不是胡说八道！

大家觉得他扰乱民心，于是把他给杀了，这就是我们今天的主角苏格拉底。

生平背景

我最近在晚上睡觉的时候总觉得有一些痰卡在喉咙里，有时候我突然醒过来，发现不能立刻呼吸——上了年纪的人可能都有类似的经验，知道"立刻呼吸"当中的"立刻"这两个字有多重要！因为有这样的状况，我心中突然有一种恐惧，想到：这个状况，是不是每一次睡觉的时候都会发生？明天我还醒得过来吗？这是没有办法掌控，却持续进行的状态，因此我感觉死亡如此贴近！不禁要问：如果万一今天晚上就是我的最后一晚，那我还有什么遗憾？

对一般人来说，总觉得死亡离他们好远！但是说实在的，我有一些学生跟朋友遇到家人、好友死亡，对自己的身心产生了强烈影响，顿时失去具体的依靠，本来可以倾诉的人不见了、本来可以关心的人不在了。即使不是自然死亡，都让他们觉得余悸犹存，非常非常焦虑！这种现象对老人家来说真的很熟悉。

再举一个例子，我对疼痛有种恐惧感！不瞒各位，我有类风湿性关节炎，手肿脚肿；每一次手肿脚肿的时候，会痛到不能走路，只好在地上爬。年轻的时候我不知道原因是什么，心里面只有一个想法，就是往前走！不断地往前走！今天痛完一天之后，隔天还是要往前走！换句话说，没有学过受苦的意义时，就只会往前走；虽然可以继续生活，但是质量不好。**我害怕疼痛随时降临，却只能靠意志活着，无法跟痛苦互动，我深知这不是一个有质量的生活方式。**相对而言，苏格拉底是一个很鲜活的人，自从"遇见"他以后，他的人生体悟常常是我面对疼痛、死亡的精神典范，希望透过分享也能让您如我一般远离恐惧。

雕刻家与助产士之子

苏格拉底一辈子，对于自己要做什么，其实有一些想法，这些想法从哪里来？从他的亲生父母来——他的父亲是一个雕刻家，母亲是一个助产士；雕刻家没事就在雕刻，孩子看到爸爸每天在雕刻，耳濡目染；他看见在爸爸的巧手底下，从原本什么都没有的素材，变成特定的东西，而且栩栩如生；一个不能用的东西，可以被爸爸雕成可以用的东西。换句话说，一个原本没有的东西被"生"出来，可以透过双眼看到。妈妈是助产士，她可以把一个原本在肚子里面，不被看见的小孩子，经过她的手接生出来——"哇！"一声，这个人家就多了一个小孩子。

所以苏格拉底他们家，爸爸可以生产原本没有、不需要怀胎十个月的东西，他自己可以掌握；妈妈则是把别人身体里面的东西接生出来，成为活生生的生命！这对苏格拉底来说非常神奇和奥秘——一个是创造物质的新生命、一个是协助孕妇生出会成长、会变化、会思考的生命。

我们对物质的界定，可依据汤玛士·阿奎那（Thomas Aquinas）所界定的四种存在的形象：

第一，迟钝的东西，例如矿石、岩石，它不会移动，单纯地杵在那里；

第二，既存在又会生长，像是各种植物和树木；

第三，存在、成长，还会移动，这是我们熟知的动物；

第四，存在、成长、移动，还会思考，就是我们人类。

矿物之类的东西，它不能移动，但是可以被雕塑；就算不被人雕塑也会被自然雕塑，风吹日晒雨淋让它形成各种形状，就像台湾北海岸的野柳有一个女王头石像，栩栩如生。对苏格拉底来讲，看到父母在工作中让"没有"变成"有"，非常具象；一个是物质，另一个是生命，所以他小时候就跟爸爸一起雕刻，玩一玩木头，随便做一些有的没的，这是非常奇妙的成长过程。

做一些有的没的，苏格拉底需要什么？创造力、想象力是后来才有的，那小时候他需要什么？专注的能力——一定要专注你才能雕刻，不专注你怎么雕刻呢？你不能说我一边跳一边雕刻！而专注对小朋友来说，是多么大的挑战啊！有天赋的人，一定要先做到一件事情——专注（坐得住）！

这是第一件事情，苏格拉底坐得住也喜欢念书。古人念书都是跟比他更古的人学习，苏格拉底的古人是谁？就是口头文学，以背诵流传为主（早期希腊的学习方式都是口耳相传），其中最重要的是荷马史诗，兼具现实与浪漫。**柏拉图曾说："熟读荷马史诗，精通一切。"** 这也就是荷马史诗被喻为希腊圣经的缘故。荷马史诗相当于我们的诗经。孔子说：为什么不学诗？诗可以兴、观、群、怨。我们可以想象希腊的诗也是这样。古人都是读那些不知道作者是谁的作品，于是总会选一个对象作为代表——孔子跟周公学习，苏格拉底则是跟荷马学习；他学了荷马非常有名的两部史诗，一部是《伊利亚特》；讲《伊利亚特》很少人知道，可是讲到"特洛伊战争"里的英雄阿基利斯，大家就很熟了，他非常有名；另一部是《奥德赛》，描写伊塔卡岛的国王奥德修斯，战后在回家的路上颠沛流离，一心一意想跟妻子团圆，非常感人的一部故事。这就是荷马史诗里面主要的两部诗作。

苏格拉底很喜欢这两部著作，也很喜欢跟人家谈这些东西。他说：当你能够谈荷马史诗的时候，你的心灵就会柔软。为什么我们谈诗就会柔软？也许你也有这样的经验，我们喜欢在过节的时候念点诗；例如元宵节就有一首诗：去年元夜时，花市灯如昼，月上柳梢头，人约黄昏后。多美啊！诗句中这些情景一旦映入你的心坎，你不柔软都不行！时移事往，一年后，情况变成"今年元夜时，月与灯依旧，不见去年人，泪湿春衫袖。"这样的意境深入人的内心，对不对？还有："感时花溅泪，恨别鸟惊心。"讲时节、说情景，更描写心境。所以**诗让人的心灵更柔软。**

苏格拉底这个有颗柔软心的男人，娶了一个非常有名的老婆，据说莎士比亚在《驯悍记》中比拟的女人就是她——赞西佩。她小苏格拉底四十岁。苏格拉底说过一句名言："打雷后一定会下雨。"还有，"如果我能够把太太摆平的话，天底下任何人我都可以摆平。"为什么？因为太太给他的考验最大，磨他的耐性。所以他说：**"男人靠健忘，女人靠记得。"男人不能天天跟老婆算账，否则你就不能做大事了。**太太呢？一定不能健忘，这样才能逼着男人去做大事。可见得苏格拉底这个男人还蛮有智慧的。很多哲学家都不谈老婆，苏格拉底谈老婆。他很真实！所以我喜欢他，而且他还这么有智慧——遇到一个厉害的老婆，多有趣啊！另外，还有一则关于他幽默的故事：有一天他幽默自己快要死了，隔壁有一个人会唱歌，他就邀请对方教他唱歌。对方说你都要死了还学唱歌，他说，至少我死的时候就多会一首歌了啊。

从军

苏格拉底从军三次，长年打仗，非常英勇、正直。他的将领叫作克利提阿斯。他告诉苏格拉底：我们现在打赢了，要去抄有钱人的家。他要苏格拉底去抄别人家，苏格拉底严词拒绝了，甚至离开了部队。要苏格拉底做不仁不义的事情，他不做。这就代表他这个人正直。我们看到他的人格特质是什么？仁慈又正直。而且他敢明确地拒绝领导，有勇气吧！仁慈、正直、勇敢等特质就代表他这个人很有"道德勇气"。

值得一提的是，雅典与斯巴达战争长达27年，战败之后，斯巴达的庆功方式是放任手下烧杀掳掠，但就在发布命令之前，斯巴达将领想到雅典的文化非常昌盛，于是找了吟唱诗人来唱诗助兴。诗人吟唱诗歌时如泣如诉、发人深省，感动了将军，他说：如此有文化的城邦不该毁灭。于是，雅典的文化救了雅典城，使它避过了毁于一旦的厄运。

我的朋友是城邦内的人而非城外的树木

苏格拉底生在古希腊的全盛时代、雅典的黄金时期，也就是伯里克利统治的时期。那个时期，所有的哲学家每天都在讨论天文星象，有一个人很厉害，说了一句话就变成自然哲学之母，那就是泰利斯，他说宇宙的源起是水。到了苏格拉底，他说，**我的生命不是用来关心城邦外的树木，而是城邦内的人民**。换句话说，回到现实人生来。树木指的是什么？自然之物，也就是在雅典城邦以外的树木，自然之物包括水、火、风、土、雷、电这一类的东西，对苏格拉底来说太遥远了，而当时盛行的天文星象，又必须要花很长的时间去观察，所以他认为应该要回到人身上。

古典哲学谈到"人"，认为"只要他有能力，他就应该是什么"。他是哥哥，就应该吃鸡腿。应该等于自然，应该就是自然。这个话太可怕了，因为如果他的能力是邪恶的能力，照这么说，就变成邪恶能力的应该，意思是：他自然而然应该做邪恶的事情！这是我们必须厘清的部分。

在苏格拉底之前有个非常重要的学派，叫"辩士学派"。辩士学派主张：人间的一切都是相对的。这个学派最有名的人叫普罗塔哥拉斯，他说"人是万物的尺度"。也就是"人"这个抽象的概念一旦具体化，他就决定了万物所有的标准。于是我们不禁要问，那人的标准是什么？什么是人的标准？普罗塔哥拉斯谈到"人是万物的尺度"，重点在于这个"是"。这句话的意思是，万物都是被人所"是"来决定其价值。比方这个杯子，我认为它是重要的，于是它就重要！可是当你把杯子打破、手还割伤了，我就只在乎杯子，还把你臭骂一顿，这下杯子果然真的比你还重要，所以我决定了杯子的价值更胜于你。这显然是人决定了万物（人）的价值，而非万物（人）决定自身的价值。

当时辩士学派的偏激代表高尔吉亚提出四个论点：

第一，天下没有任何东西存在。想想看，在苏格拉底的时代，公元前四百多年到前399年，那时的人们居然说，天下没有任何东西存在！到底在说些什么？

第二，即使有东西存在也不能被我认识。比方说，即使有石头存在，石头也不能被我认识。

第三，即使我认识了，也不能告诉别人。这很有趣，即使我认识了也不能告诉你喔！为什么？你学到了就比我更厉害。

第四，即使我告诉别人，别人也听不懂。这代表什么？知识上的骄傲。比如：这个叫"修正带"对不对？不对，这是"立可带"！我说修正带，我们两个之间就有误差，但它的用途都是涂掉东西，所以我们认识的东西其实一样，只是名称不一样，但有些人认为名称不一样就是不一样，于是就会纠正对方的讲法。所以我跟你这个不懂的人谈，只会惹来生气，干脆不跟你说了。

辩士学派的宗旨就是打破固定的观念，一切都变成相对主义、怀疑所有一切、世间没有绝对真理。辩士学派在当时的雅典是非常骄傲的一群人，所以**苏格拉底才会问：你所认识的东西，真的是东西本身吗？**他做了思想上的整理，开始研究自我（人），把哲学家从天上拉回到人间，否定辩士学派的主张，以伦理道德为主轴，走向真理，走向一个永恒不变的真理。

人格表现

智慧的启发

苏格拉底："**哲学是爱好智慧，不等于拥有智慧**"。身为一个智者一定有他的启蒙老师，他的第一位老师是文法学家普罗迪科思。苏格拉底的两位老师都属于对话型的老师，苏格拉底觉得跟老师说话受益良多，如沐春风，所以常常想要跑去找老师说话，如果没有机会跟老师说话，就觉得生命好像少了什么。这种经验就仿佛谈恋爱，总想跟对方说说话，如果不说话就觉得生命少了什么。

普罗迪科思是一位文法学家，文法是有规则的，就像中文也有文法规则。他从文法的规则中学会了怎么思考、怎么推理、怎么表达，从跟老师的对话中他领悟了对话是有层次的：第一阶正反合（上升），第二阶正反合（上升），第三阶正反合（高原精神）。举例来说：第一阶谈物质的界面（正反合），正：小孩子没有玩具玩很可怜。反：大人还在玩玩具很可怜。合：大人陪小孩玩玩具很幸福。然后上升。依此类推上去。他懂得辨证之间的正向、反向，最后找到合理逻辑，有了逻辑就不难探究事物的本质了。

第二位是女祭司狄奥提玛，苏格拉底跟她请教什么是**爱**（Eros）。狄奥提玛认为：

一、**Eros** 追求的是自身所欠缺匮乏的事物，因此 Eros 本身并不是美，也不是善，而是渴望无穷无尽的美和善。

二、**Eros** 是介于现实和理想之间的桥梁，既不是不朽，也不是腐坏；既不是富裕，也不是穷困；既不是智慧，也不是无知。

三，**Eros 在追求美好事物的同时**，渴望美好的事物能继续不断地延续，也就是**期盼美好的事物能够不朽**。例如财物、权力、爱情、名声、品格、智能等价值可以不断延续。还有，Eros 的对象虽然各自不同，也还是有层次高低的分别。

在飨宴篇里，苏格拉底引用狄奥提玛的观点，可以说是完整转述，没有提到自己的看法，这在苏格拉底的表述风格中是非常特别的，显然苏格拉底在倾听狄奥提玛的观点时，几乎是仰慕的状态，并且从中领悟了爱在生命中的意义与价值。

苏格拉底教学法

苏格拉底的母亲是助产士，专门接生婴儿。母亲的工作对他当然也起了一定的作用，所以苏格拉底专门接生智慧，并以对话的方式进行。他的对话能力很强，我们可以从他对于文法的厘清与界定看到他不断地向前推进。苏格拉底常常以问句开始对话：我们来谈谈什么叫勇敢，你认识什么叫勇敢吗？

关于勇敢，我们第一个回应是"身"的界面，也就是身体的勇敢。有人掉到水里了，我要救他，如果不会游泳的话，我就不勇敢了！是这样吗？如果我是旱鸭子，连自己掉下去都无法自救，还把别人拖下去的那种，那你叫我去救人，不是为难我吗？所以真的是把一个人救起来才叫作勇敢吗？跳下去救人是身体能力的表现，也是救人的一种形式，但它不是勇敢的完整形式，因为它没有涉及勇敢完整的本质。如果我不会游泳，那我想办法丢救生圈给他，我有这种应变能力，请问算不算勇敢呢？我打电话叫救生员来救他可不可以呢？可以，这叫作见义勇为，看到别人有灾难，赶快想办法救他，也是一种勇敢的表现，不是吗？这是我们有心救人的勇敢，也就是第二种勇敢，心的勇敢。

接下来涉及的层次，如果这个勇敢会让你死掉，你还要不要做？多数人就不做了！如果这个勇敢，让你断手断脚你还要不要勇敢？80%以上都说不要。明知不可为而为之，明明知道会死掉还是要做，这就是"灵"的勇敢。灵是什么？灵是信念。我明明知道会死，前面的"身"也不行了，"心"也不行了，最后必须要"灵"投进去，即使淹死了，我还是要做！当然啦，最棒的是有救生员的能力，再加上有应变的想法，还有一股非做不可的热情，更重要的是，即使灭顶也在所不惜。

还有一种勇敢是面对自我的勇敢，我明明知道我有很多习性，我要对付我那些坏习性。比方说佛教经常谈：贪嗔痴慢疑，这五毒阻隔了我成为更完整的人或者说使我失去幸福，所以我想要把这些坏习性改掉，于是我就专门对付自己的这些坏习性，结果经过努力真的被我改掉了。就面对自我来说，我够不够勇敢？当然很勇敢啊！**我可以对付我自己！西方人会说这是"走过自己"的英雄**。我常提醒自己，如果能对付得了自己的坏习性，那人世间的困难就不是困难了！

有一次，我跟两个孩子走在路上，有辆脚踏车冲了过来，速度蛮快的，还好妹妹闪开了，哥哥就讲了一句话："你没事，他就没事，你有事我不会放过他！"为什么哥哥这样说？因为这是关系，关系里面有重要的抉择，涉及灵的部分；灵的部分是，如果你受了伤我还不能见义勇为，算什么哥哥？我去死算了！听起来很激烈，可是这真的是他的信念。

苏格拉底最喜欢没事跑到菜市场找人说话，问一些听起来很熟悉的问题，问着问着，当事人忽然发现自己对勇敢的认识很贫瘠，被弄得心神不宁，回到家都不知道该怎么办；茶不思、饭不想，总觉得今天被苏格拉底说得头都昏了！本来还以为自己知道，结果被他一问才发现自己好像什么都不知道！想要扳回来又扳不回来。很多人跟苏格拉底对话之后顿时觉得痛苦，如同牛虻在身，浑身失血！没错，他**自许要做人类的牛虻，让我们在痛苦中好好地想想自己到底知道什么。**

苏格拉底在教学中经常引用一些方法：第一个是数学的观点，也就是前面提到的，爱好智慧≠拥有智能、不同≠不对、无知＝荒谬……。"＋""－""×""÷"都是数学语言，所以苏格拉底在说话的时候会使用数学语言，协助你很快就能知道他的意思。以前哲学家往往也研究天文，背后需要几何学的能力。从这里我们不难发现，为什么柏拉图的雅典学园门口挂着一块牌子："不懂几何学者免进"。没有几何学的知识是不能登上柏拉图的哲学殿堂的。

第二个是文学的观点。苏格拉底经常会谈到荷马的史诗，因为文学使他正直谦卑。举一个例子：大文豪托尔斯泰，非常欣赏形上学，也非常欣赏苏格拉底。托尔斯泰对于精神层次非常看重，很不幸的是，事与愿违，托尔斯泰的太太却非常看重物质。女儿看不过去了，就跟妈妈说：如果你用关心物质的心来关心父亲的精神生活，你知道他会多么感动吗！他将会无尽地回报你。遗憾的是，托尔斯泰最后离家出走，死在偏僻的车站里头。托尔斯泰非常富有，然而他的太太只关心物质不关心他的心，每天都停留在物质的层次而非精神的层次。

托尔斯泰看重精神生活，**精神的内涵是对于人格的尊重与体谅，它是一种生命的价值**；人格将精神带到灵的界面，更进一步来说，它是一种敬重——让人敬重你的人格。你的精神光辉，透过人格的孕育产生了生命的高度，这就是孟子所谓的"充实之谓美"。不只东方人这样说，西方人也如此看待，所以它属于人的精神需求。

第三个就是哲学的观点、知识，知道什么是爱（Eros）。**爱综合了三种特质，第一个是勇敢，第二个是智慧，第三个是创造力。**勇敢像一个强悍不懈的猎人，智慧像是个深思熟虑的爱智者，而创造力有如出神入化的魔术师。**Eros 是我们常讲的"爱是生命的核心动力"，它推进了所有的东西**，如果没有 Eros，没有办法接收爱。爱非常抽象，如果要把抽象变成具象，就像要把蓝色的油漆刷在墙上，没有墙就显不出蓝色；要让蓝色很具体，它就必须依附在物体上面。同理，众人要看到爱，我们必须要让爱具象，但是爱本身是个抽象的名词，所以这个名词要回到人世间，让我们看到行为（爱）的表现，才能同时知道爱是存在的。

另一种是抽象的看不见的爱，我们常常说天地有情，四时运作，百物生焉。谁使天地有情呢？"道"使天地有情。道透过爱使该成型的都能够成型——果子出现了、米出现了，这是具体的。当我们看到果实的时候就知道，天跟地合作，让果子出现，我们才有果子可以吃；**你不能说爱不存在，它在，而且是看不见的存在。**

Eros 使人有这样的趋力，所以有人把 Eros 用在物质文明上，有人把 Eros 用在精神文明上，也有人把 Eros 用在对象上；**每个人运用 Eros 的层面，就决定了他整个生命的高度**。苏格拉底将 Eros 诠释为美善匮乏的追求者，讲得简洁明确——**爱的动力推着我们成为美与善，使我们不再成为美善缺乏的人**。我们的人生是匮乏的。随便问任何一个人，都觉得人生不完美。所以当我们意识到自己的匮乏时，是要冷漠对待，还是把匮乏当作要去面对的课题？因此，不要犹豫！就让我们成为美善匮乏的追求者吧。

苏格拉底身为老师的观点

苏格拉底当老师的时候，提到了三个观点。第一个是**"没有人故意为恶"**。这句话对我的生命影响太大了！没有人故意为恶，代表他之所以为恶是因为无知，而无知的背后是没有学习，讲得更精准就是没有"正确"地学习。我们讲到人性最棒的是，每个人做事都战战兢兢，一旦犯错就说：对不起啊，我不知道啊，我不是故意的。当有人说，对不起，我不知道，我不是故意的时候，我心里很清楚他没有学习"善的知识"，因为学习就知道了，知道了就有自觉的能力，能自觉就不会故意犯错。

第二个观点是"没有人因为知道了善而不向善的"。人一旦已经知道善，还不去做正确的事，那代表良知对自己没有发生感应、对品格观念疏离；自己不理解自己不择善就等于不爱自己，更别谈有能力爱别人了。

第三个观点是，"**受教育选择善德拥有至乐，真的知识必须由内而发，由主体觉悟而发生，永恒的真理才能够具体存在。**"什么是永恒的真理呢？永恒的真理就是品格的价值，当我实践孝、悌、忠、信成为被信任的人时内心非常快乐，孝悌忠信也因我而具体存在。

但现代人对于什么是适当的孝，什么是适当的悌，什么是适当的忠，什么是适当的信，有谁认真思辨？什么样的知识能让我们适当地表现孝悌忠信？这是很有趣的，唯有真正从知识中理解这些观念的内涵，才能将观念完整地落实在生活中，孝的价值才会产生，孝的真理也才会在生命中具体存在并产生影响力——想想舜这个人你就会懂了。

哲学信念

主张"认识自己"而不是认识自然

希腊雅典有个戴尔菲神殿，专门供奉阿波罗神，阿波罗神很认真，他每天早上天还没有亮，就驾着马车跑跑跑，跑到黄昏的时候下山了，第二天继续跑跑跑，一直跑到黄昏时才下山，这代表阿波罗神很认真！有节奏、有次序而且尽忠职守。这样的神，请问我们是不是要尊敬他？他的**神殿里刻了许多箴言**，其中最有名的两句，**第一句是"认识你自己"，第二句"凡事勿过度"**。意思是你今天心情好一点，可不可以多跑一点，不行！时间没有到能不能提早跑，不能！心情一高兴就多跑，要节制；他必须克制自己——凡事勿过度。这句话有趣，什么叫"勿过度"，勿过度就是"适当"。**当你认识你自己之后，最大的挑战是什么——适当。**所以神才说凡事勿过度。

苏格拉底有一个朋友叫凯勒丰，凯勒丰真的很八卦！无聊到去戴尔菲神殿求签。阿波罗神、阿波罗神请告诉我，这个世界上谁最有智慧？求签之后得到一个指示。谁呢？指向苏格拉底。他就去告诉苏格拉底说：阿波罗神殿里面的神谕说，你是最有智慧的人。苏格拉底觉得很有趣，我怎么可能最有智慧呢？他是爱好智慧，并不是拥有智慧；拥有智慧指的是什么？

在雅典当时没有多少人口，一二十万就已经很了不起了，小城嘛！所以发生什么事情大家都知道。他说：我怎么会是最智慧的呢？在雅典我所认识的人当中，最"亨"的人是谁？政治家嘛！再来是谁？诗人。再下来就是有能力的技工。

于是苏格拉底就带着学生去请教最有名的政治人物，问他说：先生，你知不知道你为什么要从政？你对于百姓的生活有什么规划？你是不是要让老百姓活得很快乐、很幸福？结果那个政治家回答说：我从来没有想过这些问题。苏格拉底说：喔，原来如此，你不知道你为什么从政。然后他跑去找了诗人——为什么你诗写得那么好？"我也不知道"。你写的诗含义是什么？"不清楚耶"。那你为什么会写诗？"喝醉酒的灵感"。你去问莎士比亚，莎士比亚不是靠成天喝酒写诗的，他知道自己要写什么，努力写出来，要不然莎士比亚不可能变成伟大的莎士比亚。

说个题外话，有人说：拿掉了英国国徽就没有英国了。我说不！拿掉了莎士比亚才真正没有英国。拿掉了国徽不过是拿掉一个象征，但你拿掉莎士比亚，"玫瑰不是玫瑰依旧芬芳（莎翁名剧《罗密欧与朱丽叶》当中的著名对白）"就没了！请问你还能够闻到英国什么东西？闻不到了！

接着苏格拉底跑去找工匠。那时雅典打仗打了27年，他们做船的技艺很厉害，很会做船，做军舰。你想，木头耶！可以不渗水在海上漂流，而且还可以前进，多厉害！苏格拉底就问工匠：你怎么造船？"不知道"。原理是什么？"不知道"。总之就是按图制作，不知为何如此。

于是苏格拉底回头跟学生说：**他们每天都致力于自己最擅长的事，却无法知道为何而做，连自己无知都不知道，我的确是比他们多知道了一件事，那就是我知道"我是无知的"。**讲得比较通俗一点，就是**我知道自己不知道，他们不知道自己不知道；他们以为他们知道，但是他们不知道！现在我知道为什么阿波罗神说我有智慧了。**苏格拉底很开心，因为他找到答案了。

这句话讲完之后，全城传开来了，苏格拉底得罪了所有达官显贵，结果发生了非常可怕的事情——这些有权有势的人开始集结，因为他们认为：苏格拉底竟然带着年轻人对抗我们这些达官显贵，这代表我们的未来岌岌可危！在苏格拉底把我们消灭之前，我们应该先消灭他！所以他们就串谋，决定找机会把苏格拉底干掉、给他安个罪名。罪名有两个，第一个是不信雅典的神。雅典的神是谁？阿波罗等希腊神话里的神。

我们常常谈雅典的神，关于雅典的神，在这里补充说明：这里的"神"泛指神具有的神性，拥有巨大的卓越无比的大能。比方有些人会拜拜,拜拜是不是拜神?这个神是不是有他的神性?举例来说,观世音菩萨的神性就是慈悲,信众拜他是拜他的慈悲,因为慈悲能免除人间所受的苦难。接着谈神祇,神祇是指天神与地祇,泛指神明。当时神明指的就是天地之间的精灵,各位知道"小飞侠"里不是有一个精灵吗?他的典故就是从这里来的。那个精灵叫小仙女(Tinker Bell),好可爱!你们知道吗?Disney(迪斯尼)伟大的贡献,就是把这些神话中的故事跟哲学里真正的精神提炼出来,让更多的社会大众都能够得知。另外一个代蒙(Daemon)是希腊神话中一种介于神与人之间的精灵或妖魔。它们与神祇的区别在于精灵并不具有人的外貌,而是一种善恶并存的超自然存在。代蒙无处不在,伴随着人的一生。苏格拉底被控的罪名就是他自创了一个代蒙。

那第一个罪名不信"雅典的神"指的是什么?苏格拉底创造了一个人神之间的代蒙,并且说:**每当我想做一件不该做的事情(有念头)时,我的代蒙就会出来提醒我:"苏格拉底,不可以做!"** 比方说,我考试要作弊,代蒙就跑出来提醒我:"不可以做!"苏格拉底还说:只要你做了一件不该做的事情(有行为)时,代蒙就会出来告诉你说:"你做错了!"有趣的是,苏格拉底说:到目前为止,我的代蒙从来没有跟我说过"你做错了!",这代表他都是依照他的良知在做事,而他的良知,是被谁决定正确跟不正确呢?由他的代蒙。当他想做或做了不该做的事情时,代蒙就会出来。

那第二个罪名是什么?他被审判的第二个原因是他"腐蚀雅典青年的思想"。什么叫"腐蚀"?腐蚀即让他们不再听传统的说法。这使我想到,我每次跟人家谈"孝"也不是用传统的说法。什么是孝?孝是适当关系的实现。可是当我这么讲的时候,我打到谁了?"顺"。换句话说,"适当"跟"顺",谁喜欢顺?父母喜欢顺。可是对于真理来说,适当比较重要。当时雅典的权贵们要的是什么?要的是年轻人的顺，而不是透过思辨能力选择适当。

在这里补充一下，能够采取适当的方式响应父母，需要思想能力的训练，在训练的过程中会有一段似懂非懂的过程。从人性的角度来看，这一时期青年们的经验思维受到苏格拉底的对话式挑战，内心产生很大的冲击，原本以为的知道变成了不知道，于是青年们开始质疑父母、质疑教育、质疑政府，质疑自己到底被操控了多少。然而，在通往黎明的道路上总会经历一段黑暗转变成曙光的时间。**苏格拉底最终的引导是让青年们回归到自身，要求自己面对不知道要拿出态度，勇敢地学习善的知识与实践善的行为。**所以他说："真正的生命不是走向死亡的生命，而是走向善的生命。"然而，权贵们不懂苏格拉底对雅典实践先知的举动，最终"善的价值"无法彰显，也使雅典无法脱离灭亡的命运。言归正传，苏格拉底的对话教育还在黑暗转变成曙光的灰暗期，要员们的护权运动就已经开始了，利益遮蔽了他们的双眼，反而为苏格拉底扣上腐蚀年轻人思想的大帽子。

从另外一个角度来看，当时的雅典是一个民主政体，审判时有陪审团，这在历史上非常先进。达官显贵利用上述两条罪状要审判苏格拉底，首先要先确认他有罪，第一轮的审判，我看到的资料是281票对220票，代表其中还有人觉得他不错！这也代表雅典的水平很高，在面对苏格拉底被判两种罪时，几乎有一半的人投苏格拉底没有罪！可见还是有许多人认同他。

再回到苏格拉底，既然确定他有罪，第二轮投票要决定的是，要判他死刑，还是关一关就好？这时候苏格拉底开始要为自己上诉，陪审团要他请一个律师帮他辩解，看能不能翻案。结果他自己兼任律师，自己答辩（也就是后来我们看到的自述篇）。他说为什么你们说我有罪？这件事情我不同意，所以我要陈述实况。对于审判后的具体惩罚，他则给了陪审团建议："对我最大的惩罚就是把我供养在国家英雄馆,不让我在街头与人说话。"这话怎么说?他最喜欢运用跟别人在街上说话的机会引导别人思考;不让他在街上说话,反而把他供养在英雄馆,当然是严厉的惩罚。

苏格拉底跟法官说:你们认为的事情原委,真的是这样吗?

以下摘录他在法庭中陈述他拜访手艺人的经过:

"最后,我又去访问熟练的工匠。我很清楚,我对技术一窍不通,因此我相信我能从他的身上,得到他给人印象深刻的知识。对他的访问的确没使我失望,他懂得我所不懂的事,这方面他是比我聪明。但是,尊敬的陪审员们,这些从事专门职业的人,看来有和诗人们同样的缺点,我指的是他们自恃技术熟练,就声称他们也完全通晓其他学科的知识,而不管这些学科多么重要。我知道,他们这样的错误使他们的智慧黯然失色。于是,我让自己成为神谕的代言人,自问我要保持我原来的样子吗?还是是有像他们的智慧?是有像他们的愚蠢?还是像他们智慧和愚蠢同时具备?最后我回答自己:神谕说,我还是保持过去的样子好了。"[①]

陪审团听了他据实陈述,政治家、诗人、工匠被考察拜访后不知道自己不知道的愚蠢表现,反而对他更生气了。

很不幸的是,苏格拉底说完这些话之后,票数有很大变化,361票对140票!这里面值得注意的是,有四分之一以上的人还是同意他,代表还是有人听懂了他所说的话,显然雅典还是有素质比较高,愿意面对真相的人!苏格拉底最终被判死刑,从历史的证明来看,雅典的气数也尽了。死刑的决定对他来说当然很遗憾,于是苏格拉底留下了千古省思的这一段历史名言:"今天你们审判我,将来历史会审判你们!"

---

① 苏格拉底:《自述篇》,邝健行译《柏拉图三书》,结构群,1991。

有人说《苏格拉底之死》的画作中，那块砖头是他可以逃走的象征，但是他把它踩在脚底下，代表他不逃走。然而亚里士多德也碰到跟他一样的际遇，被判死刑，但他选择逃走，逃走之后一年就死了，享年七十多岁。苏格拉底没有逃走，在西方三大哲学家：苏格拉底、柏拉图、亚里士多德当中，苏格拉底是首席；逃走跟不逃走，排名次序就不一样。

苏格拉底被判死刑的时候，他可以逃走，但他没有；他选择不逃走，于是他必须要死。选择死亡，到底是为了什么？这一度成为悬案。人们想知道他在想什么？背后有哪些考虑？是否跟那些他所看重的恒真价值有关？为何可以这么坦然面对？孔子说"未知生，焉知死"。你不知道活着是什么，怎么知道死亡是什么？跟西谚："**活着就是为死亡预做准备**"有共同的哲学省思。

对那场多数无知的审判，可以逃、不选择死，也可以死、不选择逃，他的代蒙没有告诉他不可以接受死刑，为什么？背后有一个非常重要的关键——活，是为什么而活？他心里的信念是尊重律法，即使律法判他死刑。而他为什么可以放下年轻的老婆和三个孩子呢？因为**价值是有层级的**，在他的心里，尊重律法的价值大于家人，但不表示他就没有挂念家人，而是理性使他明白：抉择背后必须要付出代价！放不下也要放下，然后他很从容地去面对死亡。对这一段我们可以整理成苏格拉底选择死亡的三部曲：

（一）勇敢面对审判：最幸福的人生是走向善的人生，

（二）勇敢拒绝逃狱：破坏法律而保护自己是错误的，

（三）勇敢面对死亡：活着是为死亡预做准备。

追求真理

苏格拉底认为，追求真理并不是一无所知的状态，而**真理必须要**

透过澄清才能够发现，才能够真正去除遮蔽。所以苏格拉底要做一个不断提问的人。就像牛身上有牛虻飞来飞去，苏格拉底立志要做牛虻，一直干扰你，没事就跟你提问题，让你觉得好烦！他的目的是要让你不断去厘清、思辨，搅乱你，让你勇敢突破你的限制去想问题。有谁要做这种人？做最不重要的事情、大家最不喜欢的事情、大家觉得最麻烦的事情。苏格拉底认为这就是他必须要做的。每一个人都想要趋吉避凶，可是他却迎向凶、走向凶。他说：**我不是给别人知识的人，我是使知识自己生产出来；我透过对话的方式，让你自己生出你自己的看法**；我提问让你去想，当你想到：啊！我知道了、我懂了！于是就去除了遮蔽，原来是这样的。

苏格拉底告诉他的学生们，这个世界有真理。他很看重年轻人一定要有好的身体，所以他有一天跟大家说：来！老师教你们怎么锻炼身体。手抬起来、甩一甩，每天三百下。有老师在的时候，大家都觉得好容易，苏格拉底就说，很好。一年后苏格拉底问，还有谁继续在做？只有一个人，柏拉图。只有柏拉图持续在做。为什么？因为柏拉图把好的身体当一回事，所以把老师教给他的很重要的锻炼方法记在心里，也因为他把老师教他的东西当一回事去实践，所以他才会成为继承人，而其他人听了之后就把它放下，所以他们都做不成西方三哲——西方三哲第一哲是苏格拉底，第二哲是柏拉图，第三哲是亚里士多德。亚里士多德跟着柏拉图，从十七岁学到三十七岁，自成一派大师，西方世界物质文明从此奠定。虽然苏格拉底看重身体的锻炼，他也很清楚地告诉学生，**光有身体，永远不可能获得真正的智慧，因为体力只是思维活动的要素**。这里面隐含的道理是：照顾好你的身体，让身体持续不断地提供你学习的能量；保有思考时来自感官所提供的资源，才能持续不断地探索真理。

苏格拉底在对话中经常遇到人们不会觉察自己到底说了什么，

对于知道什么、不知道什么、做了什么、没做什么之间的差异，甚至对他人所造成的正面或负面影响到底来自自己的什么举动都没有觉察，却还自以为自己认识自己。所以苏格拉底说：对于人来说没有经过"反省"的人生是不值得活的。

在探求知识的过程中，对话是一种讨论的过程，而在讨论的过程中，"概念"不断被厘清、推敲、辩证，然后得到想法，接着想法必须落实在生活中，才能知道想法管不管用；不论能用不能用都要再一次透过省思检视其中的差异，甚至明辨差异开始的分歧点，进而梳理出脉络、归纳出完整的看法，提供自己往后在遇到问题时判断的依据。

然而就苏格拉底来说，探求知识的过程是追求真理的不二法门，他对自己的角色定位很清楚，他认为自己是协助别人探求知识，而不是给人知识；让人把自己的知识"生"出来，就如同他的母亲工作的角色——当一名接生婆。我想，他真的很爱自己，知道自己曾经也不知道，才会以"人溺己溺"的同理心，照顾那些不知道的人，让他们有机会可以知道自己知道什么。从侧面来看，**他透过爱使自己认识知识的美，从而借助对话的方式引导年轻人追求美善的知识。**

肯定传统

苏格拉底说：年轻人还不能够独立思考、判断以前，必须要学会遵守城邦的律法、城邦的信仰，因为透过律法与信仰才能够化解人生的问题。当他说这个话的时候，我们就知道"要注意了"！因为在这样的时代里面，不相信律法，不相信经典，就失去根。演讲的时候，很多学生、老师、校长对我说：为什么现在还要学论孟？我说：因为除了论孟之外，没有更好的了。很多人说它很八股，很形式。对，可是年轻人在成长的过程当中，如果没有学懂论孟做人处事的知识，他将来哪有思考的材料作为判断的依据？

年轻人没有思考的能力，经常受人影响，情绪躁动，不遵守人伦关系（长幼有序、尊师重道）、城邦律法（法律制度）就乱了套！年轻人乱了套，这个国家就没有希望了。所以年轻人在还没独立思考前至少要遵守城邦的律法，才不致让自己违法乱纪，糟蹋自己、陷入牢笼。另一方面，经典很重要，因为它在我们还不能独立思考之前，可以先协助我们省思做人处事的问题，等到我们有独立见解的能力时，再来修正经典中不合时宜的部分；而对于经典中既存的精彩，不但可以在实践中印证，更可以站在经典的肩膀上向上发展。这就是为什么我认为学生可以在三十岁达到不惑——我们可以证明经典有它真正的意义与价值，让人不需要等到四十才不惑，而是提早十年，三十就不惑。三十不惑不是不可能，是可以做到的。至少在鼎爱我的儿子和几位学长就可以完成这个任务。

然而在培养思想能力的过程当中，因为当时是两千多年前的希腊，还没有同时性的概念，所以苏格拉底没有办法告诉法官：**我们必须要承担年轻人成长过程当中的惊涛骇浪，等到惊涛骇浪过了之后就可以恢复稳定**。当年轻人在成长的过程当中狂飙，是谁在支持？有些父母可以接受，有些不能接受。一个人如果没有经过狂飙是不会成长的，他的灵是不能够强壮的。或许有些年轻人有智慧，可以情理兼备，不必狂飙，可惜我到现在还没有看过，但是我非常希望我们有这样的青少年智者，在成长的阶段里面情理兼备，可以带领其他的青少年稳定地走向康庄大道（这也正是笔者在鼎爱致力的工作）！

孔子说十五志于学，意思是十五岁立定心志一定要学习，以便先学会核心价值观，才不会偏离轨道，才走得平稳。所以孔子说："颜回能做到三个月（很久的意思）心中不违反仁道；其他的学生，只能十天半个月而已。"（《论语·雍也篇》子曰："回也，其心三月不违仁，其余则日月至焉而已矣。"）这句话让我联想到四件事。

第一，学习做人处事的知识，就有判断的依据让自己走在轨道上，而且还要不断地在适当的时机练习，养成要让自己变得更好的心态。

第二，颜渊可以长期做到而且没有偏离做人处事的态度，其他的学生顶多只能维持十天半个月，然后又故态复萌。可见**做人处事不是一天两天的事，如果没有学习"善的知识"、认识自己、使自己更爱自己的话，**又能够维持多久呢。颜渊学习之后体悟老师所说的话，并且乐在其中，无怪乎孔子说："好学贤德的颜渊啊！一碗饭，一杯水，住在简陋的房子里，一般人都受不了贫穷的生活而烦恼，而他依旧快乐，不受影响而改变自己。"（《论语·雍也篇》子曰："贤哉回也！一箪食，一瓢饮，在陋巷，人不堪其忧，回也不改其乐。"）

第三，颜渊相信老师的理念，而且确实认真地做到了，就像柏拉图确实做到了苏格拉底所教的甩手功。而孔子也看到了，话说有一天鲁国国君哀公问孔子说："你的弟子当中，谁是最乐于学习的人？""孔子回答：有颜回这样的一个学生，学习到生气还能够不把情绪转移到别人身上，对于反省过错的态度很认真，一旦知道自己错了就不会再犯第二次。很不幸的是他早逝。现在已经没有了，也不曾听到有像他那么好学的人了。"（《论语·雍也篇》哀公问："弟子孰为好学？"孔子对曰："有颜回者好学，不迁怒，不贰过。不幸短命死矣。今也则亡，未闻好学者也。"）真是遗憾！我常想，要不是颜渊早死，亚圣就是他了，孟子大概只能屈居第三。孔子的思想透过颜渊的具体实践，更能让我们有具体的楷模可以学习，也就不致让人误解，以为孔子的思想只是教条，不符合人生道路。

第四，以前的学生都是跟在孔子身边学习，进进出出三千个弟子，其中杰出的有七十二个，我们熟悉的则是孔门十弟子。仔细看这些杰出的学生，各个都有他们的擅长、能力，但是孔子教导他们的是怎么做人；把人做好，即使做事差一点依旧可以得到正面的评价；就怕没有弄懂做人的道理、得不到智能，一知半解地从政，落得不幸的下场！**孔门弟子中我最欣赏子贡面对自己的不足，虚心受教、上进不懈、知恩图报、进德修业地实现自我。**后来孔子去世，学生们为孔子服丧三年，子贡就在孔子墓旁结庐而居，一直为孔子守丧六年。而他为了报答老师的恩德，挽救了鲁国，历史给了他正面的评价：子贡一出，存鲁，乱齐，破吴，强晋而霸越。一提到孔子我就说不完了，将来有机会再分享，让我们回到苏格拉底吧！他跟孔子一样，内心对于国家的未来有使命感，积极地教育年轻人走向正途，为国家贡献。

内心之声

苏格拉底一直告诉别人，我在做正确的事情，难道你们不懂吗？今天你们不懂，还要判我罪，天下怎么会有这种事？太荒谬了！荒谬发生之后，苏格拉底就告诉大家：我告诉你们，最后你们信神吧！我告诉你们，我有神！什么神？就是代蒙！在雅典的神殿里大家都信阿波罗神，我也信阿波罗神，而阿波罗神庙里那只小虫子叫作代蒙，代蒙就是精灵；每当我做一件不该做的事情，代蒙就会跟我说："苏格拉底，你做错了！"但是到现在为止，代蒙一直没有跟我说过"你做错了！"

你看一个先知有这么大的气魄，对那些陪审团来讲，苏格拉底够骄傲！人在本性上最痛恨骄傲的人。碰到骄傲的苏格拉底，一定要让他死！无怪乎尼采会说"不是物竞天择、适者生存，而是物竞天择、劣者生存"。因为劣者会集体把有见解的人干掉，以便保有自己的生存权，这才是先知最大的伤痛。有些先知抗压能力比较弱，所以短命——纪伯伦短命，齐克果短命，尼采短命。因为压力实在太大了，比别人先看到未来却又无能为力，怎么不担心焦虑呢？最后没办法了,只好提出警示的箴言。

芝加哥大学著名的柏拉图学者李奥·史特劳斯(Leo Strauss)主张代蒙根本就是苏格拉底"内在灵魂之声"(daimonion),它是苏格拉底终极信仰的良心动力。

选择

陪审团判他罪要他死,他接受了。他说我选择死亡而非活着存在。俗话说:"好死不如赖活"。死亡没有人喜欢,这世界多么美好!**人最大的伤痛是,当我死后,明天的太阳依旧升起,仿佛我不曾来过。**想到这个谁都难过。

我今天早上从停车场走过来,路上遍地落叶。我一踩叶子就好像回到儿时的景象,会去倾听窸窸窣窣的声音,觉得好快乐!人生有几次能够踩这样的叶子啊?想到这里又不禁悲从中来,但其实是快乐同时带着悲伤。还好有快乐,如果只有悲伤,人生就很无趣了。对年轻的孩子来说,现在只有快乐没有悲伤,很多事情都还在建构中,可是对中老年人来说,很多事情都已经成了定局;为什么我还要,不断探索?原因是我已经确定当老师的角色,当老师就不能够怠惰,要耐烦,要不断学习。所以孔子说:"学不厌,教不倦。"有时候身体不好,学就厌、教就倦,其实被打击得蛮厉害的,那为什么还要选择做呢?就是选择"存在",活着不够,还要好好活着。

换句话说,只有存在才能够使那个存同时在。我们谈存与在,要知道它们的关系,存不等于在,这又是数学的想法——有时候存是通往在,有时候在是通往存;有时候存等于在,有时候存包含在。就英文来说,Being 和 being 以大小写的 B 来区隔完整与个体,然而,翻译成中文"存"、"在"后各家解释不同。我的心得是从性质的角度切入:"存"是动态的、活泼的、有机的性质;"在"是指实体的,亦即具象与抽象并存的性质;谈存在就把性质整合在一起,也就是存与在的完整性质。

我现在存在这里,而大家则坐在这里;如果大家坐"在"这里,但是心"不在"这里,那就是不存而在,存在两个字没有并拢。我们常讲,你怎么上课不专心啊?人在那儿,但是心不在;哲学说法,心不存在于这个主体上。再举个例子,我们说,回家的时候要面见父母,说"爸!我回来了!"代表我人在这里,心也在这里。如果回到家,看爸一眼就走了,代表你虽然看到他,他却不在你心上,是一个不在的爸爸。你说:我没有这个意思啊!但是你要知道,表达不是只有说话才算,身体的姿态也是一种表达。爸爸说,那你为什么没有叫我?你为什么看了我不叫我?这叫视而不见。代表你根本不在乎爸爸——在乎的意思就是把爸爸放在心里视为"在",而不在乎代表你把他视为"不在";所以你不叫他代表心里没有认真对待爸爸,这就是没有实质的在。有趣吧!这代表我们中国人真厉害,早就有存在主义。

那么把孝加进来思考会有什么样的表现?孝在人伦之间的关系是,当我放学回家看到父母,我叫了父母,代表我对父母实现了适当关系,如果我没有叫,代表我对父母没有实现适当关系,也就是说,没有尊重父母与我之间的关系。

每个人都想要透过存变成在,在变成存;存、在可以是相容的,心跟体合在一起;存在代表我的完整性,代表我是活着。苏格拉底的想法是:现在你们判我死罪,怎么办?我就接受审判的事实;你们判我罪,我就来"自述"。你们判我罪,我接受你们判罪,而且我拒绝逃狱,我不要逃走!一个人可以逃走,为什么不逃走?对苏格拉底来说,"不逃走"就证明是你们杀我;我的不走正足以证明我遵守律法,而陪审团所编派的罪名就不成立。

最后苏格拉底面对死亡，喝下毒药，而且还很从容。当时的场景是，因为苏格拉底晚婚，孩子都还小，他的老婆带孩子来看他；老婆哭哭啼啼的，他就说："好吧，别再哭了！你们先回去吧。你们在这里，我会牵挂的。"叫太太把三个孩子带走。站在女人的立场会想：你这个死没良心的！只想着要完成你自己，那我们怎么办？我一个寡妇带三个孩子怎么办？前面我们也说过，这就是苏格拉底必须要做的抉择。你要成为什么样的人？你必须要砍掉什么？还有什么价值大于亲情？还有什么更胜于挚爱？他抉择冷冻挂念，以死印证真理。

对苏格拉底来说，唯有让真理得以实现、得以证明，将来人类的思想才能够有所精进。如果今天我决定逃走，人类看到的是胆小怕死的苏格拉底，不会思考他活在世界上曾有的一切努力。有什么价值比真理更重要？对于一个哲学家来说，这就是所谓的真理。换句话说：只有透过死亡才得以让真理呈现，只有透过我的死亡证明我愿意为真理而死——逃狱代表不遵守城邦的律法，同时也证明我就是来鼓动年轻人的思想，不负责任。所以柏拉图说苏格拉底是当时最正直、最明智、最善良的人；他死后自己从此成了孤儿，再也没有典范、没有好老师了。

今天也有很多人为了证明自己的清白选择死亡，如果是像苏格拉底这样的信念层级，我觉得值得，否则死也是白死，没有意义，不如勇敢、积极地面对人生问题。所以苏格拉底说："当我面对这样的事情时，我要面对的其实是生命里面真正的看重。"也就是**拿掉了追求真理的人生是不值得活的**。所以我们可以看到他从容喝下毒酒，没有哀伤、悲愤与畏惧，还淡定地说："今天你们审判我，将来历史会审判你们！"陪审团的判定，将会在历史上重新被检核。

灵魂不死

苏格拉底的精神认知系统有一层叫"灵魂不死"。灵魂不死代表灵魂是动态的，身体是物质的；今天身体不在了，但我的灵魂还在，而且是以更自由的动态方式活着。这样的想法从他饮下毒酒时忽然对学生说："活着是生病的状态，死亡是复原、痊愈，请记得帮我还一只鸡给神医阿斯克勒庇俄斯。"这句话代表他感谢神医使他的灵魂得以痊愈，以更自由的方式活在非物质的世界。关于这一部分，等将来谈生死学的时候再说了。

苏格拉底喝下毒酒前
创作：雅克-路易-戴维。

对我身为老师的启发

苏格拉底最重大的择善是什么？是一个我们看起来觉得很飘渺、跟我们距离很遥远的选择；一个违背人性的选择，也就是透过选择死亡证明他所相信的真理活着。他对我的影响非常大，让我知道这一辈子要做一个什么样的老师。"没有人故意为恶"考验我相信的能力，一旦我相信，我敢为它付出代价吗？我要成为老师，一定要问：身为老师，在教育学生的时候，你要相信学生不是故意犯错比较容易？还是相信学生故意犯错比较容易？或者在过程中相信自己的能力还不够，不能证明他不是故意犯错。

我常问一些学生：你会"故意为恶"吗？得到的答案都是不会。那么问题到底出在哪里？**我的任务是要找出学生的良善，让他认识自己，不要对自己一无所知，干下坏事。点燃学生心中对自己的爱，从此舍不得伤害自己。**举个例子，我发现自己讲义气，拥有正直良善的想法，结果我故意去干坏事。会这样吗？我想我们都不会。

戴尔菲神殿的箴言"认识你自己"让苏格拉底紧接着人心的发展说出"没有人故意为恶"，代表认识自己、知道自己的良善之后不会故意去干坏事，除非他不认识自己，不知道什么是良善。"善的知识"告诉我，只要我能引领学生看到自己内心的真相，厘清现况问题，借着正确的观念协助他们思考、分辨、判断，然后摊开人生大图让他们知道现在的位置在哪里，他们很快地就知道自己偏离了轨道。

虽然我不能当面向苏格拉底请教，但他留存下来的知识典故、爱智事迹，足以让我在孤独时细细咀嚼从而回归自我；醒着的时候认真地实践咀嚼后的心得，我发现自己在生命的旅程中有一种"活着不孤独"的幸福感，因为他是我心灵的导师。

苏格拉底名言

最后让我诠释三句苏格拉底的名言，其余的也转录在后面，留给您自己体会。

一，"禀赋好的人越要受教育，如果他受的教育不好，意志越坚强，越容易犯罪。"

这句话非常中肯，时至今日我想把"如果他受的教育不好"稍微更动为"如果他受的教育不善",还是回到苏格拉底所说"善是一种知识,知识即力量"的说法。善的知识带来善的发展,非善的知识则造成前面讲的两次世界大战。发动战争的人意志很坚定,结果创造了世界大战!这是最可怕的事情——光有意志,没有好好受教,人会变得更可怕。

二,"知道的越多,才知道自己知道的越少。"

简洁有力!学越多越知道自己不足。

三,"世界上有两种人,一种是快乐的猪,一种是痛苦的人,我宁愿做痛苦的人也不做快乐的猪。"

这是苏格拉底流传很广的名言。痛苦使他产生智慧,痛苦使他遭受内在的磨炼;如果没有困难,我们怎么会更有能力,甚至更有智慧?做事时,明知道有困难还要去做;做人时,我们要去理解自己困难的背后心灵是怎么律动的。

四,世界上最快乐的事,莫过于为理想而奋斗,哲学家"为善至乐",乃是从道德中产生出来的,为理想而奋斗的人,必能获得这种快乐,因为理想的本质就含有道德的价值。

五,**教育不是灌输,而是点燃火焰。**

六,**逆境是人类获得知识的最高学府,难题是人们取得智慧之门。**

七,一个人接受教育之后,不仅自己得到幸福,能管好家务,还能使人、城邦幸福。

齐克果
Soren Kierkegaard
1813~1855

面对灵性自我，不决定仍然是种决定，不选择也依旧是种选择。

缘起:楔子

齐克果很年轻的时候家里就已经有八个人相继过世。八个人死了，不见了！对一个年轻人来说，这对家人、对自己都是一种沉重的伤痛。他没有办法建立安全感，因为他相信自己是接下来的那一个；他从不认为自己是幸运的人，死神随时都会夺走他的生命。在还没有离开人世之前，他可以为自己做些什么？或者还有没有面对死亡的出路？

关于死、关于灵魂的议题，对齐克果来说一直都是贴近、深沉的议题。我想苏格拉底在死前临门一脚，把"灵魂不死"踢进了永恒，因为死亡是属于身体的，在活着的时候灵魂依附在身体里，一旦身体的生命结束，灵魂就脱离身体回到永恒的世界。这一点对很多思考生死问题的人来说是很有启发性的，就像庄子的老婆死了之后，他先哭后歌，为什么？他说：因为我的老婆回家去了，我应该为她高兴，怎么能哭呢。

《中庸》："至诚如神"。我们看看古今中外的圣哲们，发现他们往往如神一般先于常人知道即将发生的事，这种境界表现出来，就是孟子的人格层级：善、信、美、大、圣、神人格六境，而其共同的基底就是"**真诚＋正直＋实践**"＝善。我们看到苏格拉底、孔子、释迦牟尼、耶稣都已经是神人般的境界，他们拥有不死的灵魂，用我们世俗的说法，就是他们的人格典范已经长存于世人心中。

齐克果给我的启发是让我懂得什么叫自我，而自我中又有灵性的自我。"灵与生死共存"的省思必须是深度的、孤独的，这对于他和别人相处造成了相当程度的影响，但也让他在哲学界有了一席之地。

齐克果在哲学界里是非常有名的存在主义之父，谈到存在主义，以他为首。在他的思想核心里特别把"自己"与"个人"先拉出来，顺着苏格拉底"认识你自己"的动线，走进更严谨、深度的自我存在。在这里我要说明的是，每一个自我都同时是自己与个人，在界定上的性质是相同的，而在语词使用时因着主题、对象不同，而有不同的运用。为什么要谈到自己？为什么要谈到个人？因为它涉及自由与选择的运用，唯有如此，才能建构自我，活在与灵共存的架构里。附带一提的是，西方的个人主义和齐克果的自我是不同的主张，相对于个人主义也就有集体主义，各位可以自行查询，而在这里我们谈的是存在主义。

"存在主义"非常重要的是"存在"，"存在"不是名词，是动词。进一步说，我现在的存在正在进行中，**我正在进行我的存在**；如果我没有正在进行我的存在，代表我死掉了。接着就要问，这个存在的本质是什么？如果我的存在不能够成为真正的灵性自我，那我的存在就是跟着大众、跟着社会价值观行动；我的（灵性自我独特性）不在了，随时可以被取代，我的灵性自我变成存而不在。齐克果谈到自己就是关心自己"灵性的独特"。

苏格拉底对城邦里面的人都关心，于是为了让城邦里面所有的人都能够拥有独立思考的能力，他不断地跟大家对话。例如他会说："哎呀！朋友，你今天怎么这么神清气爽啊？"今天天气很好啊！"今天天气很好，所以你心情就很好？"对啊！我心情很好。"请教你，心情指的是什么？"心情就是心情嘛，心情还要指什么？阳光很好，空气很清新，所以我的心情就很好。"你讲了半天，我只知道阳光很好、空气很清新，那心情在哪里？"对方本来心情很好，突然就变得不好了！因为碰到苏格拉底搅局，让他突然觉得不舒服，不晓得要去哪里找心情？他心想：我可以不要去管心情吗？我本来只是感觉心情很好，可是为什么现在突然又觉得心情不好了？这就是当年苏格拉底为了要让城邦人民学会独立思考前，真正澄清这些观念。

到了齐克果，不再是澄清观念，他要求，你自己要认知到灵与你的关系；**当你活出灵的力量时，你才能够证明你是存在的，如果你只是活着而没有活出灵的价值，代表你所看重的观念跟你之间没有关系**。如果这个观念跟你没有关系，那你活在这个世界上，是为谁而活？比方说，做人要正直（灵对正直的行为会感到快乐），我自己也说我很看重正直，但是只要碰到委屈的时候我就不正直了（灵对不正直的选择会感到忧伤）！或者碰到我有利益需求的时候，我就不正直了！然则，当我说"正直很重要"时，我到底是相信正直，还是相信解决眼前的这些困难比较重要？显然在这个时候，正直被我的困难吃掉了（灵就失去了信任自己的能力）！既然我可以用另外一个手段把正直取代掉，即使我嘴上说正直很重要，正直在我心里也并没有发挥作用！这时候就产生了很多谬误，使自己看不见、感受不到自己的灵，我们看到齐克果在这个地方非常痛苦。

生平背景

齐克果生活在丹麦，丹麦是非常冷的地方。他的爸爸从小就牧羊，有的时候必须要在寒风中出去放羊。他的爸爸就诅咒上帝说：该死的老天爷！什么鬼天气啊，我这么年幼就要放羊，你为什么不对我好一点？抱怨完老天爷，奇迹发生了！老天爷竟然送来一个大礼物。齐克果的爸爸有一个远房的姑姑，过世之后留了一大笔遗产给他，他觉得太酷了，诅咒老天竟然还有好事降临，殊不知灾难在后面。因为得到这笔遗产，于是他的行事风格变成说一套做一套，甚至做了一些不该做的事情——齐克果是他爸爸跟女佣野合之后生下来的。后来齐克果思考自我与灵共存的议题时，爸爸的行为对他有相当程度的启发，这在他后来谈到"人生有三种绝望"时可以得到印证。

齐克果一共有七个兄弟姊妹，都活不过成年期，更具体地说，他们在爸爸三十四岁以前都死了，只剩下齐克果活下来，所以他爸爸后来信教了。在丹麦这个环境里，信教是一个让人必须要思考的问题，因为基督教在政治的环境里是全然相信，也就是说，你相信之后，就再也没有自己的想法了，全部依照圣经的指示行事。这对齐克果来说是非常严重的谬误，因为**他认为应该是信了教之后开始有自己，独特的自己**！这在西方史上是非常重大的转折，也是在这里要探讨的议题。

兄弟姊妹早逝，爸爸在他年轻时也过世，死亡对于年幼的齐克果来说是忧虑的，没想到忧郁竟然伴随他一生。现代人常提到忧郁症（又称抑郁症），齐克果就是一个忧郁症患者，**他的忧虑常常是他看不见的敌人**。什么是看不见的敌人？因为忧郁往往是没来由的——你心情本来很好，突然有个东西闯进来，你不知道那是什么，但你的心情一下子跌到谷底！你不知道是谁对你动了手脚，你根本不知道他是谁，这蛮可怕的！这种状态一直持续的话会怎么样？那就要吃药了。我们一般人发生这种状况，有时候忙一忙又恢复正常，之后哪一天被某种状态刺激，又掉了下去。什么状态会使人特别"忧虑"？责任、死亡、孤独、存在、无意义，还有自由。为什么自由会让我们忧郁？接下来会谈到这个部分。

生命中的忧郁对齐克果来说非常强烈，因为他必须面对死亡，以便为自己找出一条活下去的道路。我们常常说，我好忧虑！但是我们没有积极深入地想，要怎么继续有希望地活下去，结果在吃药无效的情况下让绝望代替了希望。齐克果是哲学家，所以他必须要想出一条活下去的出路；活着的时候忧虑的状态同时进行，我们把这种状态叫作"忧虑的存在"，他是抱着绝望活在忧虑的状态中。美国存在主义心理学家罗洛·梅说过："即使绝望伴随身旁，我依然有前进的勇气。"这代表我活在忧虑加上绝望的状态中，依然要表现我正在活的样子，而不是"忧虑＋绝望＝凋零的生命。"

维克多·法兰柯（Viktor Frankl）面对集中营种种不合人性的对待，选择了自由，于是他活下来了！让他活下来的是心灵中的自由，他以爱对待自己、对待别人。法兰柯在其著作《追寻生命的意义》里提到自己在集中营对自由的体悟，后来美国企业管理大师史蒂芬·柯维将法兰柯的体悟充分运用在他的畅销书《与成功有约》中，他说："在刺激和回应之间，仍然有空间存在。在这片空间里，我们有自由、有力量，去选择如何回应。在我们的回应当中，蕴藏着成长和自由。"

我们可以看到，在这里要面对的议题是，齐克果为什么会有"深度自觉"？"深度自觉"代表深度的情绪、无法掌握的状态，例如忧虑就是一种深度的情绪，没办法掌握；绝望也是；还有痛苦也是。碰到这种状况怎么办？很痛苦！你每次想把自己拔出来的时候，拔不出来！讲一个最简单的比喻，比方说你喜欢打麻将，坐在那里打，打到后来很无聊，已经很不想再打了，可是就是爬不起来！玩电脑游戏也一样，已经很疲惫了、很无聊了，没什么趣味，可是就是爬不起来！人处在一种煎熬的、上下矛盾的状态时，不能够面对现实状况，宁愿把自己放烂、继续坐在深渊里面，即使很无聊却还是要继续下去，这是人的吊诡。这很麻烦，必须要有能力去深度觉察到自己正在干嘛。

我们考过高中、考过大学，读读读，读到快发疯的时候，有一种绝望，不知道到底该怎么办？不知道我还能怎么办？还有一种状况是处在亲密的关系里面，得不到新的进展，彻底绝望！**当绝望出现的时候，第一个形态是冷漠。**我们怎么会发现什么叫绝望？就是从冷漠里面发现的。当一个人不再关心任何事情，没有任何表态，他表现出来的就是冷漠；而当一个人表现冷漠时，回到当事人身上，他已经自我疏离了！因为自我疏离，所以他才能够表现出冷漠，是这个逻辑。我们不能只看到冷漠而没有看到他本身的自我疏离，这就是深度自觉，也就是要很深刻地去体验到自我的状态，这种体验让人非常动容。

我记得在面对齐克果的时候非常震撼，生活中碰到一些事情没办法解决的时候，觉得很无能——无能就是不能够，觉得很无力。怎么办？只能看着事情每次都是同样的变化，周而复始，就像西齐弗神话一样，每天推石头上山，到了黄昏的时候，石头又从山顶上滚下来；第二天又推石头上山，黄昏时石头又从山顶上滚下来，周而复始。重复式的困境，没有办法解决，而且每天都周而复始；只要谈到某个人，谈到某件事，谈到某一个不能碰的东西，这种状态就来了！没办法解决。

不瞒各位，我在自我的过程当中也会碰到这些东西，碰到时非常辛苦。对我来说，最难处理的就是我的母亲。我常常说，我想要跟我的母亲不一样，可是我的母亲对我的影响很大，就好像齐克果，受他爸爸的影响也很大一样。要怎么样才能够活出自己而不再是妈妈的延伸？在血缘上我们有密切的关系，但因为她的价值观跟我的价值观不一样，所以跟母亲的互动比较困难。庆幸的是我排行老四，如果我排行老大一定非常辛苦，因为有传统的期许，也就是老大的责任；但因为我是老幺，所以我得到不平等对待。母亲决定事情，通常都是以她个人的价值判断为准；她嘴巴上会说我好爱你，但是她给东西的分量就是不一样！所以我最喜欢说一个笑话：妈，你好爱我喔，我只能吃那个小翅膀；你好爱哥哥喔，哥哥都吃鸡腿。

我记得年轻的时候跟她讲过这个笑话，她听不懂，回我说，你怎么那么爱计较？我谈的是爱的本质，背后应该要真诚，而母亲竟然说我爱计较！她听不懂我讲的话，我怎么办？我就跟她讲笑话：秀才遇到兵，有理说不清。我妈回我：你读书读得比较多、比较厉害啦。可是说实在的，我不是因为读书读得比较多，我只是不知道该怎么办，因为每一次碰到这个事情就无解，我永远也没有办法从她身上得到跟哥哥一样真诚的对待。

我跟母亲之间的关系，在时间的长河里得到一个好的诠释——如果没有第二次世界大战，如果她不是生在这个时代，我相信她一定有机会受教育。我想哪一天当她开始发现，生命不再是为了逃离死亡这样的议题时，她应该有机会学习，应该表现得比我更好，因为她非常、非常拼命！她会捍卫她的权利，她会争取到好的人际关系，她会努力想办法生存下去；所以她是一个非常坚毅的女性。如果没有这样的时空背景，她应该会当立法委员；她的生命一直告诉她，她可以做什么。还好后来她上了成人教育班，重念小学，然后念到国中。虽然不能够改变她根深蒂固的想法，但是认识字之后她会读读报纸、看看经书，更重要的是从此以后不需要我们帮她签名；她开始有自己的签名，可以决定自己要做些什么，如果她可以受完整的教育，应该更棒！

齐克果在他的日记里谈到一种现象，他说：当我出去跟别人一起吃饭、聊天，大家开始闲聊；每一次开始的时候，我都十分兴奋，非常开心，因为好久不见了，想听听他们说些什么。可是时间久了，十分钟、二十分钟、三十分钟过去了，我发现我越来越坐不住——怎么大家又回到那些无聊的话题上？而无聊的话题总是没有建设性。当他发现他碰到无聊话题时，他就起身，出去，他宁愿回家也不愿意待在这样的聚会里。

什么叫无聊的话题？就是透过别人的对话来证明，以便找到自己跟大家的共通点。举例来说，当你聊天时，如果你的孩子跟别人的孩子不一样，别人就冷眼看你，觉得你的孩子是个怪物！要不就是你抱怨东、抱怨西，别人就假装安慰你。再不就是你看了别人家的老公有多好，买了什么东西送老婆，回家后就一肚子气。不要以为只有小老百姓会讲无聊话题，政治社交圈也从不缺无聊话题。

黛安娜王妃还没有离婚前，她穿什么、戴什么、吃什么，社交名流争先恐后地要跟她一样，如果不跟她一样，代表没有品味，更严重一点就是没有地位。这里面有一个误会，也就是跟王妃吃一样、穿一样就等于我是名流级的。很多名媛淑女争相模仿她，如果没跟上就等于离开了贵族的地位，说得再刺激一点，先生就会怪太太让他脸上无光，真该死！你说这不是很无聊嘛？让齐克果真正不无聊的是，如果他跟很多人在一起，他一定会问自己，为什么会在这里？我跟别人的不同是什么？但他觉得最受不了的是，大家争先恐后地想要相同！

这对齐克果来说，很无趣。他开始怀疑：为什么大家明明都在，却都不存？不存的意思是，我没有看到你的想法，没有听到你身为灵性自我的声音，你虽然人在这里，但是没有想法、没有看法，没有你的独特性跟唯一性！齐克果觉得非常不舒服。当他谈到自己的时候，他希望知道自己目前的存在状态是什么——你知不知道你的状态是什么？如果你不知道，你怎么能够证明你的本质还在呢？

这里出现一个词，"本质"。沙特谈到，存在先于本质。我们每一个人的现在都是存在的状态，这个状态并没有把我们的本质活出来。比方说我是存在的，我的本质是诚实，可是我的存在并没有把诚实表现出来，代表我没有把我的本质表现出来。当我们问，这个人的本质是什么时，常常会听到，这个人很善良。为什么？因为在他过去的存在中，我们遇见他的善良。可是他的善良会永远存在吗？不会。他可能碰到一个刺激，例如：被背叛了。他就不再善良。他的本质被他自己在选择的时候抛弃了。他虽然活着，可是在他的人生旅途上，他抛弃自己——我们每一次抛弃自己之后，要把自己找回来就会更困难，因为每一次抛弃就离诚实越来越远，最后没有办法再相信自己；一个不相信自己的人要怎么去重建自己呢？这很困难，非常困难！

这是一开始接触齐克果就会看到的，他是个很不一样的人。上述议题对我们来说都很重要，而且很鲜活；我们要能够面对就必须要能够了解，他到底赋予存在议题什么样的意义？

第一个是他扭转了西方传统哲学中，重视理性而忽略个人生命特色的倾向；他回到个人，而不再是世俗的假理性。他透过自我的实践，活出真理性，这是一个很大的转折。假理性是什么？就是大家都认为世俗的价值是这样，所以我们就应该要这样，这叫假理性。**真理性是我相信这个价值，而且我活出了看重的价值，所以我同意这个真理**。这是他对于近代史上西方传统哲学重理性而忽视个人生命非常重要的扭转。

第二个是他注意到，在基督宗教融入政治、社会之后，抹杀了个人在宗教信仰中的特殊性。什么叫抹杀呢？意思就是大家都追随宗教，却忽略了宗教背后还有神圣的价值。在宗教阶段会谈到这个部分。现在我们先来看齐克果对存在的定义。

我们在谈齐克果的"存在"（动词）时，必须要先定义，如果没有定义，就没有办法产生共识。我在归纳他的定义时，把灵和自由放进来，这样可以看到他的存在不是只有字面上的意思，还包含很重要的内涵：灵、自由、抉择等概念；它是一连串动态的延伸与新生，可以说是很鲜活的心灵世界。原先存在是自由抉择，立体化之后的定义则是:"自我中的灵魂拥有自由,决意自我抉择、自我承担进而实现灵性自我。"这个定义出来之后,我们来看他的想法就立体多了。

思想核心

选择成为自己、个人(individual)

第一个选择:成为自己、个人;**存在等于"自由抉择"**。这是个很有趣的"等于"状态。"等于"状态是什么?我们都知道什么叫"等于",当我们说 A 等于 B 时,发现这两个字母的长相不一样,如果我们换一个说法,一等于一,看起来就好多了。就长相来决定它是等于还是不等于,这是眼睛的特质,而不是透过数学逻辑(等于)来决定它是什么。"A 等于 B"以及"一等于一"的本质是相同的,只是符号的表现不一样。如果要选择 A 或 B,你说 A 等于 B,那有什么好选的?举一个生活的实例来说,假设 A 男跟 B 男家产同样是一亿,家产一样但是长相不一样,你选谁呢?大家都会选帅的,结果告诉你两个都不帅,你只能选一个比较不那么丑的,这下子压力来了!

我们在思考的时候会想到,当我们选择 A 或 B 的时候,认为两个都是好的,这叫美丽的幻想,可是,如果不要幻想,要怎么选本质呢?如果没有透过学习,懂得澄清,怎么能够看到本质呢?在这之前你或许没有接触过这样的题目,可是这个议题并不是今天才有,早在几百年前哲学家就思考过这个问题;这种问题通常是解开奥秘最深刻的思想能力,如果我们没有这样的知识,那这辈子不是白来了吗?有的人可以接受这种知识,打开他穿透奥秘的能力,反之,如果你不接触，就永远没有办法进入下一个殿堂。齐克果在觉察到自己生命状态的时候，发现当一群人都差不多，要怎么去找到他们真正的本质呢？

他发现A或B或C都一样肤浅，他的等于是等于肤浅，他们都一样，是不是很惊人？如果这个事实指向外面的人也就罢了，偏偏这个事实就在近亲当中，他们是他的家人，该怎么办？这个问题好难！鼓励家人学习他们不学习，你觉得很痛苦！因为家人不知道自己不知道什么、错过了什么！孔子说："知之为知之，不知为不知，是知也。"意思是你能够知道你知道什么、不知道什么，你才能够知道你的不知道是什么，而不是将你的不知道说成知道，那就成了胡说八道！家人都肤浅就可以选择不爱家人了吗？或者就把他们的肤浅忽略而不去想办法？后来他给自己的的提示是：**爱不是种感觉，而是具体的行动。**

齐克果提出**不决定仍然是种决定，不选择也依旧是种选择。**当你开始要选择的时候，突然发现，A、B、C都一样，于是出现了一种答案，不选择。为什么我们不选择？因为反正都一样，选不选有差吗？干脆不选择。

回到齐克果的选择。要选择的时候，发现不能选择。齐克果曾经订过婚，订了婚之后又退婚，退婚之后很后悔，因为他觉得这个女生很美好，可是一想到将来她会虚荣、庸俗、无知，她会跟其他的人一样没有独特性，想着想着就退婚了！过了一段时间他又觉得未婚妻也没那么不好，就跟对方示好，请求恢复原先的关系；未婚妻当然没有答应，直到未婚妻嫁给别人后，他彻底懊悔！这跟他在日记中记录自己参加聚会之后的心灵状况很不同，退婚的事让他明白自己的存在，在爱的角度上是不完整的，因为灵没有得到适当的安顿。

回想跟朋友争执的那个状态，把它剪出来，我发现，我正在跟他说话，同时心里有好几条线——刺激、感觉、记忆、经验、感受都被我的大脑联结、整合，紧接着情绪也上来了。我同时心里知道要爆炸了！然后就特别焦虑，想要逃走。这其实是很奇妙的事，必须选择的时候，同时有好几个声音出现——这似乎是人类才有的禀赋。**存在感在意识状态中同时有多条线路，讲得比较生活化就是同步中有各式各样的声音。**会有多重的声音同时存在，可以提供我们很多讯息，我们也会因为讯息太多而无法选择，焦虑油然而生，可见人内在的宇宙是很奥妙的。

罗洛·梅特别为焦虑写了一本书，叫作《焦虑的意义》。焦虑属于生命的特性之一，我们常说这个人没有安全感，等于说他对生命是焦虑的。有人说：我没有焦虑啊！那是因为他不知道焦虑与没有安全感同在！还有人说"我没有焦虑"是因为没有自觉，那就别谈了。这就是人，这才是人的真实，只有人才能够拥有这样的真实，所以活得特别辛苦！有人跟我说，我要快乐、快乐、快乐！我心里想，你太不了解人的真实处境了！人哪里是快乐的？人生困难重重，很多时候不快乐；快乐一直是附加价值，永远都是附加价值，是附属的；生命本身的挑战太多，很难快乐啊。

对齐克果来说，把未婚妻置于真实处境，思考每一个现况与可能的同时还夹着忧虑的情绪，接着整合想法之后，认为可以退婚就去退婚；退婚后，天天挂着忧伤，突然想到自己哪里错了，又想复合，跑去跟未婚妻说，未婚妻不答应。齐克果在面对婚姻这件事的态度上，让他看见了真实的自己，一个存在矛盾的自己，正在阻碍他成为灵性自我。承担是种重量，实现是种苦难，难道没有别的可能吗？

自由

我自由抉择，自我承担，然后自我实现，成为一个独特而唯一的自己，一个不可以被取代的我。我必须实现自我，才能够成为不可被取代的。每一个人都可以成为不能被取代的——智慧不能被取代，独特性不能被取代，价值不能被取代，风格不能被取代，脑子里面所想的点子不能被取代。这些不能被取代，是因为我的选择、我的承担、我的实现而开展出来的。我生出一个自己的"型"，这就是我在"自我经济学"第一堂课里面讲到的"自我认识"、"自我定位"、"自我雕塑"、"自我实现"、"自我超越"（超越限制）。"自我整合"则是把过去的实现跟超越整合，之后"生"出新的自我叫"自我创造"。**每一个人都有自由的权利，也有义务把自己"生"出来。**父母给了我们生命，这是我们生命的基础，在基础上我们要思考：我要活出什么样的思想？活出什么样独特而唯一、不可被取代的"自己"。

这个过程是自由的，自由就是决意，决定要成为灵性自我本身；它带来焦虑。决意是我拼死拼活都要这样做！这需要很大的勇气。当人陷入困境的时候，拼死拼活要爬上去，内在有着撕裂的痛楚！假如你爱上一个人，爸爸妈妈都不同意，于是拼死拼活都要跟她在一起，那个撕裂的痛楚来自"关系"的破灭。人伦关系被扯开了——关系原本是在一起的，现在被撕开来了。痛不痛苦？很痛苦。所以称之为"撕裂的痛楚"。

当你要成为自己的时候，别人都跟你说，不要这样做！这样做你就跟别人不一样了。这样做不对，<u>应该那样做</u>！你想要成为史怀哲医生，你想要成为不流血运动的甘地，你想要成为"我有一个梦"的马丁·路德·金恩，你想要成为科学家爱因斯坦，成为像他们那样独特的自己，你心灵中的自由就会遭遇强大的阻隔，而阻隔引发了撕裂的痛楚。

古往今来，滚滚红尘，能记得多少人？一般人死后马上被遗忘，更无奈的是，甚至有人庆幸某人死了！这代表此人从来没有创造一个有意义、有价值的自己在这个世界上，所以没有人想要记得一个不曾存在的人。

齐克果说：决意要成为灵性自我。**要在自己撕裂之后看见真正的灵魂，听到"我受不了自己、受够了自己"的内在声音。**举一个真实的处境为例，我受够了自己没有道德勇气，受够了自己该说真话的时候不能说真话，讨厌那一个不说真话的自己，我的灵魂被不说真话的自己捆绑住！为什么人会不快乐？因为灵魂被该说而不能说的话绑住了。齐克果认为，当一个人要成为灵魂真正的执行者而不能时，会焦虑万分！会觉得自己在人生的道路上好像浮在水面上走路，脚一直都没有确实地踏在地上。

把自己扛起来，因为我的自由是我自己的决意！

主体性真理

主体性真理是指"自己相信并实践的真理"才有意义跟价值。谈到主体性真理一定要提到"同感"跟"反感"；齐克果特别提到，不要再谈纯理性了，回到人的部分！我们过去太注重理性，而忽略了心中百转千回的感性。人们常认为，把感性说出来很丢脸！认为把自己内在脆弱的一面，或者比较微弱的一面，或者比较没有能力的一面说出来，很丢脸！所以人们不会说：我不会。人们会说：这是什么？怎么没见过？然后以另外一种形式把"不会"盖起来，这表示不承认自己不会。从灵性自我的角度来看，这对自己的伤害很大！

人们认为自己显现感性或不足时，别人就会利用自己的感性或不足伤害自己！人一旦对伤害产生害怕、恐惧，就失去了信任的能力，还会滋生出质疑的、批判的态度。吊诡的是，我们失去了信任的能力，却也参与了不信任，更深入的话，连想爱的力量也从中递减、消逝。相反地，**我能呈现感性带来的真实，不担心自己的不足会被别人评价，我能勇敢地相信感性的意义，也有承担自己不足的力量，即使遭遇别人讪笑，我也要勇敢面对真实的自己。**

我认为学生在念完高中之前，如果不是家里有负担的话，尽量不要早早选择技职体系，因为国文里的文言文很重要，可以学会翻译作者说的话；翻译的不仅是表面上的文章而已，还要翻译出作者内心的意象跟深刻的感受，所以学习文言文很重要；透过翻译文言文，才能够触碰到自己内心里真实的悸动。为什么我们读诸葛亮的出师表会落泪？为什么我们念李白的将进酒会感伤？因为这里面隐含着他们深切的情感，透过文字的表现，告诉你作者内心的真实状态。有了人文知识的基底，才有思想的元素跟材料，才能培养更深入的思维。一般说来，**当我们的情感不知道该怎么办的时候，我们不敢说，因为我们生怕说出来，对自己的角色或身份带来减损。这让我们失去了我们的勇气，也让我们的纯善无所适从。**

纯善代表什么？真实表现出我不知道、我不理解。我们从哪里可以表现出纯善？从我们回应的态度中呈现。当在乎的人对情感的响应不到位时我会生气，尤其是面对学生，我会很直接。为什么？因为学生正在减损自己可以拥有的善，使善越来越单薄，更不要谈完善了。纯善不等于完善，纯善还达不到完善；完善就是完整的善，这个逻辑是属于灵性自我的。

我必须要同感，同感什么呢？同感到你的真实处境；因为我知道自己不足，必须勇敢面对，于是当你不足的时候我就不会反感。因为你不足的真实处境也曾是我所经历的处境。**接纳自己真实的处境，才能够同感别人的真实处境，这是非常本质的说法。**有些人为什么生气，像反射动作一样？为什么那么生气？我也常反思自己生气的原因，其实是我不接纳自己，所以不能够接纳别人。同感跟反感就是，我能够接纳我自己的不足，我就不会对别人的不足反感，这是深度的自觉；一个人能够警觉到这种程度，那已经是具有很深刻的思想能力了。

孔子说：己所不欲，勿施于人。这代表他的内在——自己不喜欢的也不会给别人，这就是同感。孔子讲感通，而不讲同理心，因为同理心是西方心理学的说法，对孔子来说还不到位。齐克果讲同感，**同感就是因为自己经历过，所以可以理解别人的困境。**这也是为什么我常说：从自我出发，你就可以认识别人。老子说：自知者明，知人者智。你知道自己，就是个明白的人；明白自己是怎么回事，就能够了解别人怎么回事。思考让人能够好好活着，清晰地活着，这是多么有趣的转变！为什么还要一天到晚把力气放在叫别人改变上，而不是修改自己咧！老子的智慧首先就是回归自我。

我们常说谁可以改变谁？没有。**我们唯一能够改变的就是自己。**在西方文化中，如果有人说：我想改变他。那就是七大罪之第一罪：骄傲。我是上帝吗？我能改变谁？一个人犯了骄傲的罪，从此就很难翻身，这代表他的潜意识里面，认为改变别人很重要（别忘了改变别人的下一步就是操控），所以他就会千方百计想要操控别人；想操控别人自己的心就变质了。用什么方式来改变最恰当？**真正改变的途径只有"教育"。**没有透过教育的改变都不是真的改变，所以教育非常重要；教育提供知识，知识不是为对或错而设的，知识点燃每一个自我，由自己来决定怎么消化知识，活出自己的意义。

我想再谈古人常讲的"人性本善"。有人这样说：我有一个好朋友，他背叛了我，于是我再也不相信任何人了！他可是我的闺蜜，连闺蜜都会背叛我，以后我还可以相信谁？人性怎么可能本善，我就是相信人性本善，才会被欺骗、被出卖，我再相信人性本善就是笨蛋！前面提到，当我不再相信这个人的时候，我因为选择错误而怀疑自己择友的能力，失去了对自己选择朋友的自信；换句话说，选错一个朋友后连带也怀疑自己。请问有这样算账的吗？这里面非常重要的思辨是，一个是有形的背叛伤害，一个是怀疑自己、让灵性自我受损——哪一个比较严重？

什么时候我们开始怀疑人性本善？第一，当我们出生之后，没有被公平对待，兄弟姊妹间公平的问题。第二，情感发展，没有平等的关系。兄弟姊妹没有被公平对待，情感里面没有平等关系，这两个就把人生毁掉了！没有时间再想别的事情了。为什么上天给人这么大的考验？很多人撞到问题只能赶快求生存，没有时间停下来想，所以不能成为自己——真理必须经过坎坷道路，被撞击、打击过后才能被抉择出来。这非常吊诡，要相信就要付出代价，就要把心里的石头挪开，真理才会被自己实现，也才会有机会领悟；领悟就是收到的价值。所以罗素说：年轻人没有自己的思想，根本不存在。这话说得多狠！把所有的年轻人都否定掉了。

有没有实践自己真正的想法呢？

想法不就是爸爸妈妈灌输给自己的想法吗？

想法不就是社会集体价值观吗？

想法不就是财富功名利禄吗？

这些想法是自己的吗？很有可能二十岁、三十岁直到四十岁都要财富功名利禄，但到了六十岁以后还要这些吗？很多人到了六十岁才发现自己要智慧。来不及了，没有了。**智慧是和灵性自我绑在一起的，在一开始就要选择；在选择财富名利权位的时候，必须把智慧放进来，这也是选项之一。选择智慧，才能够得到智慧；智慧是从挫折、苦难、困境中挣脱出来的果实。圣人们都有智慧，因为他们知道生命的逻辑。**

生命的逻辑指的是看到自己的生命终究会走向死亡，而临死前人到底要怎么评价自己才能安然离开人世，这就是远见。在生到死路上的这段过程，自己要尽本分地活出自己的选择，这是齐克果的想法。

说个题外话，从老师的角度来看，我认为如果没有人超越孔子"三十而立"的心得，孔子肯定会不开心！于是我们走一条人迹稀少的道路，前期以教育青少年"人的知识"为主，目标是"三十而立，进而成为三十不惑！"等到有一天上西天去见他老人家的时候，才有蒙他接见的机会，顺便还可以多跟孔子请益。我还想见见罗素：你看！这些年轻人都有自己的想法，你的论点要调一调啰。每每想到这些我就觉得死亡不恐怖，而且是快乐地期待！

跳跃与信仰

接下来看到，跳跃、理性及信仰。生命充满吊诡跟奥秘，人同时需要理智与信仰，这是在齐克果的年代，很多哲学议题还没有被统整的结果。

我们先来讲跳跃的跳，为什么要跳？狗急跳墙，这里无路可走只能跳。或因为已经厌烦到受不了，所以就想跳。已经没有路，所以就"啪！"，跳了。如果被人家追到无路可走，希望赶快跳、赶快跑，却因为墙太高，还是被抓到了，这叫穷途末路，无处可逃。这是多么无奈的处境！所以能跳就要跳，怎么可以让自己处在穷途末路？怎么可以允许自己在这种状态中而不行动？有时候学生跟我说，老师我不行了！我心里想：你这个臭小子，敢跟我讲这种话？你怎么可以允许自己不行了，什么都不做？你为什么不跳呢？"跳"这个字多么鲜活！

以前有一款游戏"玛利欧"，为什么大家那么喜欢玩？因为这符合人性的内在反射——现实中跳不了，没办法跳，只好在游戏中一直跳一直跳！我心里想，怎么有这么多人那么无聊！一直跳一直跳咧？原来背后都是有故事的，他们在生命里撞到蛮横无礼的人、遇到不通情理的人、碰到背信忘义的人，只好玩游戏跳过去，希望不要再见到他们。有时候我建议当事人换工作，他还不换、不动，我心里想：你就这样待着哪能有契机？如果他不动，永远没有新的机会；**如果动就有机会，而且不止一个机会，还会有更多的机会，这就是契机。**有人认为选择一个就失去九十九个，问题是你都知道继续待在那里没有机会改变，为什么不选择动一下，动一下就有九十九个可能，这叫"魔术"。无路可走一定要跳，要不然就没有可能了！**所谓的关键时刻，也就是当你意识到自己无路可走时，必须要动。**

继续谈到理智跟信仰，人文让生命的吊诡得到平息。举个例子，当你人在异乡为异客，看到月亮的时候，月亮是象征；你看到圆满的月亮，觉得自己很圆满，而在觉得圆满的同时又觉得很孤独；当你觉得圆满同时又很孤独的时候，有一句诗词进入你的脑海，你发现自己的情绪被抚平了，这就是生命的美感，一种很清新淡雅的美感。孤独与圆满的吊诡立刻被刷掉。所以我们说人格、人才、人文。**为什么一定要有人文？因为它可以化解生命过程中的吊诡。**

孔子教书的时候，第一教德行，第二教言语，第三教政事，第四教文学，因为深思终究会遇上吊诡，但孔子不谈怪力乱神，很理智，坚毅执行心中的信仰，五十多岁开始周游列国（不是该退休养老了吗）。而齐克果说：人同时需要理智跟信仰。意思是，在那个时代有些心理的问题不被理解、找不到答案，所以我们需要相信最终极不被推动的推动者，那就是上帝。相信有上帝，以便确立生命的终极定位，然后以终为始，从老年、中年、年轻一路推回到现在，就不难知道现在该干什么，到末了死亡才可以得到安息。

人生的进程与困难

谈到人生的时候，必须要先思考人的主体，而谈到人的主体就会想到柏拉图。柏拉图常常讲一个非常重要的核心观念，灵魂三分法，意思就是灵魂分成三个部分，第一是理性。理性＝马车夫，理性能够辨别生命的方向，带着两匹马，一匹是在右边的意志，另一匹是在左边的欲望，意志与欲望都听从理性的指导，朝生命的方向前进。事实上，人们在人生旅途上的表现，有的理性，多数非理性，有的意志力强，有的意志力薄弱；有的欲望强，有的欲望弱，可是我们很清楚意志、欲望、理性都是中性词，是当事人赋予它强弱的重量。这三个部分需要整合，透过理性驾驭意志跟欲望，让我们的意志坚定、欲望适当，为完成人生目标听从理性的指导，这是柏拉图的理论。

齐克果也有一个三分法，分别是身体、灵魂跟精神。身体就是身，灵魂包含知情意，精神展现"自由抉择"的高度。灵魂是看不见的，透过身体的行动，展现精神。我们常听人说：你看起来真精神！真精神代表过去你把自己照顾得很好，看起来容光焕发。龙年到了，人们说龙马精神，代表这个人像龙在天上飞，又像马在原野奔驰，很有张力，很有意志力。**精神有一种特色，它是"连续抉择的结果"**，精神本身没有标准答案、正负关系，连续选择摆烂就变成很没精神，连续选择规律就很有精神。接着我们就来看人生的三个阶段。

人生三阶段

齐克果说人生有三个阶段，这三个阶段跟孔子所说的生涯阶段很接近。孔子说人生有三个阶段、六个层次，分别是，十五志于学，三十而立，四十不惑，五十知天命，六十耳顺，七十从心所欲不逾矩。你如果认真学习就会建立山头，山头越建越大，比喜马拉雅山的高峰还高，这高峰就是从心所欲不逾矩。什么叫从心所欲不逾矩呢？就是不管我怎么做都不会违背道德律法；我很自在，也很快乐，生命很流畅；我做任何事情，都不用担心那个、担心这个，代表这个人已经到达"自然而然"的境界。

五十而知天命，你知道这辈子为什么而活。有人说我为了家而活，很好；有的人说我为了工作而活，也很好；而齐克果一定要把自己放进来，我为了"我自己"的人生理想而活。相对地，孔子说：五十知天命，天赋予我的使命让我知道"我自己"是为什么而活——夫子以木铎为职志，也就是这一辈子要做老师。做老师一定要学不厌、教不倦，厌就是满足，学不厌就是学习永远也不满足；学一辈子就叫终身学习。孔子说："加我数年，五十以学易，可以无大过矣。"易是易经的道理。大过指的是重大的过失，代表生命遭遇苦难、判断错误、伤害别人。

我记得一件很奇妙的事情，发生在我们一家三口搬到纽约后。那一年冬天，没有人知道我们启程。我们租了一部中型车，从密苏里开到纽约。看到纽约的时候很高兴，大喊着：纽约，我们来了！到了纽约，经过朋友介绍，租了一个地下室，居然没有暖气！那时候零下十度，室内只有一个小小的吹风口，显然被骗了！我们决定要搬家。过程中年幼的儿子从美国中部搬到东部的东北角，身体不适应就生病了，一到黄昏就发烧，得了一种黄昏热。在纽约找了一个华裔医生，因为比较容易沟通，没想到他医德不好，一直给药给药，每三天看一次，共看了五次，每次都收很多钱。

就在第六次去看病的前夕，儿子高烧到四十度，我觉得，机会来了！为什么？因为终于可以送急诊室了，要不然儿子每天要忍受黄昏热，一直拖着这个病痛，没有办法解决。突然高烧到四十度反而是好事，代表要有巨大的变化，你必须做重大的决定（事后我针对突然高烧这件事想了很久，最后得到的结论是老天看不下去了，用危险来解救我于困境中）。于是就打911叫救护车过来。救护车来了，司机是一个黑人，一百八十几公分高，救护员更是一个一百九十几公分的黑人巨汉。我看他们，脚都软了，没想到上了车对方一脸笑容地说：嘿！你知道吗？你坐了最贵的出租车。我顺口问他说，多少钱？500美金。天啊！

坐救护车到了急诊室，救护员抱着儿子，走廊上有刀伤、枪伤、家暴、发病、疼痛各式各样的患者，蜷着身子、抱着肚子、软瘫无力、抱怨哀号——成人急诊室仿佛是人间炼狱。儿子频频回头看着我，而我像个小企鹅在后面一直跟着。到了儿童急诊室，小孩两三人，干干净净，装饰温馨的环境，仿佛到了儿童天堂、迪斯尼医院！成人与儿童真是天壤之别。

急诊室里面有一个很大的水槽，医生瞄了一眼温度，开始放水；水放好之后，把儿子剥光放到水里面去浸，浸完之后等了三十分钟，儿子退烧了！我心里想：哇！怎么这么厉害？早知道我在家里浸水就好了！当然没这么简单，还要回去买药。这一趟走过后，儿子再也没有发烧进医院了。

出来的时候半夜三点多，我踌躇着接下来该怎么做。面对黑暗的街头，离我家大概还有三四个路口，不适合一个女性带着儿子走路回家（当时老公回密苏里交硕士论文，不在家）。我正在犹豫是不是要留在医院等到天亮，还是要叫出租车，还是要……心思完全处在停顿的状态。就在这个时候，我那未满三岁、个子还很小的儿子，紧实握住我的手，抬起他的头，以勇敢的表情跟我说："妈妈我保护你！"

他直接跳到妈妈我保护你，而不是问妈妈你怎么了，纯善出现了！他省略了中间理解的过程、分辨的过程、跟你啰唆的过程，直接跳过来说我保护你，给你一个安心的臂膀（咱们有一句谚语：三岁看一生）。

"妈妈我保护你"这是孝亲的重大讯号。当下我被电到了，这个儿子不一样！如果我不学习的话，我会对不起他，没有能力让他认识自己的德行和天赋。当孩子问我什么是什么时，我能够回答他的问题，代表我可以处理。可是我也要问自己，引领他的德行，我准备好了吗？对我来说，这是一条不一样的道路，我不再只是纯粹的母亲，只承担抚育的角色，还必须认真思考我要实现的自己，同时可以让他面对第一个环境（父母）时，没有焦虑、没有负面评价，能好好照顾品格、愉悦地成长。

品格是德行的果实，德是善，善是知识，做一个完整的人，首要的是必须具备跟人有关的知识。不是只有孩子需要学习，我想我自己更需要好好学习，所以我做了一个很大的决定，不买房子，不做房贷的奴隶，把钱拿来学习、拿来受教育、拿来提升生活质量。我发现做这个决定很辛苦，要对抗与世俗不同的观念，其中包括，孩子不可靠啊！手上要有房子！钱要自己留着养老！一片怀疑声浪，太可怕了！人们怎么会说这些伤害孩子的话，却没有反省自己怎么面对教养问题？这是谬误，纯然的谬误！很不幸的是，很多家长都相信要对自己好一点，更胜于期望孩子孝顺自己。

我的想法是孩子要跟我约会，一定要打电话预约，因为我很忙，我也有我自己的使命要实现。等到我走不动了，我就会打电话说：儿子，老妈现在走不动了，请个看护来看看我，你继续干你的活。还有，记得跟我有一对一的质量时间，不管你怎么忙，每个礼拜抽空跟我吃一顿饭。就这样！剩下的是让看护照顾我就好。为什么？我们把孩子教育成人是要贡献人类，怎么可以让孩子来做自己的看护！我疯啦？！

感应生命中"德"的奇妙讯号，像不足三岁的孩子对妈妈说："我保护你"，这种讯号要是能被接收、领悟，幸福也就在其中了。回到齐克果，他从灵性自我的角度来提醒我们，生命有三个阶段，所谓的从感性阶段、伦理阶段到宗教阶段。

1. 感性

感性就是外驰，也就是向外追逐。向外追逐什么呢？年轻的时候，尤其是在**青少年阶段都很在乎别人的眼光；做一件事情同时感应到谁在看我，谁在评价我。**之所以这么在乎别人是因为渴望从情感交流中获得认同，心思向外追逐、欲求拥有；对于外貌、情感、名牌、金钱、美食等都想拥有。

每一个孩子都希望自己独拥父母，不想跟兄弟姊妹分享。从孩子的行为里面可以看到孩子对父母的需求。你看一个孩子黏着父母，只要他一上来就把父母抓住，不让另外一个孩子进来。这代表他想要拥有你，他不要跟兄弟姊妹分享父母的爱。为什么会这样？这是人性，所以尼采写了一本书《人性，太人性的》。人性本来就有这样的驱动力，想要独占，因此老二不爽老大，但老大有错吗？不一定，因为老二生下来就要学会跟别人分享父母，而老大生下来的时候父母是他专属的；老二的表现是争取被看见，老大的态度则是强占父母；兄弟暗中较劲变成台面下的风暴。**情感的欲望会让我们想要，意志则让我们坚持想要；没有经过理性的驾驭，只有意志的坚持与欲望的贪婪，都是属于感性的外驰，不断向外追逐。**

齐克果用唐璜作为代表人物。唐璜是一个花花公子，他喜欢流连在脂粉堆里，今天追这个女生，明天追那个女生，透过不同的女性来满足自己的欲望；玩到最后变得很无聊很空虚，这很自然。**一个以感觉为主的人，他会强化甚至延伸更多的情绪来护卫他所要的，我们称之为"**任性**"。他对付不了感觉，必须采取任性的方式，让别人听从他的感觉、同意他的感觉，这是感觉的真实。

唐璜很痛苦，没有办法对付自己奔驰的感觉，却又感到乏味、无趣，没有办法把自己振作起来让他觉得自己很窝囊、很龌龊、很不堪，甚至觉得自己根本不配活在这个世界上！他已经把自己推到悬崖边了，怎么办？前面无路可走，又不能一直站在悬崖边，怎么办？齐克果说，跳吧！

跳到下一个阶段，伦理阶段。伦理阶段就是扛下自己的责任，扛下自己的选择，扛下自己应该要调整自己的义务，使自己有目的地活着。在教学的过程中，很多学生问我：老师，什么时候我才能够真正走过来，不再像以前那样？我说：这不是我能决定的。

有一次一个学生分享了他的梦境，他梦到：自己一直不停地跑跑跑，跑得很累，精疲力竭，气喘吁吁，突然有另一个自己冲出来，不让跑的自己继续盲目地跑，双方发生激烈冲突、争执不下，冲出来的自己拔出一把刀把跑的自己给杀了。这就是想要成为更好自己的意向性——连灵性自我都看不下去了，只好透过梦境告诉你，再这样玩下去就没有出路了。

人的灵性实在很奥妙，透过梦的舞台演出潜藏在深海中的意向，让当事人看到自己真实世界的表现已经到了无路可走的地步，再不杀掉那个感性的自己，灵性自我就没有机会了。我常讲：**走过自己，是你们自己的义务，不是靠老师护持的。我只是推手，给你知识，让你动起来，然后邀请你成为更好的自己，仅此而已。**

2. 伦理

到了伦理阶段，先谈一个代表人物，苏格拉底。苏格拉底非常看重律法，律法就是维持城邦安定的法律，偏偏这个城邦却判定他是有罪的人！但他接受判决。他心中有律法，律法是维持伦理的底线；律法维持世界道德的运作，在群体的环境中，人人都要遵守。在台湾有律法保障人民自由表达的权利，但**自由表达并不代表任何人可以违背道德、污蔑他人**。

有人认为伦理会把我们吃掉，把我们个人的一些想法、主张消磨殆尽；也有人认为打着律法的旗号可以为自己带来利益，保障既有的权势。这也是为什么齐克果谈到伦理阶段的时候要跳。跳到下一个阶段吧，相信上帝会为自己的生命找到出口。苏格拉底跳了，他跳代表他相信他的信仰，而死亡只是证实信仰的一种方式。**他的信仰在他的死亡中被凸显出来、被活出来，虽然死亡决定了实际生命的结束，但信仰的精神反而被呈现出来！**

谈到苏格拉底的伦理阶段，我们看到他没有道德上的骄傲，没有权力上的骄傲，也没有知识上的骄傲，反而接受了律法的定夺。一个人在伦理阶段没有允许各种骄傲沾在身上，这是可敬的。没有任何事情比选择死亡更重大，然而死亡也会引发我们最恐慌的焦虑、最恐慌的惧怕。这正是欧文·亚隆《凝视太阳》一书中要我们正视死亡的道理，因为**死亡会透过身心灵各式各样的剧变撞击我们，让我们充分意识到死亡正在步步进逼，让我们无法回避**。所以到了伦理阶段之后要不要跳？跳吧！跳到哪里呢？宗教阶段。

3. 宗教

宗教是什么？找到生命的基础。这里面有一个代表人物，亚伯拉罕。亚伯拉罕是一个神奇的人，他九十几岁了膝下无子。有一天上帝跟他说：亚伯拉罕，你相信我的话，将来我就让你的子孙像天上的繁星那么多。亚伯拉罕心想：我都已经快一百岁了，怎么可能！他的老婆莎拉就跟他说：你的上帝在骗你，我都快九十岁了，怎么可能生！还有如天上的繁星那么多？上帝骗人的啦！结果上帝没有骗亚伯拉罕，真的让他的妻子莎拉怀孕生了一个儿子。

亚伯拉罕真正相信上帝了，他相信上帝之后，有一天上帝要他把孩子带到山上作为祭祀的祭礼。莎拉很难过，说你怎么可以相信这个胡涂上帝呢？他既然给我们就是我们的了，怎么可以又抢回去呢？亚伯拉罕回答说：我们本来没有孩子，现在有了；他跟我要回去，又回到我们本来没有。"我们本来没有"这句话非常重要，叫作关键语言。亚伯拉罕真的把儿子带到山顶上，交给上帝；上帝看他非常虔诚，而山边正好有一头羊，就对亚伯拉罕说：你把那头羊作为祭礼，代替你的儿子。于是亚伯拉罕的儿子被保留下来，原来上帝在测试亚伯拉罕的信仰！大家可能会想，上帝好狡猾！怎么这样子玩弄人？如果你真这样想就错了！这是个比喻，测试我们对自己的信仰的坚持程度，即便在割舍最爱的时候，是否还愿意继续前进。

信仰阶段挑战信念的真伪，而亚伯拉罕体悟到一个非常重要的关键，也就是**"我相信了我的相信，于是我证实了我的信仰"**。齐克果对于宗教的观点，不只是"我相信了我的相信，于是我证实了我的信仰"而已，而是**"借由这份相信，生出自己灵性生命的价值"**，这是非常深刻的省思。

话说一般信众面对上帝的想法，是以上帝作为生命依靠的对象，在遭遇困境的历程中，借助圣经的比喻、故事的分享得到启发与力量。齐克果是非常虔诚的宗教徒，他回顾、省思自己生命历程中的转变，进而领悟其中的真谛。**依附信仰却阻隔自己灵性的力量，这不是上帝的旨意**。他认为停顿、犹豫、猜疑的生命，必须认知到上帝赋予亚伯拉罕自由，他透过"自由的抉择"交出儿子；我们一般看到的是，上帝放过了他的儿子，进一步认为上帝是测试他对自己的忠诚。

齐克果要我们看到的则是，亚伯拉罕拥有自由，可以决定是否交出自己、交出所爱；在回归我们本来没有的想法中，他从"那一个动作（交出儿子）"之后，看见自己从来没有碰过的灵性力量。奇妙的是，这个灵性力量在往后的生命困境中不再焦虑，还能继续苦中作乐、无惧死亡，这不也体现了苏格拉底的具体事迹吗？到现在，美国总统宣誓的时候手按着圣经宣誓，而这个仪式就是将相信上帝的力量拿出来，以自己自由抉择的力量来完成身为总统的使命。

这种考验就像电影片名"当幸福来敲门"一样。若怠惰的时候继续怠惰，游玩的时候继续游玩，力量已经在过程中用完了。**我们真的相信自己有转变的力量吗？转变就要用到相信的力量，初期我们跟上帝借，后期我们要自己生出力量**。罗洛·梅写了一本《创造的勇气》，让我们正视力量的可贵，从追求真理的灵性自我来看力量，力量真的很可观，圣哲们的典范早已证实。

接下是齐克果环顾四周人们，发现人们对自己的灵性自我无法认知，此一实况造成人们失去了自由的灵魂，让绝望抉择了死亡。

人生的三种绝望

1. 不知道拥有（灵性）自我

我们透过前面的讲解，很快就知道齐克果所谓"不知道拥有灵性自我"，意思就是不知道人除了身心之外还有灵，而灵还具备了独特的存在力量。所以他说当一个人不知道自己包括了什么，把现有的实体当成完整的自己，这就是把身体的部分当成完整的自己；他想到自己父亲的行事风格，对于父亲不知道自己拥有灵性自我而感到绝望。

有这么一个故事：一位女士到婚姻介绍所选择结婚对象，先做了一个简单的测试，她走进一扇门，里面有两扇门，左边的门上写着你是美女、右边的门上写着你是正直的，她毫不犹豫地把左边的门推开走进下一个房间；里面仍是两扇门，左边门上写着你是高学历的、右边门上写着你是成熟的，她毫不犹豫地又推开左边的门走进下一个房间；里面仍是两扇门，左边门上写着你看重工作、右边门上写着你看重意义，她想了想，推开左边的门。走进去之后看到一面大镜子，她看到镜子中间的自己，右边写着：美女、高学历、看重工作，这些都是她刚选的。而左边写着：你还有什么？

把外在的条件作为选择的依据时很容易选，但**自我是动态的、生长的、变化的**，就算我拿到了现在要的，但也有可能现在的好是明日的坏；如果真是如此，那么对于明日的坏是否仍依照过去的模式选择？一旦没法选了，答案是否就会自己跑出来？**不知道还有灵性自我的人，所有的选择终将是误会一场**，怎不令人忧虑。

2. 不愿意成为（灵性）自我

有自我是痛苦的，一旦肯定自我就代表我要跟群众决裂。走过伦理阶段之后，必须要走向成为灵性的自我，代表我的想法必须被自我实现。就自己来说，被实现的真理才是真理。**现在这个世界上的人们都不愿意相信真诚、正直可以带来价值，反而嘲笑坚持要做的人**。话说以前，一些耳根子软、跟着我学习的学生，别人问他，你在老太婆那学什么东西啊？"做人处事的道理"。哎呀，有什么好学的，你看我没有学还不是一样快乐。没差别啦！不要浪费时间了，出来玩才是王道。过不了三个月，学生坚持不下去，就骗家人说，他要来上课，事实上他跑出去玩。他们的心态反映出，我来学习做人的知识，结果朋友嘲笑我；坚持做正确的事，结果人际关系变差了，责任感加重了我的心理负担和压力。老师你说做了不该做的事灵魂会不安，可是礼拜天我不能出去玩，就已经先不快乐了！我听了很沮丧，真的很沮丧！许多孩子害怕被别人评价、失去朋友，不愿意承担对自己的责任，而坚持玩乐，即便让灵魂处在不安的状态也无所谓。唉！面对不愿意拥有灵性自我的学生，我只能鼓励自己要再接再厉了。

3. 不能够成为（灵性）自我

为什么我不能有灵性自我？"能够"这两个字很有压力。能够背后代表什么？代表想尽办法、全力以赴，以便结出真实美味的果实。许多人会怀疑自己是否真的能够，比方我说：我能够做一百下俯卧撑。夸下海口后就得开始自我训练了，结果做到三十下就做不下去了。再比方我说：我无怨无悔地爱你。这下好了，只要我有情绪，你就说："不是说无怨无悔吗，现在是怎么回事？"不能够其实也有原因，就像有人害怕自己过去犯错的伤口经常被翻出来，只要想到要努力，心锚就出现了——挥之不去的害怕、恐惧就会侵蚀想努力的念头。所以**我常提醒自己，千万不要重提别人的过错，以免造成对方对"能够"的恐惧**。接着，我们以能够的例子来解释不能够，或许可以更容易理解。

莫罕达斯·卡拉姆昌德·甘地，世人尊称他为圣雄甘地，他带领印度，脱离英国的殖民地统治，迈向独立。他的非暴力哲学以"不流血运动"的方式表现，对于争取和平变革的政治事件产生了重大的影响，如影响了马丁·路德·金和曼德拉等人。甘地的主要信念是"真理是永恒的"，面对政治的真理就是从人心的角度出发，人同此心、心同此理；没有一个人喜欢暴力，没有一个人应该流血。他在面对大英帝国的无礼对待时，同情对方的傲慢与无知。他站在抗争者与执法者双方的立场回到本质，他认为每一个生命都应当被尊重，"不流血运动"是他勇敢实现正直的表现。

如果甘地恐惧、害怕、怀疑对方的人性，他的抗争就不是不流血运动，而是血流成河的运动了。甘地就是不要大家流血——"我能够做到不让参与者流血"。为什么能够这样做？为什么可以相信？因为人性是可以被影响的。我知道人心是趋向于良善的，我知道灵的力量使我能够坚毅地完成这艰巨的任务。**"能够"对灵性自我来说是极大的挑战，背后隐含着对真理的相信所产生的力量**，因此齐克果对一个人不能够拥有灵性自我，感到绝望。

最后谈谈我的收获，齐克果认为自我很宝贵，**一旦发现自我，生命从此活在挑战当中；这是新生的开始，也是创造自我的必然途径**。一旦我们开始走进自我，就走进一条不归路，通往灵性自我的不归路。灵性自我的磨炼是孤独的，能够忍受孤独的人很少，孔子了解自己是凭借着信念，但一般人很难立刻拥有信念，只能一步一步地学习，就像孔门弟子一样。孔子坚持一定要共学，在还没有权衡是非的能力之前就进入社会的大染缸，只要一天就会被淹没，过两天就变形，一个月后就不成人形了。因为**真正的信念需要时间的烘焙，在还没有成形之前很容易动摇**。

什么样的人可以算是成形的呢？孔子说：颜渊啊，他心中的核心信念已经建立起来了，放到社会上很长的时间都不会动摇信念，其他同学，很快的，一两天或一个月就会动摇了（《论语·雍也篇》"子曰：回也，其心三月不违仁，其余，则日月至焉而已矣"）。**灵性自我的生成需要德行的知识，要"知"与"行"并重**，这是多么漫长的一条学习道路！有共识的朋友，人生不孤单；互相照顾，互相支持，把真正的自我活出来！现代人时间都被瓜分了，但是身为家长不能不把德行的知识传授给孩子，因为每一个孩子都必须拥有灵性自我，才能造就自己、热爱家人。

鼎爱人的知识是从青少年出发，鼎爱为灵性自我所需的教养提供学习的环境。其目的就是希望接续孔子的人生志向"老者安之，朋友信之，少者怀之"，建立共学环境。求学这个阶段是打桩的时候，正是把握学习、练习做人最好的时机，到将来孩子们进入社会，就像孔子赞美颜渊，才不会被淹没、误导、稀释与动摇而失去自己。

本章齐克果就是向我们的存在提出要求，让我们抉择"如何做一个属于自己而不属于群众的人？"做一个有灵性的自己，这个自己有一个非常重要的界定："正确观念的自己。"活出正确观念，发挥影响力，因为唯有拥有正确观念的人才会带来正确的影响，这是我们非常明确的存在道路。

齐克果名言

一，每个人都肩负一项任务——活出你的内在自我。

二，爱不是种感觉，而是具体的行动。

三，不决定仍然是种决定，不选择也依旧是种选择。

四，人活着才能够思考，思考让人能够好好活着。

五，绝望是种疾病，它引领人走向死亡。

尼 采

Friedrich Wilhelm Nietzsche
1844~1900

"成为"是要从磨炼中看到如钢铁般的意志，锻炼更良善的自己。

缘起：楔子

"当一个人知道自己为什么而活，就能忍受一切苦难。"什么是"知道为什么而活"？"知道"本身就是件困难的事——你可以知道什么？譬如说我知道他是温暖的，但是温暖的等于真正的他吗？也就是说，我们知道的，只是对我们认知的剪辑，或者说，认知上，我们以为他就是这样。这是一个比较吊诡的问题，原因是很多人谈过恋爱以后，跟对方生活了一段时间后，才发现"我终于知道你不是温暖的！"这不是很遗憾吗？

为什么我要学哲学，因为我必须要知道，这个知道是真正的知道，而不是很笼统的"我认为我就是知道！"这种生命的知道，跟数学的知道不一样；基本数学不管你怎么算，算到最后一定要有答案。生命则不然！

美国大脑神经科学丹尼尔·席格教授在《脑与心之舞》中提到，"第七感"是人们认知内心、反思自我的向内观看能力，它能够统合外在与内在的世界。**席格认为每一个人都具备开启第七感的力量从而进行自我超越，联结自己与他人的幸福。**从席格的第七感定义中我们不难发现，苏格拉底、齐克果都具备了深度的第七感。至于，灵性自我在将来的大脑神经研究中会变成第几感？对这一点我很期待答案揭晓。不过我们可以很清楚地知道，目前，科学的进展仍站在既有的基础上向内探寻，而人类内在的高原精神将是大脑科学界争相探访的幽林。[①]

[①] 人类的五种感官知觉，让自我探索外在世界；第六感，使自己察觉内在的生理状态。

接着定义一下什么叫作本能，从科学的角度来看脑干与边缘系统的功能就是本能的表现。比方说：婴儿饿了就会哭，哭就代表饿了或不舒服——没有婴儿哭是代表很满足，这违反了本能。此外，人不只有本能，还有人性；人性包含本能，本能属于人性的一部分。婴儿哭泣是本能反应，而喜极而泣是人性内在认知与情绪的结合，高于本能反应。

本能是我把孩子养大，至于孩子发生什么事情我没有办法解决；别人说小孩子应该孝顺父母，对啊！我的小孩怎么都没有孝顺父母？别人运气好，孩子都孝顺父母，为什么我们家就不行？他忽略了很重要的知道，也就是在这样的经历背后，有一条路是你必须要知道的；**人除了身体的成长之外，还有心智的成长，而父母并不知道心智成长的重要，只是凭经验把孩子带大就自以为知道。**

我们前头也说过，当自己知道真正的"知道"时，就注定要勇敢地丢掉很多本能的反应或需求，要不然的话，自己没有办法"知道"真正的奥秘。这是一门学问，所以很多人都会觉得，做人做事，哪有那么困难？我们不都是在做人做事吗？做人做事还要学吗？做人做事如果不需要学的话就不用哲学了。**哲学真正的意义就是帮助我们知道我们必须要知道的**——我"要"做什么样的人，有什么样的角色，承担什么样的任务，等等。每一件事情都得踏踏实实地知道。

我们常说一知半解不如不知道，因为如果你好像知道其实不知道，却以为自己知道而做了决定，结果就麻烦了！齐克果谈到，"不知道"有灵性自我，"不愿意"有灵性自我，甚至"不能够"有灵性自我！意思是，当我知道的时候好害怕，一想到学习，本能又来干扰。别人没有学还不是一样过得好好的，为什么我一定要学习？学习不是自讨苦吃吗？唉！这条路好长！真的是自讨苦吃。但是，这个苦不会白吃，它就是智慧的外衣。

为什么我会使用 HBDI（赫曼全脑优势模型）？因为 HBDI 是近三十年研发出来的大脑神经科学工具，它的数据库已经具备三百万未曾分割的常模，可以"协助任何一个不知道自己的人快速认识自己"。由于 HBDI 是"自己评量自己"，所以是自己透过这份工具来看到自己，开始跟自己对话，而且是比较愉悦的对话、贴近自己的心灵！知道自己的实况之后，可以省掉好多生命中不必要的摔跤、不必要的抱怨！我们最怕"不知道"，知道就好办了！HBDI 已经超越过去的心理测验，是最便捷、最快的自我认识工具。（请参阅书末附录二"HBDI 赫曼全脑优势模型"）

能够与应该——做生命的主人

能力常透过行动表现，举健身教练为例，他做了一百下俯卧撑，而我们从这一百下看见健身教练的身体素质，于是产生了视觉上的认知——我们误以为俯卧撑一百下的行动就是"健身教练"全部的能力表现，其实这个行动当中的力量可以决定是继续下去还是停止不动。当我们在看自己表现的时候，行动会让我们觉得带来力量，所以当我有这个力量的时候，我就应该去做一些我应该做的事情。各位想想看，如果我有这种力量，它代表我可以做，也就代表任何事情我都可以做；任何事情都可以做无关道德。

能力还代表什么？古代希腊的将士都非常强壮，你看电影《三百壮士》（又名：斯巴达 300 勇士），每个壮士都孔武有力。电影为什么把他们演得肌肉都这么发达？有肌肉代表"应该"去做一些事情——"我能够所以我就应该"去做保国卫民的事情。这是逻辑上的，我能够，所以我去做我本来就要做的事情。当我肌肉发达的时候，我就拿保国卫民的理由去攻击比我弱小的国家；我能够攻击，我有能力可以攻击，于是我就去做！这就是古代希腊的说法："能够等于应该"。没有辨识的能力，是不是很可怕？

在世俗的价值观里，许多孩子必须弥补父母亲心中的遗憾；父母亲过去什么事情想做却没有做，例如：我没有弹过钢琴，孩子你就要学钢琴；我没有上台大，你来上台大！我没有做什么，你就来做什么吧！父母亲这种爱的方式我认为就是本能。这个说法或许会让人家丢鸡蛋、丢番茄，可是我要告诉各位，如果我没有学习，我就是这种人。承接父母的想法，我也认为养孩子，孩子就应该懂得反哺。但真的是这样吗？

这是一个革命性的议题，尼采提出重估价值，我们也来重估一下。早期父母亲爱孩子几乎都是本能，如果不是靠本能，一定要对教养的重大议题好好思考、抉择！我能够透过学习来理解"爱"的本质，所以**我应该调整自己的态度，以便成全自己的发展也成全孩子的发展！那就不是本能，而是因为自己"懂爱"，所以自己"能够"也"应该"要调整**（这一个说法跟古希腊非常不同）——仔细想想，身为父母，我们为了孩子真正调整过什么？再想想，我做孩子的时候为母亲做过什么？我为母亲调整过什么？我发现，我爱我的母亲跟我的母亲爱我最大的差别是，母亲对我的爱是本能的爱。而我则是：**为爱调整自己**。史考特·帕克医生对于**"爱"**下了一个很好的定义：**为滋养个人和他人的心灵成长而扩充自我的意愿**。这是一个需要好好思考的议题。

说真的，不管是本能的爱或经过刻意让对方知道的爱，都不是当事人的错，不是妈妈也不是孩子的错，是没有人把面纱打开来，告诉我们这里面到底有什么不同，发生了什么问题，以至于我们惯性地认为，我上班赚钱是为了孩子，一切的一切都是为了孩子，难道孩子不应该听我的吗？这种思维的惯性认为：爱孩子，孩子就应该要这样。把爱当成责任，就不加思考地认为"应该"就决定我"能够"；反之，当我觉得我能够的时候，就应该要怎样。这虽是两个不同的表达，但答案是一样的！"能够"与"应该"是我们常用的词，例如你"能够"听得见就"应该"响应我；你"应该"听得见就"能够"响应我。两种句型都表现了能够 = 应该，我称此为"刺激就响应"的本能表现，无法进一步思辨两者都已经对他人的心灵产生冲击。

另外一种情况是两个角色在交流中使用了"能够"与"应该"。比方说"儿子能够（有能力）才要做"，"父母应该（不管有没有能力）要做"。儿子是年轻人，父母是年纪大的人，所以我们的认知是：父母比孩子大，父母就"应该"要担待。再如：哥哥应该要让弟弟。看到父母照顾儿子，大家觉得是应该的，因为背后有一个先决条件——父母比孩子大。如果是儿子照顾父母，他"能够"照顾父母，他就"应该"照顾父母。这一句话里面有传统观念的期许，虽然属于能够与应该的说法，但在本能的背后还多了报答恩情的意涵。也就是说：儿子长大后，有赚钱的能力就要照顾父母。他说：我身为儿子，我能够赚钱，我当然应该照顾父母——我有能力就应该孝顺父母。传统伦理关系的价值是报答恩情，有能力的人应该做"正确"的事，这和古希腊"能够" = "应该"的想法不同，因为背后有一套伦理关系的内涵在里面。所以当我说应该时，"应该"是什么？"应该"不再是化约之后的"本能"。**尼采重估价值，就包含厘清"能够"与"应该"在"正确性"使用上的分别，因而让主体产生生命的力量。**这样解释是不是比较清楚？

早期尼采学了苏格拉底时期的古典希腊文学、神话等材料，所以他了解希腊文化。他看到古典希腊文化里面有很多本能式的"能够而应该"，而他认为我们必须要澄清，澄清之后带给我们**"能够而应该"的是自己赋予自己责任去照顾我们所看重的价值，或者是我们所看重的关系**，这跟本能式的概念是不一样的。这种议题，说老实话，如果不读哲学，这辈子都不会碰到，你还是照样活得很快乐，我们称为不知道而快乐的小鸟——不知道发生什么事而快乐的小鸟，跟"知道"却活得很辛苦的小鸟，你要做哪一只？

都是尼采惹的祸！我常这样讲。不念你的书就没事，念了你的书反而事情很多！这就是为什么尼采在1844年以后，带给全世界人类思想上最大的震撼！震撼是因为尼采的思考刺激我们去检视我们怎么过我们的人生，光这一点就让我得到了生命永恒的加持！在思辨生命这一点上他比苏格拉底给我的刺激更深。尼采刺激我，真的是非常彻底！当他开始面对虚无主义的时候，他的观点让我觉得非常有趣！我是那种明明知道悲剧在发生，但仍然很努力活着的人，可是我常常看到有人同样是活在悲剧的世界里，却消极面对生命，更有人不只是消极面对生命，还赖皮！所以这是一种非常有趣的学问，我在这里邀请大家，跟我一起走进尼采的世界。

哲学一定要回到生活里面来，要回到"能近取譬"的接口上，这种哲学读起来才好读、好玩。尼采的名言从"当一个人知道自己为什么而活，就能够忍受一切苦难。"中的"知道"，一直到"能够"决定"应该"，他想的完全都是名词的、抽象的概念，把这些概念还原到现实生活里去对照人们生活的方式、人们的抉择，然后他加以省思，提出意见，而且意见越来越重，这就让我们看到尼采最精彩的思想。

生平背景

思想背景

首先我们可以看到希腊悲剧，这个部分我们后面再探讨。然后，第一个是达尔文的进化论，物竞天择、适者生存。达尔文比尼采早了几年，是1809~1882年这个年代的人，而尼采是1844年出生的。等到尼采变成青年，也就是20年后，达尔文才开始有比较成熟的见解，提出"物竞天择"的理论。这个人适时地把他进化论的观念放进一个年轻人的心里——各位一定要知道，年轻人非常开放，所以只要有一些感召，好的题材就会渗透进来，让他觉得：我喜欢这个东西、我觉得很棒！

对达尔文来说，他从来不知道尼采会受他影响，可是很有趣的是，尼采的情形和我们刚刚讲的相反，也就是**尼采看到了达尔文的说法他有意见，你说"物竞天择，适者生存"？不！"物竞天择，'劣者'生存"**。为什么？尼采从他的角度看到了人的真相。为什么说劣者生存？代表没有能力的人会团结一致，把能者吃掉。在人性面确实有这样的趋向，这是让尼采很痛苦的真实面貌，所以他对达尔文提出来的见解有意见。第二个影响他的人叫叔本华（1788~1860年），尼采16岁的时候，叔本华过世了。尼采读了叔本华的《作为意志和表象的世界》，对尼采来说，叔本华是非常重要的启蒙老师；叔本华有所谓的求"生存"的意志，而尼采则提出了求"权力"的意志，生存的意志跟权力的意志有什么不同呢？我们先介绍叔本华。

叔本华谈到人有意志，意志是追求我们所要的，这个追求背后有欲望，所以人会受到欲望的驱使，欲望会驱策我们去追求我们要的东西。比方说我现在口渴，同学桌上有一杯水，于是我就会有欲望要喝那杯水，我的意志就会逼着我走过去拿那杯水来喝。现在问题来了，当我走过去的时候，他把水一口干掉，不给我喝；不给我喝，我是不是很痛苦？当我痛苦的时候我觉得怎么样？我觉得我"失去"那杯水，然后我可能会放大我的失去，觉得我快要死了！死亡是不是很痛苦的状态？这时候谁可以救我？叔本华说，那就去自杀吧！解决痛苦唯一的办法就是自杀。这是非常严重的说法，他自己都没有自杀却叫我们自杀！有些哲学家真是不负责任，讲完后大喘气，后面的话没有立刻说出来！他后面说：自杀不是唯一的解决办法。显然他后来想通了，可是他前面讲得很 High——为解决痛苦就自杀嘛！有人听到这里就去自杀了，这是人生最可怕的误会！就好像提出需求层次理论的心理学家马斯洛。马斯洛讲得最 High 的时候提出"自我实现"，然后来个大喘气，中间隔了 20 年，等到他临终的时候发现，应该要"自我超越"！他讲这句话来"补述"，谁会去看补述？所以很多学者专家在谈马斯洛的需求层次理论时，只谈到自我实现——以为马斯洛就讲到自我实现。看到这种情况我心里就笑了，说的人显然没看补述，少了进阶版。那怎么可以？

叔本华说自杀，这个玩笑开大了！他自己不想自杀，他后来也说了，自杀有点不负责任。那如果不让自己自杀该怎么办？只有透过"美"，他还觉得有点价值、有点意义。透过审美带给自己心灵的力量，总算走到正途来了。**一个人在逆境，当他心中有美的事物、美的记忆时，他就有求生存的意志。**尼采同不同意？他同意审美。所以尼采也是一个非常有美感的人，他非常敏感，情感非常细腻，而且非常多疑！他非常喜欢音乐，他说没有音乐的人生是不值得活的。没有音乐你们活得下去吗？有人活不下去。那没有什么你活不下去？对我来说，没有人文的内涵我活不下去。为什么？每一个人的取向不一样，各位不要被我这样讲就觉得一切都变成两条路，其实是同一条路——不管审美也好文学也好，背后都是美。真、善、美，本质是一样的，只是表现的形式不同。**美是激励人在困境中可以继续活下去最好的养分。**

维克多·法兰柯（Viktor Frankl）被关在集中营为什么还可以活下来？因为他回想到，在他童年跟青少年的时候，父母亲对他的爱，这是美的。父母亲对他的爱指的是尊重他，由他来选择自己要成为什么样的人。当他在集中营的时候，在那样的处境下，身边躺着的都是尸体，苍蝇到处飞，环境非常恶劣，空气里充满尸臭，这样的生活怎么活下去？这个时候他就发挥了他的力量，**他说医生即使住在集中营里面还是医生；既然我还没有死，我就应该要帮助你**。他就是这样的态度，在集中营里面看到大家活在悲惨的世界里，是以什么态度在面对他们的命运。

为什么法兰柯可以发明"意义治疗法"？他受到尼采存在主义，也就是"权力"意志的影响。**权力就是"我是我生命的主人"，我不可以让我的身体来决定我要干嘛，而是我要来决定我的身体；我要用我的决定来回答我的身体——你可以做什么，你应该做什么**。是这样的生命态度！对于所谓"美"，他可以让人在真正的苦难中得以继续活下去，这就是求"生存"的意志。如果没有美怎么办？多数人挨不过这种苦难，所以多数的犹太人还是死了。那么，权力的意志是什么？他增加了认知上的强度。比方说，我现在用一分力，这是我的本能，我觉得这样就够了。但是各位常常听到我说"做足"、"做到位"，老师常讲这种话；我常说努力要"到位"，这跟努力不一样。比如说，"我已经努力啦，我已经把书都读完了！"这跟努力到位的人说："我读完了，而且我知道我所读的一切。"当然不一样！而所谓求"权力"的意志就是：既然做我就要"知道"，真正知道之后出来的力量就不一样。要有那种自信！所以你看到尼采的时候，你觉得这个人简直夸张到不行——他非常有自信，这个自信让他勇敢地去思考到底这个世界发生了什么事。

第三个思想背景来自基督宗教进入所谓黑暗的时期，变成只有形式没有真正的内涵，所以尼采说了一句非常惊世骇俗的话："上帝死了！"意思相当于"爸爸死了！"你在自己家里说爸爸死了，实在太惊世骇俗了！谁敢在家里说？但有时候你碰到家庭分裂时，就要勇敢地跳出来说，爸死了（或妈死了），让大人醒一醒！例如有些搞不清楚状况的大人，演了上不了台面的剧目，外面有什么小三之类的，于是你就说爸爸死了！爸爸说我哪里有死？你用这句话想把他敲醒，老师不反对，谁叫他做这种事！伤害自己、伤害我们尊敬他的权力。这是不对的！也是不可以的！**每一个人都要勇敢地去面对自己所遵守的道德律法，你选择了你就要负责，而且你要好好去完成你的责任，这是一种态度价值。**尼采说上帝死了，信徒们就集体攻击他，甚至有人反击他说"尼采疯了！"——尼采说上帝死了，大家就说尼采疯了，因为只有疯子才会说上帝死了。

还有，西方人每个礼拜都要上教堂，尼采却说教堂是"上帝的坟墓"，为什么？因为很多人进了教堂，被洗完了罪愆以后，出来继续做坏事。如果上帝能够同意这样的事情，那我们人生还有什么希望？所以尼采是一个非常严厉的思想家。这跟我们有什么关系？儒家说：不贰过。意思是不要犯同样的错误。不要以为哲学不入流，哲学很棒，而且清楚得不得了！我们学习尼采是因为世人不谈权力意志，不谈意志问题，可是人类偏偏有意志，所以我们对意志的认知是被尼采启发了。诗云："留取丹心照汗青"，这里面有没有意志？有，可是没有解说怎么知道那是意志？尼采说求生存的意志，求权力的意志，直接讲白了。

我们常常说"不言而喻"，要自己去体会。问题是：小孩子如何体会？光要求他们"你应该懂嘛！"这是错误的认知。我们最大的幻想是"我不说你就能够理解我，就懂我"。我说这是什么学问，好厉害！这么厉害我也要学，好像我是你肚子里面的蛔虫，但是怎么可能？这样说话不是你的错也不是我的错，是老祖宗一向都是这样，就是你自己该明白！这就造成我们的思想没有那么快速能够独立，因为光揣摩就花了一辈子,这种领悟叫作慧根。以前面"留取丹心照汗青"为例,光这句话就要揣摩半天,结论是这里有意志。意志在哪?哎呀,慧根要自己领悟!如果你没有领悟的能力,那你就没有慧根,就看不到意志。所以中国古文比外国书还要难念,你要翻译古文很不容易!高中有所谓文言文,学文言文就是要培养翻译能力,代表你的脑子被洗过一次,被净化过,被丰富过;重点是被丰富过,这很重要。

西方人把所有的东西都拿出来分析,让你能够有材料去思考。西方的材料中有思想的方法,让读者有独立思考的能力;"逻辑"这两个字中文原本没有,讲的是因果。尼采说上帝死了,代表大家都在胡说八道,所以你们所说的求真、求善、求美咱们全部重新洗牌,意思是,"真"在你们身上不真了,"美"在你们身上不美了,"善"在你们身上不善了,我要去寻找什么叫真正的真善美来加以重新评估。

家庭背景

接下来谈到尼采的背景,这里不是专指思想部分,而是谈在他的想法出现之前的现状是什么。我们先来看看尼采的家庭,他来自牧师家族,属于路德教派,爸爸是牧师,爷爷也是牧师,在这样的背景下,尼采很幸福,原因是牧师家庭有宗教信仰,有相信上帝的家庭文化。有些人会说相信的能力有那么重要吗?很重要。人生本身就有很多苦难,如果没有相信的能力,那你要怎么走过苦难?尼采的家是很有教养的家庭,这个教养代表他们跟一般大众的家庭不太一样,他们有家庭伦理的辈分规矩。有伦理跟没伦理的差别是:有伦理的家庭,父亲就是父亲,母亲就是母亲,孩子就是孩子,也就是每一个位置都清清楚楚。这有什么好处？我常常劝很多家长，在孩子12岁以前不要跟他称兄道弟，因为他没有辨识的能力，所以你跟他称兄道弟他就无法无天，他会觉得，你跟他一样！那他为什么要听你的？

想想看，如果你叫父亲Mike，他叫你Tony，请问有没有位阶的关系？没有。所以你为什么要听Mike的话。Mike算什么？可是Mike重不重要？没有Mike的话你从哪里蹦出来的？以前我们学西方的教养，赶时髦，跟孩子做朋友，我看了心里就想，好大的胆子！你和孩子做朋友就做翻了！你让他不知道谁是谁，给了他最错误的示范！**孩子的错误都从定位不清楚开始**。当一个人还不知道自己是什么的时候，你跟他称兄道弟，那你只有越来越委屈，因为你有认知他没有认知，所以你会很委屈；你的委屈是你同意他跟你做朋友。各位想过这样的逻辑吗？各位年轻的孩子们，你们将来结了婚生了小孩，请你们勇敢地在他12岁以前，不要跟他做朋友！告诉他我是爸爸，我是妈妈，让他学会什么叫辈分。

回头讲尼采。他爸爸是当时威廉四世的宫廷老师，也就是皇族的老师。我们以前有太师、太保、太傅，做老师代表有他一定的位阶，也代表他有学问。既然有学问就一定要表现出有学问的样子，而他爸爸在这方面也很明确地表现出他应有的姿态，他当时获准用国王的名字来为儿子命名，这个儿子就是尼采。因此，在尼采的全名中间有个威廉。在这样的情况下，就有人说，经过国王的加持，这个人注定是个天才！有这种说法吗？各位如果相信的话，建议各位移民要找有国王的地方，让他帮你加持一下。但这是不可靠的，很多天才都要靠自己努力。尼采他出生的日期是，1844年10月15号，天秤座。天秤座是不是很难搞？其实每一个星座都很难搞，天秤有一种隐藏的意向性——一定要平衡。刚好10月15号是举国欢庆的日子，也就是国王的庆典日，所以他在成长的过程中，每次过生日都举国欢腾，好像普天下都为他庆生，让他觉得自己与众不同。尼采学说话，一直到两岁半才说了第一句话，台湾俗谚说"大只鸡慢啼"，就是像尼采这样。另外，在说话上女生往往比同年龄男生灵光，而男生在表达上通常都比较慢，而且一般男生在幼年成长的过程里面，当他哭的时候，他就坐在那里等妈妈来，而女生会看妈妈在哪里，再冲过去找妈咪。这是我们可以看到的，男生的成长本来就比女生稍微慢一点，而尼采他两岁半才说话，请问他内心里面焦不焦虑？焦虑！他是一个焦虑的孩子。

这么说是因为这不是一般人会特别注意的。一个孩子没有办法发音，当大家都在表达自己的时候，他不能表达自己，那他一定很焦虑！尼采的爸爸在他五岁的时候过世了，一个孩子两岁半才说话，五岁就碰到死亡，很可怕耶！再过两个月，弟弟也死了！所以他五岁的时候就连续碰到死亡的冲击，内心里面充满了恐惧、害怕、孤独，又没有办法具体说出他内心里面所遭遇到的惊慌、担忧、焦虑。很多父母会认为，孩子不说我怎么会知道？我要说的则是，如果是你，你说得出来吗？如果你说不出来，你怎么可以认为你的孩子说得出来？很多孩子在成长的过程里碰到这些事情，当你要他们说的时候，他们说不出来。各位不要忘了，表达也是一种能力，需要经过训练；很多人可以像鹦鹉一样，重复地说，可是鹦鹉也是练来的本事，这代表孩子在零岁到六岁，或者是六岁到十二岁时，没有办法表达自己；但另一方面，孩子知道爸妈喜欢听什么他就说给爸妈听，他知道爸妈担心他没有安全感，就说不会啊，我有同学会照顾我。

尼采的爸爸死了、弟弟死了，家里就没别的男人，全是女人。家里面全是女人是什么样的状况？那个时候女人没有受教育，可是意见很多，而女人常常又很务实，所以女人会把前面说过的话推翻，所谓昨是今非，昨天是今天非，尤其是没有受过教育的女人常常干这种事。昨天为什么是？因为昨天是特殊条件；那今天为什么不是，今天条件变了！为什么会这样？因为想要在这样的立足点上得到生存的权利，所以会这样说话。

尼采认识的女人很有趣，女人支持他、爱他、呵护他，她们说尼采你好棒喔！他就觉得自己很棒，可是看久了就发现：这些称赞他的人经常做昨是今非、今是昨非的事情。他心想，这些称赞我的人到底是什么样的水平？我也常常跟学生说，如果这个人没有水平，他称赞你，你就要小心了！因为你的水平在称赞中被降低了！这是一种比较有趣的说法，意思是永远不要让自己变成那么世俗化、从众的人。为什么我们常常希望自己得到别人的肯定，为什么不是我先肯定自己，认为我做这件事很正确、很有价值、很有意义？**如果我必须等待别人肯定才要继续往前做，这就代表思考上的谬误，也就是荒谬的误会！**尼采对于自己家里这些女性，既爱又烦恼，他妹妹就超会管他的，而且管他之后还要改他的作品、改他的说法以便符合德国人的需求！还好那时候他已经疯了，头脑不太清楚，但是尼采的朋友对他妹妹非常反感，觉得她把尼采抹黑了！因为尼采对德国人非常有意见，他觉得德国人很笨、粗鄙、爱面子，所以他不喜欢做德国人；当他25岁被瑞士学校聘请为教授时，他就直接移民成为瑞士人，不再做德国人，但是他的祖籍还是德国。

他得到国王"威廉"的命名之后，发现他还有一个祖母是波兰裔的贵族，所以他常常以贵族自诩。在当时的社会阶层里，身为贵族还代表什么？代表你值得骄傲，也代表你条件优于别人，就好像如果各位活在一个很特殊的环境里，你会发现自己一不小心下巴就稍微抬高了点——大家注意看尼采的照片，就会发现他的下巴比别人高一点，所以人家说他很骄傲。姿态有时候是来自外在的嘉勉，或者自己给自己的嘉勉。请问：一个人会给自己以贵族的嘉勉，代表他内心里有什么？他不甘流于世俗，他不要跟人家一样。这些线索都是让读者回到生活来看尼采，这是他很特殊的背景。尼采十岁的时候就已经展现文学天赋，他很喜欢阅读跟神话故事有关的书籍，敏感纤细的他常常会觉得自己和书中人物感同身受；他特别喜欢音乐，因为音乐常常能够抚平他过度的想法。所谓**过度的想法就是他想很多，却没有办法摆平自己，于是心里就会有很多情绪的波动，只有音乐可以抚慰他的心**。有一些人常常想法很多却停不下来，怎么办？那会让自己变得很焦虑，而焦虑的时候音乐最适合抚慰；你只要能听得进旋律，马上就被音乐带走。

音乐很让人着迷，你先听到的是旋律，然后再去揣摩旋律背后的创作理念是什么。这就像孔子拜师襄为师学弹琴，师襄教他学一首曲子，先教他指法到位，然后旋律到位；当旋律到位的时候，师襄说好，你可以不用再弹了。孔子说不行，我还没有把旋律背后的意境体会出来呢！继续弹，意境有了；可以不用再弹了，孔子又说不行，我还不知道作者是谁；再继续弹，懂了！这曲子是文王做的，孔子立刻站起来说，只有文王才会做这么伟大的曲子。师襄听了立刻向他鞠躬说，你是我的老师。

这就是真正学到位。学音乐就要学到这种程度，这才叫真正的学音乐，要不然只是审美而已；而**审美可以抚慰内在受伤的心灵、受挫折的心**。我从事教育工作，教育是我的最爱。"当我知道我喜欢教育的时候，我就可以忍受因教育而带来的一切苦难"。苦我都可以吃，困难都可以尝，没有问题。你既然爱了，就可以承受，这叫作转移，曲子可以抚慰你的内心，虽然你的苦恼不是因为人，而是因为从事的工作所带来的变化。你要抚慰那个变化的时候怎么办？你听歌，拟人化；借位，借这首曲子的位转移。这就是音乐带给人最大的快乐。所以审美是抚慰，而你超越审美去了解曲子背后，这个人为什么会写这样的曲子，于是你的心灵就跟它有了交集——伟大的心灵会互相吸引，所以孔子才会借着乐曲认识文王的作品。我很喜欢读书，**我从内**

容里读到创作者的心意；当我读到创作者心意的时候，我觉得我跟他已经在对话了，那种快乐没有人可以剥夺，这是生命中的快乐！

尼采 17 岁的时候，健康就开始出现问题，最常碰到的就是头痛，痛到在地上打滚！人会本能地反抗疼痛，西方人对于痛的认识跟东方人不一样，东方人是接受它、抚慰它、消化它。而西方人会思考：为什么会痛？因为一些不可知或已知的因素没有处理好，而这些因素演化到后来造成痛的发生；**我们必须很确实地去理解为什么没有好好照顾这些因素，让它们有机会可以痛；还有，我们有没有能力可以准备，让它们可以不痛。**

生涯发展

尼采晚年的头痛让他精神上有一些异常的状态，有人说他年轻时得了梅毒，也有人说梅毒不是这样发作的；关于这点我不是很理解，但是对一个年轻的孩子来说，这么年轻上天就送他这个"礼物"，如果他没有敏感的、敏锐的、不想从众的、不平凡的心，那这种疼痛很容易就会把他打垮！他会变成所谓的"消极的虚无主义"，活一天算一天，但他不是。他是积极的虚无主义。

尼采还没有取得博士学位就获聘为教授。他在 25 岁的时候，瑞士的巴赛尔大学聘请他为古典语言学教授。教什么？希腊文献，所以相当于我们现在的文献学教授。他在那一年同时入了瑞士籍，瑞士愿意用开放的心胸迎接一个 25 岁的年轻人，让他来教古典语言学。而德国则非常讲究形式、制度，没法破格让一个没有毕业的人当教授。

尼采在巴赛尔大学就职时发表演说，题目为"荷马与古典语言学"。上次提过荷马和古典语言学之间的关系，尼采在这方面有很精彩的见解，很有趣的是，他常常用哲学的思维来诠释古典的语言跟文献之间的关系，所以让人觉得他教文献学像在教哲学，难怪学文献学的人觉得尼采没有把文献学教好。尼采用哲学的语言，也就是结构式语言上课，所以听起来太重、太沉！对学生来讲，有时候听不懂他讲的话，而对于跟他同为老师的同事来讲，会觉得跟他格格不入，所以他们集结在一起反对尼采。前面提到，尼采认为：物竞天择，"劣者"生存，就是因为他在工作上遭遇一些自以为是的人，群起打压他用创新手法讲文献学。一个25岁的年轻人做这样的事情，等于让那些老人家不好过——你怎么把我们的规矩全破坏了？我们鼎爱常常教年轻人要学会情理兼备，才不会被劣者干掉。你不能只是一相情愿，自觉很OK，却没有能力跟不一样的人沟通，而你又一副骄傲的样子，那你被干掉也是应该的！如果不想让人家把你干掉，就要有新的能力——"情理兼备，兼容并蓄"。很多能力都有洞见性，让我们可以提前准备，到时候少受点苦。连尼采都受过这种苦！所以咱们不要重蹈覆辙、自找麻烦。

历史给我们最好的教训是，我能知道前人受的苦。所以**我认为历史给我们的教训就是"不要重复前人所受的没有意义的苦"**。有些苦是有意义的，问题是你能不能分辨；我的责任就是我要能够分辨。这也是尼采做教授时碰到的困境，所以当他发表演说，谈到这些观念时，非常义愤填膺！如果不是生命真的遭遇到这样的困境，干嘛那样生气？这就是人性上的推理。每当我读到似乎莫名其妙的情节时，就开始人性上的推理——他为什么会讲物竞天择，"劣者"生存？原本不是"适者"生存吗？发生了什么事？他在生命历程中有什么遭遇，为什么这么生气？一定是受到什么苦了。很真实的，他受苦了，所以他才会追求权力的意志。

尼采参加过战争，曾是个热血青年，但身体不好，骑马还摔过！受到疾病的煎熬，最后在1889年精神失常，而他过世的时间是1900

年，这代表他受了 11 年的精神痛苦！这对尼采绝对是干扰，所以他很辛苦；他所受的苦我们没有办法体会——精神异常的痛苦跟身体的痛苦不一样，因为精神异常时有时候不知道自己是谁，有时候又知道自己是谁，在是与不是之间，突然觉得自己很高，又突然觉得自己什么都不是！那个煎熬绝对跟身体疼痛的煎熬不一样！什么样的苦会比精神疾病的煎熬更苦？我告诉各位，癌症的苦抵不过精神煎熬的苦；癌症有中期，精神煎熬没有中期；得癌症时只要医生告诉你已到了第五期，你就知道只剩下半年三个月就打烊，准备要回老家了！可是精神煎熬呢？是十年、二十年、三十年、四十年不知道，这叫"此恨绵绵无绝期"！那是多么煎熬的事情！所以对我来说，得癌症没那么可怕，精神失常才可怕！

思想精华

健康的文化——希腊悲剧精神

1. 太阳神阿波罗与酒神狄奥尼索斯结合而创造出希腊悲剧

接下来，我会提到希腊两个非常重要的元素，第一个是阿波罗神，第二个则是狄奥尼索斯——酒神。我们通常称**阿波罗神为太阳神，太阳代表什么？有秩序、有轨道、有原则；而且是理性、主动、积极、正向的。**就太极来说，他属于阳面，让人想到他所掌管的太阳。而讲到**酒神人们会想到月亮，他是浪漫的、没有节制的、自由的；他也是热情的、非理性的、有才华的。**我们古代有很多文学家，其中我最喜欢李白，我认为其他人都没办法跟李白比，李白就是我心目中的酒神——潇洒，不拘形式，不拘泥，非常帅气！他非常鲜活，很有文采，而且具有从心里面自行整合出来的创造力。酒神跟太阳神，这两个神结合创造出希腊的悲剧。

悲剧是什么？第一，死亡就是悲剧，没有任何人可以离开这个悲剧；第二，在命运捉弄下产生的悲剧，那就是人伦间的谬误，也就是彼此之间产生误会，因而众叛亲离，伦理颠倒。在希腊有个非常有名的悲剧"伊底帕斯王"，很多人都听过。伊底帕斯生下来之后，就被算命的说，他将来会杀父亲、娶母亲。算命准不准其实很难说——你听算命的，当然就准，因为你听他的！你要是不听他的，就没事，也就不准了。但有时候，我真的碰过一些事情，让我觉得拗不过天意。

2. 单靠理性无法解决生命的痛苦，拥有对命运的爱才能肯定生命

尼采认为**单靠理性没有办法解决生命的痛苦，必须拥有对命运的爱，才能肯定生命**。也就是说，理性可以思考生命的苦难，但是没有办法解决。在过去没有"准备"的概念，在尼采那个年代，还没有进化到人类可以规划自己的人生——可以想见那个时候还没有生涯规划。各位要知道，我们生在这个年代，之所以精彩是因为几乎所有的知识都已经具足，再加上网络发达，人类有思想的能力去省思这些知识对我们的意义与价值，所以**我们可以准备，并且因为准备而减少痛苦，因为准备而得以避开灾难**。早在老子的时代就有避难的概念，可是没有特别去运行，因为那个时候人民平均寿命只有45岁，所以人们没有"准备"的概念。老子说过，"区分、避难、启明"，只有区分才可以避难，也就是说，你想要避开灾难，反推回来就是要先有区分的能力；有能力区分，就可以避开灾难。他的逻辑是来回推论的，如果没有预先学习过相关的知识、具备区分的能力，不懂得什么是分辨，什么是"是"、什么是"非"的话，就会跌到灾难里。我

不想跌到灾难里，我就要让自己有能力区分，然后就可以直接启明！这是准备的概念，很早以前就有了！为什么老子能红到现在？因为他的哲学里面有准备的概念，非常精彩！21世纪要经营生涯，就要提早开始准备。

我们可以看到尼采在那个年代没有办法准备，所以**他说单靠理性没有办法化解生命的痛苦，因为理性≠远见，理性思维若以实事求是为依据就没有办法进一步为即将发生的灾难预做准备、避开它**。他回到他的路数，回到对命运的爱，才能够肯定生命的意义与价值。在1844年这个时候，还停留在比较初期的阶段，所以对我来说，尼采某些成熟的论点启发了我，可是早期当他在谈希腊悲剧精神时，这些材料对我来说是参考数据。我们了解尼采的背景，不难理解他为什么会谈到**对命运的爱——对你的生命说Yes，对你的欲望说No**！现在来看这是很一般的话，但1844年还没听过，1844年以前更没听过，如果到21世纪还没听过，说明尼采的想法并没有被你撷取内化，产生不同高度的你。所以我常说：**要选正确的知识，没有正确的知识我们就没有高度**。不是所有的书都让你有高度，最可靠的只有孔孟老庄——如果你没有办法选择的话，就选老祖宗的，可是你必须慢慢参，那就很花时间。

3. 后来的时代只追求理性，丧失肯定生命的力量

为什么现在我们会强调理性？因为人们都非理性，以至于混乱了世界的秩序；第一次世界大战、第二次世界大战，都是非理性加上经验模式。后来人们觉得，如果有理性的话，就不用受战争之苦。换句话说，在后来的年代里面，大家觉得理性很重要，而经过康德的纯粹理性批判，"理性"两个字变成殿堂里面最伟大的神主牌位，但令人最困扰的是如何让大众都能够理性？在尼采那个年代之后都强调理性，却忽略了非理性的部分，所以非理性也要窜出头来说：你要注

意我！

这是一个均衡的年代，所以我们必须要受教育，从自身里面去认识理性与非理性之间的对等关系。我常说：**学校要教我们什么是理性，什么是感性，以及两者各自的意义与整合的价值。**教改的时候不谈认识自我、不谈独立思考，只看重"专业知识"，难道我们在学校里面不应该认识什么叫理性、什么叫感性吗？我们不应该认识人是什么，人不应该是什么吗？到底什么样的教育才真正适合人？才适合真正文明的人类？如果文明的人类没有教"人的知识"，如何能够发挥文明的作用？

西方世界为什么可以达到文明的程度，因为他们有"理性"的教育、"独立思考"的训练，所以我们说欧洲文化比较文明，然而讲到东方文化总觉得很神秘，也比较感性。西方人跟东方人做生意的时候就觉得，你们那些"讲关系"的观念真让我没办法理解！为什么是人治而不是法治？为什么不用法律来定夺？话说回来，当时在欧洲强烈的理性诉求过程中，把自我生命、自主意志的权力忽略了。从尼采的观察省思中可以看到，人们在面对生命时不够独立、不够完整，这就是当时的景象。

我认为：**理性有它一定的作用与意义，人在认知能力的结构中可以让理性、感性与自主意志同时存在。**而自主意志这个部分，跟上帝有没有关系？当然有关系！上帝赋予每一个人的真正权力正是"自主意志"，为什么当时上帝的礼物没有在人们身上发挥？没有运用理性驾驭它，代表自主意志在自我中没有得以充分发挥，所以人会觉得自己被绑住了。这是一个值得深思的问题。尼采的时代民智未开，教会仍主宰社会的运作，人们不曾挑战教会，不曾思考上帝赋予人们自主意志的意义与价值。不像我们现在，透过民主制度（民主制度本身就是理性的代表），我们可以尊重每一个人自主意志的发挥。如果让你选择回到1844年或留在现在，你要选哪一个？谁会想去1844年？1844年他们正在思考这个部分。

从历史的角度跟历史事件来看，我们太幸运了！我们要感恩。感恩不只是感父母的恩而已，还要感前人之恩——前人努力之恩泽。如果没有他们的努力，没有他们一点一滴的付出，我们今天哪能有这么好的生活，能够执行上帝赋予的"自主意志"！人人都有自主意志在身上，我们也可以不用"上帝"的称谓，用"天"、用"父"、用"道"都可以。活在这个世代，我们学到人的知识，并且正确地使用自主意志，跟1844年相比已经很幸运了，这就是"人的知识"的可贵。因为**懂了自主意志之后，我们就必须跟自己的生命说："Yes，我要为自己的生命负责。"**我常常跟自己说："好不容易经过了二百五十万年的演化来到人间，怎么可以丢掉自主意志，没有活出独特而唯一的我呢？现在懂这个道理了，还不好好照顾自己吗？还在那边虚晃什么？还在那边东想西想什么？还在那找什么借口？人生最多一百年，没几年了，赶紧好好做人做事！"

孩子还小的时候，每当我出门，最怕发生意外。万一发生意外就要托孤！以前出远门都会想到这个问题，结果发现太难找到别人来照顾我的小孩，后来我想清楚了：我一定要好好照顾自己，不用托了！当儿子、女儿懂事到可以照顾自己的时候，我的生命就没有后顾之忧了。我内心告诉自己的是：**你没有遂行你的自主意志去完成你的角色任务，哪有资格无后顾之忧？**反之，当你的自主意志行进在正确的方向、正确的人生道路时，孩子不仅不让你操心，还长大了，届时你就可以拥有"与子同乐"的喜悦生命，这才是生命真正美妙的地方。生命是困难重重的，在发挥自主意志的同时，我还经常鼓励、激励自己，因为只有适时地为自己加油、打气才能脱离尼采的悲剧。

这就是尼采的思想背景，从他希腊悲剧精神里面的三段，我跳进来跟各位解说，也跳出来让各位看到他是怎么回事，目的是要让各位知道，我所介绍的人不是什么都好，他也有成长的过程，也有青涩的成长年代，没有这些，就没有他后来成熟的思想。我们要接受我们在成长期的青涩不足，不要总觉得自己不能犯错，没这回事！**因为犯错会让你看清楚自己到底是怎么回事，继之有了后续的反省与赎罪，才能够成就你更成熟的作品；我们必须勇敢地看见自己，让道德勇气驱策我们，走向真正可贵的价值。**

时代的危机——虚无主义的时代已经到来

1. 上帝已死

上帝已经死了，虚无也开始了。我们前面说过，价值的危机是否定一切！例如真善美的价值已经不存在了，人还可以追求什么？人生没有目的，没有恒真的价值，也就是说活着的时候不能拥有真理、良善和美好光明的人生。人们该怎么办？在中世纪的教会历史中，记载了很多教会的黑暗、邪恶、贪婪、猖狂等令人难以置信的迫害行为。宗教历史曾记载：1513年教宗利奥十世（又称利欧第十）邪恶地盗用了上帝的圣名，借着新建圣彼得教堂之名大量销售"赎罪票"。换句话说，只要购买赎罪票所有的罪恶都可以一笔勾销，这么一来坏人继续做坏人，好人不再做好人也跟着去做坏人，反正买一张赎罪票，干什么坏事都行。谁还能相信上帝活着！

尼采说上帝已死，也就是被欺世盗名者彻底扼杀了！在那个黑暗的时代中有很多无知的人对于别人跟自己的不同，毫不留情地批评、打击！如果拥有独立思想、自主意志，当然会受到影响，可是说实在的，活在人的世界里，这种事情没有办法避免。尼采认为一定要有一套自己的思想，协助自己勇敢地站起来去理解。理性主义的史宾诺沙说：不要哭、不要笑、要理解。意思是不要急着有哭跟笑的情绪，先理解事情的本质，思考自己因应的方式，才能建构属于自己身处黑暗时的生命哲学。

　　这让我联想到罗洛·梅面对绝望时的心态：即使绝望伴随身旁，我依然有前进的勇气。诚如千年前孔子身处春秋乱世中，五十多岁开始周游列国，期望自己可以贡献一己之力，为黎民百姓造福，就在陈蔡绝粮之时孔子表现了：即使深陷危难，也不改变志节，依然勇敢地面对自己的本分。而尼采呢！在面对上帝已死的情况下，我想他心里想的，应该是：即使虚无伴随身旁，也要如同超人走过自己，从中找到自己生命的意义，创造自己的生命价值。

　　2. 消极的虚无主义

　　伊斯兰诗人鲁米讲过三尾鱼的故事：老大说不行了！我一定要走。老二说真的要走吗？老三说不要走了。不走就算了，还叫人家不要走，这就是赖皮。这种人多不多？太多了！否定自己身处的世界，否定自己的生命。各位一定要有警觉的能力——自觉是觉察到我是什么样的人，对于我听到什么话后会被拉下来，要警觉！我会受到什么话的影响而意志消沉，整个人被拖下来？知道以后就不要跟那种人来往——近朱者赤，近墨者黑。**为什么说交朋友要交真诚、上进、谦虚的？因为这样最起码可以保持生命乐观的态度。**你要是喜欢去找那些消极、被动甚至莫名其妙的人，那些莫名其妙的人就扯你，你还为他们数钞票！自己挑的朋友能怪谁？这种事情青少年经常干，还觉得自己不被理解！这代表无知，才会拼命往里面钻，拼命地往火里跳，还自怨自艾！这不是很奇怪吗？还好在1844年以后，反省跟觉悟开始了；**如果没有尼采的反省，这个世界还会延续一百年的黑暗，也因为有这个勇者，他的反省让我们知道前人遇到了什么事，我们不要再因循！**

3. 积极的虚无主义

尼采说哲学家是文化的医生，因为哲学家勇于反省，反省自己跟生命的关系，还有整个文化到底长了什么样的烂疮，为什么人都变得这么堕落沉沦，而且没有道德勇气，自己不好还要把别人都拉下来！这是多么黑暗的势力！当你意识到有这样的状况时，难道没有求生存的意志、求权力的意志？这就是尼采的省思。尼采说仅是生存不够，还要有主张生命的权力意志。主张，就是我们要去面对。**他留给我们最好的提醒就是求权力的意志，并且用力地反省！危机亦是转机，从虚无中重估、创造价值**。这个反省使整个历史有了剧烈的变革；有的人认清世界怎么回事了，于是走向积极的虚无主义，基本上虚无主义代表的一切都会结束，整个结构到这里为止。

我们会发现，尼采揭开了人性的面纱之后，各路人马各自照着自己的解读，采取不同的心态走向 20 世纪。试想，因为人总是要死，这样的定论出现了，请问你是消极的，积极的，还是赖皮的？大家自己领号码牌，活一天过一天，活一天算一天。我很清楚我是属于积极的虚无主义，也就是我一定要在死前给自己一个交代，要不然我来这个世界干嘛？先不要讲别人记不记得我，而要问我自己可不可以给自己交代？讲得直白一点：**我要以什么样的方式来回答生命对我提出的要求！**

创造一切价值的根源——权力意志

我们在**面对自我的时候，常常会允许一些内心的幽暗面、黑暗面掠过心灵，其实我们知道，但是我们不愿意面对，结果黑暗永远不会离开**。我们常常以为我们可以决定什么是亮丽的那一面，可是当我们决定的同时，我们也拥有黑暗的另一面。黑暗就在我们身上，如果想要让黑暗退位，就只有更积极地多行善。

尼采面对权力意志的时候提到一个非常重要的观点：**生命是走向美善的旅程。**美跟完善两者恰如其分，是我们应尽的本分，也是必须要面对的议题。很多人都听过"伊底帕斯情结"，伊底帕斯情结源于心理学里很重要的定律——反抗权力意志。父亲对许多人来说是巨大权威的表征，面对父亲的时候，我们绝大多数都是听从或顺从，这在一个孩子还没有真正独立自主的时候可以接受，但**当孩子的身心灵开始走进灵性自我的阶段时，他就必须要有自己独立自主的意志，必须要有自己真正看重的核心价值。**

重要的分辨是：要反对的不是父亲的权威，而是父亲表现出来但我们不认同的价值。换句话说：跟爸爸冲突时，爸爸说你不孝顺不听话，只是表面的现象，真正的冲突是我不认同爸爸对于价值的看法或处置方式，所以产生了冲突与矛盾。

很多人听清楚我讲的话之后，就知道我跟我父母之间对于价值的差异性。第一个阶段发生在青少年阶段，从心理学的角度来说，叫作叛逆期，**叛逆就是对于我所看重的价值因着父亲或母亲不同的观点，我有不同的意见。**但是站在传统的观点上来说，当孩子所看重的价值有别于父母亲所看重的价值时，父母亲就会觉得你没有选择他们看重的价值，你就是个叛逆者！然而一般人不会深入去厘清、梳理上述状态，都只是用"叛逆"一言以蔽之。

但对尼采来说，这是一个非常重要的抉择点；**如果你想要成为自己，你就必须为你所看重的价值付出代价，不然你所说的终将成为虚无，没有人会尊重你的看重，因为它没有在你身上具体实践。**尼采说具体实践就是所谓的**"权力意志"，也就是现实世界与思想世界之间的重要联结。**

如此精彩的思想是尼采的精华！在他之前有苏格拉底、齐克果、叔本华，在他之后的1847年有伟大的科学家爱迪生。大家可以想象这段时间里，伟大的哲学家、科学家纷纷出现，他们探索了思想的反叛过程，对于过去早期的思维有很强烈的反弹，而对新兴科技的处女地则有了非常多的探索与发现——这个时期出现的许多能人，为21世纪的人文与科技奠定了非常重要的基础。

这使我想到诅咒。许多人之所以害怕诅咒是因为觉得它会延续好几代甚至好几百年。而发明或创见的影响也会延续好几百年！由此可见，你所身处的世纪不是只有自己这个定位点而已。玄学主张：灵魂是存在的。**从玄学的角度来看：看不见的往往决定了你的未来。同理，思想虽然看不见，可是当一个抽象的概念变成具体的行为时它就会被看见。我认为实现良善的价值如同避开诅咒，而不能认知良善（对良善无知）是另一种诅咒。**接下来我要以自己如何面对真诚的价值，来佐证真诚的权力意志是创造一切价值的根源。

诚如有些父母检视我在社会上有没有地位、家庭幸福或不幸福，来决定要不要让孩子跟我学习，集体社会的价值观都不相信真诚，认为这个世界只有自私自利、尔虞我诈、财富地位、名利权势才能赢得尊重，因而不再认为有真诚存在的必要，甚至认为真诚不符合21世纪的竞争特质；真诚说说可以，当真就是笨蛋！所以当我决定以真诚作为信念的时候，等同于我要对抗社会的价值观，等同于走进危险、黑暗、邪恶频传的黑森林。这个经由自由灵魂所做的抉择支撑着意志的贯彻，同时也回答了生命对我提出的要求。二十多年过去了，真诚使我得到了幸福的家庭，也让我避开了不幸的诅咒。

面对真诚的过程中，必须通过自觉以便核对自己对自己的起心动念、对他人的起心动念。只要自觉到不舒服的状态，就问自己的灵魂是不安还是不忍；被质疑的时候怎么回应才是对自己真诚，也对他人真诚。一而再、再而三；不断的滚动不断的冶炼，直到有一天读到小说家乔伊斯的一句话："噢！生命，欢迎你。我可以第一百万次遭遇到经验、真实的状态，并且在我灵魂的熔炉中，冶炼出人类未曾受造的良心。"(《青年艺术家的画像》)显然乔伊斯的心灵也曾经历如炼狱般的冶炼！我想他是真的快乐，因为**受苦的意义就是得到真理**。为什么我要拒绝我的选择所带来的苦呢，当然不可。有趣的是，我身上本来不存在的真诚，开始有了，还更进一步与我成为闺中密友，那一份深切的关系如同我泥中有你、你泥中有我的幸福感。孔子的年代到现在已经两千多年，即使历经兵荒马乱、动荡不已的过程，直至今天我阅读孔子的书籍、谈及真诚的时候，心里面仍由衷地感激他，因为贯彻真诚的意志让我的生命不仅踏实，也创造了自己的价值。

真诚是一把秘密的钥匙，这把钥匙一览无遗地打亮内在精神所有的房间。试着想象：当你走到一个地方，从外面看是黑的，进去之后每开一扇门都是亮的，你有什么感觉？你会不会觉得这个地方是你要待的地方？这个地方其实就在你心里——让每个跟你接触的人都会因着你确切的表达而仿佛得到具体的光亮。这在过去只发生在耶稣的身上，而**孔子给了我们一个伟大的概念"真诚"，让我们可以在真诚的运作中体悟生命的良善，让每个真诚的人都有能力像耶稣一样照亮别人的心灵**。

我对于尼采非常感激，因为他具体的表达让我可以用比较完整的方式来思考整个历史的洪流——整个人类历史里究竟缺了什么？又失去了什么？以致从远古的希腊时代到中世纪甚至到近代，每下愈况而不是越来越好。这告诉我们，**黑暗会互相吸引、拉扯、堕落跟沉沦，只要你有负面思维你就会影响别人，把别人拉下来一起不快乐**。人是群居的动物，当人拥抱黑暗时，黑暗可以吞噬彼此；**表面上看起来黑暗拥有真实的力量，其实是失去幸福（光明）的力量**。因此黑格尔才会说："历史给了我们最大的教训，就是没有任何教训！"这代表人类没有思考，所以学不到任何教训。今天好不容易出来一个有思想能力的尼采，历史给了他非常重要的任务，让他从自身彻底的反省中回答自己的生命，也对不思考生命议题的人提出最直接强悍的质问。

很多人会将尼采的权力意志联结到政治权力，但它不是，在自主的格局及个体里它是一种生命的力量。生命本身对我们提出要求，就好像婴儿躺在床上还不能翻身的时候终于等到临界点想要翻身。俗话说"七坐八爬"，代表人（主体）本身对生命的要求——既然我是人，就不能只躺在床上。我应该要坐起来、应该要翻身、应该要爬起来以便成为真正的人！如果我们只是躺在床上让父母呵护着，就不能成为真正的人——不是可以执行人的意志的人。换句话说，我们每个人早就经历过权力意志，只是因为大部分时间都耗费在世俗的节奏中，所以没有时间想到：对！我的生命早就对我提出要求了！

是什么让我们身上的良善不见了呢？首先我们常因为学习新事物而忘记本来在自己身上就拥有的东西，所以六祖慧能才说："何期自性，本自具足。"你的生命潜能本来就有，却因为世界刺激你让你产生负面的、消极的思维，从而砍杀自己的潜能，说自己做不到，也不去看刺激之前自己拥有什么。尼采谈的就是这个。**学习哲学就是要让大家有能力把内在的房间中的每一扇窗子打开，看到"原来我就在这里！"**尼采揭开了面纱，让我们看到：阳光本来就在，只因为我们学了生存的本事（技能），拿技能的表现来评价人，而如果看什么都戴上技能眼镜的话，我们就只能看到一个人有用还是没有用。被评价有没有用之后，心就把焦点转向有没有用，而原本属于自己的良善就像被乌云遮住的太阳，有没有用挡住了良善。其次，还有什么是让良善不见的吊诡想法？那就是科学上的"怀疑论"。**科学需要怀疑，如果没有怀疑就没有现在这么好的3C产品和物质便利的生活；对我而言，我从不使用怀疑来对付真理，倒是怀疑自己怎么没有能力实践**

真理，背后的动机是什么？（我想光是怀疑真理也没有多少好日子可以过了！）

爱因斯坦曾说："当技术原理超越人性的时候就要胆战心惊了。"技术原理会抹杀、终结人性，当人性被结束掉的时候，人活在这个世界上还有意义跟价值吗？**人如果没有能力相信真爱，即使拥抱宗教还是没有能力相信，因为相信就必须交出自己。**我们不能既抱着宗教又怀疑宗教，就如同**我们不能既抱着自己的相信又怀疑相信**一样，否则，生命将存在矛盾、暧昧与吊诡，那样的话，人生怎么可能稳定且有节奏？所以爱因斯坦说：如果我们想要让自己得到救赎，只有回到历史、回到哲学，从历史及哲学中去看到人心跟人性的演化过程。能在哲学里遇到可贵的哲学家，提醒自己学习认识重要思想观点，这是一件很让人兴奋的事，因为我们终于有机会回到尼采所说的"生命主动对我们提出的要求"！连爱因斯坦头脑这么棒的人都深切反省，可见得我们的反省，只要追随前人这些智者的脚步，应该是很有希望的。

接下来谈尼采对于存在的观点。存在就是把生命表现出来，存在就是要制造差异，这也是为什么我可以接受孩子跟别人不一样。学生会问：到底什么要一样、什么要不一样？所有身的功能性都一样，从心开始不同。**心会因着变化而变化，所以它必须要找到最后不再变化的根源——你所相信的价值。相信不能因着变化而变化，必须在变化中还继续相信**；相信的是"真诚"的价值，而真诚的相信是我这个**主体自己选择相信的价值，不是别人要不要相信，而是我相信**。当我相信时，生命就会对我提出"既然相信就要做到"的要求，只要碰到违反真诚原则的时候，就要把自己拉回到原则里，该忏悔忏悔、该道歉道歉、该补过补过。因此**每一个缝隙、黑暗、深沟都会因着实践相信而体悟**。

这也是我喜欢亚伯拉罕的原因，因为他就是这样的人。古人讲：博学、审问、慎思、明辨、笃行。其中"辨"就是思考辨识，辨识你能够了解什么是什么、什么不是什么；区隔开来才能够知道自己跟别人之间的差别在哪里。譬如说：他是如何行孝？我是如何行孝？一般人行孝的做法跟孔子行孝的做法不一样——孔子三岁的时候爸爸过世、十五岁的时候妈妈也离开人世，他没有太多机会行孝，但孔子说过："吾少也贱，故多能鄙事。"他行孝的方式就是去做劳动卑微的工作以换取金钱解决生存的问题，让妈妈可以在恶劣的环境中不会挨饿。所以孔子才会告诉曾参说：你行孝的方式太奇怪了！怎么可以让爸爸把你打昏，让你独自在田里悠悠地醒来，万一死了不是让你的父亲遭受恶名？如果你孝敬父亲，怎么能陷父亲于不义？怎么舍得父亲因为你而得到恶名？教你一个判断的方式吧，就是看到爸爸拿大棍子的时候就跑，拿小棍子的时候就让他打，这样会了吧？

每次想到孔子讲这句话时，就能同时读到他的无奈：学生因为没有思辨的能力，所以只能给他一个判断的依据，然而学生却希望老师直接说答案，不想想太多，想多了头疼。现在很多人都不承担也不去思辨，身为父母，没有让孩子学会思辨，却希望他将来多么卓越，这是梦想！永远不会完成的梦想！就算你一辈子操心到老死也不可能！因为你没有允许他思辨，却要他卓越，怎么可能？所以我们很清楚地知道**卓越需要思辨，没有思辨力的卓越终将沉没**。无法辨识，又何尝不是另外一种诅咒。

从孔子以后的两千多年到现在，在人心跟人性上面，我们如果没有活得更踏实、更幸福的话，我们敢说自己没有被诅咒吗？那代表你避开不了你的命运。什么叫作命运？命运就是不可逆，不可改变的——我不能改变我的爸爸妈妈是谁，我不能改变我的出身，我不能改变我的基因。没有办法改变没关系，我可以超越啊！超越就是易经中的变易。有办法的——重点在于我们要不要培养自己的权力意志。

1. 生命的本质

权力意志是指生命对我们的要求，所以生命的本质就是做自己的主人，珍惜并成为自己，做自己生命的领导者。最好的领导就是由内而外——从领导自己、领导组织到领导国家，也就是古人讲的修身、齐家、治国、平天下。讲个做领导的小要求：领导是从自身开始，除了以身作则这么简单的小事外，还要活出独立判断的能力，否则，像曾参那样孝顺就惨啰！更要把亚伯拉罕在相信上帝之后，领悟灵性的力量发挥在让百姓幸福的工作上头。

什么叫作独立判断？最近我有一批学生刚刚收到一个很重要的成绩报告，也就是第一次基测的考试分数。我们就从分数来切入吧（编按：在台湾，初中称为国中。国中毕业要参加国民中学学生基本学力测验，简称基测。至2013年为止，台湾国中毕业生考高中可以考两次基测，2014年起，基测改为国中教育会考，简称会考，每年只考一次）！基测有一个很重要的机制，就是依照你过去三年的学习成绩，可以选择去念哪一所高中，同时也让那个高中挑你。各位想想看，在这一个环节上面，你的生命力表现出来了吗？当然表现出来了，不要忘记，如果你没有过去的具体表现，就没有资格被挑。但你不能因为你所选的那个学校不选择你就说过去的努力不算努力，只是努力的程度跟表现有没有达到那个学校的标准，而如果过去努力的程度跟表现可以达到最优质学校的标准，就代表你过去生命的权力意志有充分展现。

有趣的是心灵真相。学生们会问自己：我只是这样而已吗？我还可不可以更好？这点在考大学时更明显。举例来说，现在以我的成绩台大要我，可是我只能进土木系，而我认为自己应该要念台大医学院，难道我就这样接受土木系了吗？从世俗的角度来看：只要进台大，大家都恭喜你，可是自己心里很清楚还不到位，但多数人被恭喜之后就接受了，更何况回顾自己过去也没有很认真，今天能够考上台大已经很不错了。显然，黑暗面战胜了光明面，让自己同意上土木系，不再对自己原来的承诺负责。

如果是尼采他就不会同意！他会说：台大土木系要我，谢谢，但我要参加指考（编按：台湾高中毕业生考大学可以考两次，先考学测，再考指考，后者相当于大陆高考）！选择考指考等于放弃现在就可以上台大土木系的机会，而且必须承担没考上的风险，即使考上，也可能又考到土木系！那岂不是脸都绿了？大家都骂你好笨喔！何苦再考一次，这么折腾？群众的反应总是让人一言难尽！而你呢？如果听从群众的话，就会说：对啊！早知道我何必呢？我告诉你们，这句"早知道我何必"扼杀了你面对自己生命的道德勇气，也就是主人意志——生命的主人意志在这里！

这次基测，对鼎爱这些国中学生来说，以他们的成绩，都可以直接填志愿、选高中，但是他们全部决定要参加第二次基测！他们让我非常尊敬，因为他们经过独立判断有所选择，参加第二次基测代表他们要成为自己的主人。他们都不知道自己在不知不觉中，已经被老师带出主人意志，成为"尼采粉丝团"的一员！今后他们的人生即使还会碰到一些重大的困难，也不会害怕，因为主人意志常常在最重要、最需要耐力、最需要考验及锤炼的时候发生。

2. 超人

主人意志的进阶是当所有人说该怎么样时，因为我清楚知道自己要成为什么，所以我就非达成自己的目标不可！而超人的意思是：**这条钢索由我来走，没有任何一个人可以替代我；我要忠于自己的良知，忠于自己的意志。**超人又叫作"大地的意义"，我要走过我自己的犹豫、担心、害怕、焦虑，还要小心翼翼确切忠诚地执行，因为我要活出在世上的价值。反之，如果在选择的时候，没有忠于自己的忠于，就会发现自己还是没有完成！唯有忠于才会使自己成为完整的人。完整是一种独立的由内而外，由下而上，由左而右，也就是古人谈的"天地六合"，一个内在的天地六合。

孔子的时代提醒我们"言必信，行必果，硁硁然小人哉！"而孟子给我们的进阶版是"言不必信，行不必果，惟义所在。"**人生的抉择的确会有困难，所以孟子要我们把握"义"的原则。**就像孔子提醒我们"事父母几谏"，也就是当父母跟我们想法不一样的时候，要委婉劝告。委婉的目的是不要伤了彼此的人伦互动关系，但委婉就很难一步到位，所以我们常常在不能够一步到位的情况下牺牲、扭曲甚至回避自己，以致没有办法真正忠于自己的忠于。当一个青少年能够跟你说：妈妈，不是这样，应该是怎么样的时候，你应该雀跃不已，因为他已经有了自己的价值观。这时候你的抉择是：你要庆祝他有价值观，还是要他继续听话？**多数人的幸福感是孩子听话，而不是他生出价值观——如果你从生命的终点来看，那就永远不要死，要不然的话，你死了之后他要听谁的？**

回到尼采，他是一个口才犀利的人，很直接！他的直接让人觉得杀伤力很强，所以我会谈到自觉，自觉之后还要警觉，意思是：你难道没有警觉你正在谋杀自己吗？说得更直接一点，谋杀那个有可能、有天赋的自己！因为毫无警觉，做出来的东西只不过是海市蜃楼、镜花水月，谁会把它留下来？为什么我们会留下达·芬奇的作品，甚至不断地复制，因为《蒙娜丽莎的微笑》让我们联结到暧昧不明、混沌、不确定、似笑非笑的人生真相！我们探讨为什么她在笑？笑的背后发生了什么事？她勾起了我们的好奇。为什么西方人那么爱蒙娜丽莎？其实不是爱蒙娜丽莎，是爱达·芬奇，因为达·芬奇七个脑子[①]

---

① 麦可·葛柏：《7 Brains》，大块文化，1999。

中有"包容",包容暧昧、吊诡、不确定,而将蒙娜丽莎表现在具体的画作上,这就是人文之美,让他的作品千古传颂!

尼采从艺术中确认主体意志的贯彻,给我们非常重要的主人意志,让我们很紧张,很有趋力,每天过日子都不自觉地紧绷、精神不能松懈。人文的材料让我们可以透过欣赏美以便自己化解自己的紧绷,并且重新出发。尼采是人,自然也无法回避自己内在亢奋之后的激情,化解激情需要人文中的艺术,所以他说:"没有音乐的人生是不值得活的。"音乐带给他真挚情感最大的宽慰。

成为你自己要珍惜,要珍惜在过程中面对真正自己的自己,因为除了自己谨慎对待自己之外,没有任何一个人可以代替自己去谨慎地对待自己。我说过:如果每天都依赖别人赞美,那就完蛋了!代表没有自己主人般的意志。**"成为"是要从磨炼中看到如钢铁般的意志,锻炼更良善的自己。**在磨炼的过程中体验自己积极、主动、真诚、正直、自律、坚毅、思考、辨别、谨慎、调整、克制、平和等可贵的价值;感受到积极的力量穿越心灵,带来无与伦比的自信!如果在这样的过程中,你都不能肯定自己,于是随便找一个人来赞美自己,那就是侮辱了自己的努力。很重要的是,当你已经走过自己,你就知道什么是真正的赞美和赞美的意义。假设孔子赞美我,我会非常兴奋,为什么?他走过自己。他的赞美就像冬天的太阳,温暖啊!如果我知道你是怎么以谨慎自爱的方式对待自己,我赞美你(学生),你就可以好好地开心了。

不一样的来了!自己以谨慎自爱的方式对待自己,结果还没有任何人知道、发现怎么办?尼采真实的处境是孤独、孤独、孤独。没有人了解他,他就以孤独的心灵继续面对生命对他的提问,并以主人的姿态对自己发号施令,确实执行,不吝啬地自我鼓励、自我激励。自己就是成为自己的推手,什么是自己的主人?知道自己要成为什么样的人，拿出意志的力量，就算逼也逼出自己、就算死也要死得有价值！但在这一切形成之前，**我要明确地认知：我就是我自己的推手。不为赞美而活，为意义而活**。

主人其实是非常完整的主人，不是在这里良善、在那里非良善、表里不一的人。他不是，他是超人。超人和一般人的差异就是我不允许自己表里不一，所以超人的做法就是对付自己的黑暗面、邪恶面，使自己走过自己的黑暗、邪恶，让自己的心灵朝向正义的良善。这是很重要的差异。所以尼采的存在就是"制造差异"，什么差异？你决定你的命运，命运不可逆，但是命运的高度可以由你决定，所以你可以从底下把自己拉上来看，并参与这世间所有的一切。这样的话，你还会被命运绑架吗？不会的。但是如果没有想通，我一定会被命运绑架，一点办法都没有！依照尼采的想法，当我们成为主人的时候就有办法了，**我可以成为自己，同时我也可以成为父母良善的知己；我们不会因为完成命运的高度就跟父母对立，而是完成了自己之后，有那个高度，同时还可以成为父母生命的意义**。这就是我常讲的：作之亲、作之师、作之友——不管身为母亲还是身为父母的女儿，朋友，彼此心灵有共同的核心价值观。就算不能做朋友，我仍乐于照顾父母，这不就是我们人生追求的意义跟价值吗？学习只有好没有坏，它使自己更超越，这也就是超人精神的内涵。

3. 精神三变

接着谈到尼采的精神三变。关于精神的变化，有一位非常了不起的哲学家叫庄子，庄子的逍遥游至今仍让我叹为观止！"北冥有鱼，其名为鲲。"鲲是海里面的一种鱼，鱼需要水才能生存；有一天这条鱼变成了鹏，把它的翅膀撑开来飞翔，遨游于天际，从此鹏需要的再也不是水而是空气。水是有形的，限制的，空气则是无形的，没有限制的。换句话说：鹏的存在已经超越表象世俗的一切。世俗的一切像杯子、卫生纸、桌子等，超越指的是眼睛闭起来还是知道这里有一张桌子、那里有个杯子、有张卫生纸，但这些东西变得可有可无；物质再也无法绑架我。这是认知的能力升等到商务舱了！庄子不再受身心的束缚捆绑，让灵性自我遨游于天际，这是他灵性自我的精神展现。身是物质，心是心智，它由具象的实体转进抽象的认知能力；灵介入认知渐渐开始蜕变，让物欲降到简单、素朴，认知之灵不受物欲的干扰。鲲解放自己的需求反而成了鹏，得到更大的自由。我认为庄子的精神层次是人人都可以通达，最极致的灵性自我的高度。逍遥游精彩极了，它让我在遇到困境时随着"想象的翅膀"——遨游于天地之间。

尼采的精神三变则告诉我们，身为自己的主人，要在现实处境中领着"现阶段的自己"转变升华。接下来我会以比喻引申的方式解释尼采的精神三变，从"责任认知的骆驼"、"权力认知的狮子"到"灵性认知的婴儿"，其间自我精神转变升华的三部曲。

精神三变是从骆驼、狮子到婴儿，老子也说过一切复归于婴儿，一切又回到婴儿的状态。复归于"婴儿"，刚生出来的婴儿干净清澈，透过周遭的训练让他认识这一切，然后拥有这一切，到最后可以抛弃这一切而回到原初婴儿的素朴状态，这是一段非常艰辛的旅程。

骆驼期的敌人是依赖，依赖也是人性的特质之一，只要拥有就不再努力，就像齐克果的父亲一样，只有少数有意识的人，即使拥有还继续努力，这是"主人意志"。多数的人性都是自私、狭隘的，没有高度。要有高度就需要精神的变化，所以佛学告诉我们要懂得放下，懂得割舍，要财布施，要捐钱帮助穷人，而最高的布施是法布施，也就是智慧的布施——使这个人拥有思辨的能力才是最伟大的布施。让他成为真正的自己，也就是能够活出自己真正价值的人。

因为价值在前面，于是你必须要脱离身体的困境，去**为了那个真**

正的、恒真的价值抛掉身体的欲望，淬炼出一个有别于被身体绑架的人。身体为什么会绑架人？只要想想，吃会不会绑架你？钱会不会绑架你？不是扛钱（物质），而是扛下自己的责任（成为一个"想要成为的"人的责任），这就是所谓的骆驼期。自己从没有变成有，扛下了责任的重量，拥有承载的能力。承载能力强了，心也就转变了，精神自然不一样。

接下来先看一般人对狮子的描述：敏捷、强悍、原则、坚毅、威武、有责任感，还拥有非常强大的精神力量。就尼采的超人来说，狮子是有智慧的，眼睛敏锐洞察人性，谨慎敏捷永不妥协。做人正直，行事光明正大，不做违反人性的事；即使拥有操控的权力、即使利益当前，不做不符合自己内心价值的事。我记得世界首富巴菲特曾经开心地拿出两张照片，一张是刚开始交税的时候，只有一张税单；另一张是多年后他跟叠起来比他还高的税单一起合照。他显然喜欢一路交税不逃税的自己。我认为这就是狮子的风格。接下来就先谈巴（菲特）老吧！

世界首富巴菲特共有三个孩子，巴菲特给他们这一辈子够用的钱，剩下的财产全部捐给基金会。前期我们听到比尔·盖茨对他的感谢，后来巴老陆陆续续地捐助其他的基金会；他的次子彼得·巴菲特说："2006年相继发生若干爆炸事件。那年，父亲履行诺言，将绝大部分的财富捐献给社会。多年前父母创建了三家基金会，并让三个孩子各经营一家。"

为什么巴老给孩子的礼物是基金会呢？我想巴老夫妻其实具有"父母期许"和"潜能实现"的考虑，果然彼得在经营基金会的时候，看到了现阶段西方慈善基金会的操作手段和背后的本质，于是他在《纽约时报》发表了一篇《慈善是富人"洗涤良心"的虚伪产业》，文中详载富人慈善的手段与本质，最后他说明真正的慈善要具备人道主义，在基金会的操作中需要深刻反省以确立慈善的定位，让慈善再造慈善的新生命。

彼得的言论让巴老夫妇非常满意，因为他生出了自己的观察心得与属己的建言。当孩子可以关照生命议题的本质时，不只有钱财的投入，还有实际参与的观察、反省与见解。光是这段过程，彼得遇见了自己的不满与热情，为了不满他生出了源源不绝的动力，思考着如何建立慈善事业的共识，这份热情推动他做一个真正符合人道主义的基金会的负责人。

当然巴老知道：基金会负责人的角色就儿子既有的骆驼精神还不够，儿子必须长出狮子般的精神，而彼得的发文让巴老夫妇内心的期许有了曙光。**不同的位置会有不同的敏锐观察、不同的看重议题、不同的角度省思……，但都要倾听内心的声音，扛下自己的抉择**。巴老已经走过骆驼、狮子迈向婴儿，当然领悟到人性最大的价值是不幻想，不依赖；自己的孩子也是人，人就有人性的特质，还好孩子们都很自爱、上进、正直，人格特质清晰，没有依赖的怠惰习性。对八十多岁的巴老来说，他深刻意识到他必须从生命的本质来抉择，给钱还是给基金会？对他的孩子来说，这不仅是丰厚的礼物，也是回答自己生命意义的礼物。礼物的安排，代表巴老清楚地知道虚无（死亡）终将来临，他是积极的虚无主义者，也同时逐步学习精神三变中的最高境界"复归于婴儿"的精神。

人生的考验之一就是拥有之后是否可以放得下。这是多数人生命中最大的关卡，放不下。没有一个人可以避开死亡，这是人的悲剧；人都会死就代表一切都会归于虚无。尼采说："虚无主义是事实（死亡是事实），一切都会结束。"即使世界曾经有我的足迹，但当生命结束的时候，世界就不再为我停留，一切终将尘归尘土归土。在这样的认知下，虚无是成立的。

回到前面学生考上台大土木系的案例，可以很清楚地知道真正厉害的是当事人自己的决定——"我不怕！我要承担！"我要承担自己对与错的选择。承担是重要能力的开始，骆驼自主承担才有能力像狮子，而狮子要剥掉所有的东西才能像婴儿，这是精神的挑战！同理，精神的蜕变如果要从鱼变成鹏，就要丢掉所有的习性与依赖。每当我想要做一件跟林侃老师有关的事情时，基于母亲对儿子的关爱，我都需要刻意地把自己的手绑起来摆在后面，不然母亲的天性就会什么都替他设想好；唯有刻意地把手绑起来，母亲的天性才可以转化成新的可能：放下，彻底放下的婴儿。

4. 永劫回归

在思想精华这一段，我们最后要提到永劫回归——就算一切不断重复，回到原点，我们仍要向生命说 Yes。这是我们对自己命运的爱，热爱自己的命运。

在这里我要说一个希腊神话：普罗米修斯的故事。普罗米修斯对众神之王宙斯很有意见，因为宙斯禁止人类用火，人类没有火种，没有办法迈向文明。普罗米修斯知道人类需要火，就去偷火种，用了各式各样的方式终于偷到了。人类开始有火种，生食可以变熟食、冷饮也变成热饮，人类的生命因而确保。这对人类来说是非常伟大的贡献。宙斯知道之后非常生气！把普罗米修斯绑在高加索山上，并切开他的身体，让老鹰每天来啄食他的肝脏！宙斯宣布："你们有谁愿意代替他受苦，他就可以下来。"普罗米修斯每天被老鹰啄食他的肝脏，非常痛苦，本来肝脏被啄食完刑罚就结束了，但是在我们的器官里面，肝脏受损之后会再生，所以老鹰啄完之后，隔天肝又会长回来，普罗米修斯因此日复一日地受苦。这虽然是神话，但人生的真实面貌也是如此。

人的内在有一条隐含的动线，如果我不去面对自己真实的生命，那我就要每天受苦，受行尸走肉之苦！另一方面，人面对真正的生命也要受苦，就像神话中被啄食肝脏一样，每天受苦，隔天重生，又要受苦。难怪会有消极虚无主义发芽——反正做也受苦、不做也受苦，所以多数人选择不做受苦。为什么？我们不能像普罗米修斯一样拯救人类，但至少可以拯救自己，所以受这个苦也就认了。

普罗米修斯这个寓言告诉我们命运不可逆，但是命运可以有高度。西方世界有**七美德：明智、勇敢、正义、节制、信仰、希望、真爱**，其中如果没有真爱，生命与一片落叶没什么不同。虽然尘归尘、土归土，身体终将结束，但肉体结束并不代表精神的结束。当我们忆起过世的人，我们想到的是他们生前的胡作非为，还是想到他们生前对我们的好？同理，我们将来也都会离开人世，将来当别人怀念我的时候，他们会怀念我什么？你想要让他们怀念你什么？这都是我们可以提早思考的重要议题。

尼采的生命力太有启发性了，所以我每一次面对尼采时都像剥洋葱般——每剥一层就掉一次眼泪，到最后剩下如白玉般的洋葱心，嫩到没有办法！不带辛辣却反而有种甜味。最里面的那颗心是柔软的，像白玉一般，而且是甜的，这就是婴儿。剥洋葱的过程是隐喻，意思是说：**你跟你的生命说 Yes。即使是痛苦的，但因为有爱，而痛苦是属于爱的实现，所以我愿意承担。**我可以遇见我自己最真实的最纯洁的那颗心，我们每个人都期待那样的际遇，遇见自己，这就是克服永劫回归。早期我常对动能课的学生说：不要以为现在这样就是你的全部，人生分为第一个阶段、第二个阶段、第三个阶段……，每个阶段都要剥洋葱，上天的精彩就是告诉人类处处都有洋葱，只是洋葱的颜色不一样，所以不管白的、红的、紫的，你都要欢心地找到最里层的那颗心。

归纳一下永劫回归，它对尼采而言主要是种体验，概念来自基督教以前，农业时代的时间观。四季不断运转、生老病死的循环、人心人性没有改变，而展现在每个世代的人身上（父亲酗酒，孩子跟着酗酒）；人类没有从历史中学到教训，而让许多悲剧不断上演，就是永劫回归的原形；而**尼采提出的克服方式是肯定生命、面对命运的爱，将永劫回归视为无限创造价值的机会——尼采看重的是活出生命的潜能与光芒，赋予生命意义，做自己的主人。**

克服虚无主义——重估一切价值

再来要谈"克服虚无主义——重估一切价值"。尼采的时代正是基督宗教非常盛行、势力非常庞大的时候，教会所说的一切全部算数，人不可以有其他意见，所以就变成教会的黑暗面，也因此后来才会有改革教派出现。记得有一个典故：尼采提着灯笼在白天行走，旁人认为白天提灯笼，脑子有问题，就问他："尼采啊，白天还提灯笼，你是不是头脑坏了？"可是尼采赋予它意义，他说："现在哪是白天？你没看到眼前一片黑暗吗？"尼采之所以说眼前一片黑暗，重点是要告诉世人：你们所相信的价值不是真正的价值，你们滥用价值，以恶劣的行径让恒真的价值变成欺负世人的工具，现在一片黑暗，难道你们可以不反省吗？眼前一片黑暗指的是当时的人性太黑暗了！

尼采写过一本《人性，太人性的》，书中他认为：如果我们不去重新检核我们所看重的价值，最后会变成两面人——面对他人是一回事、背对他人又是一回事；真诚也好、信用也好，都会被扭曲，变成恶人的工具，而非真正的价值。所以他要重估价值，让价值回到真正的价值。重估价值指的是既有的价值先归零，再重新依照价值的真义，恢复它应有的面貌。当价值重估之后，把真正的价值呈现出来，呈现的就是我的选择；我选择了价值，理应执行、贯彻完成它，恢复它原有的价值！

有一天我跟一个孩子谈到：他常常会用价钱来看价值。举例来说，这张桌子卖 50 块，但这张桌子的价值不只 50 块，因为如果没有桌子就不能好好读书，既然如此为什么不感谢做桌子的人良善的一面，能够把这张桌子做出来，然后用 50 块这微薄的钱卖给你，让你可以安心读书？你不知感谢，甚至还觉得 50 块很贵，那就是不懂桌子提供了什么价值。**当人把价钱等同于价值时，人心就市侩了。**对我来说：人不能市侩，如果对方做的事情很有价值，我都愿意想办法帮他！但如果做的事情是不义的，即使他分给我上亿的资产我都不会做。人可以喜欢钞票、爱钞票，但同时也要谨记不义而富且贵，于我如浮云。**学习善的知识使我们有正确的判断能力，抉择时就不犹豫了。**

1. 扩展自己的权力意志

曾几何时，人们自甘堕落、习以为常地将价钱跟价值画上了等号，难怪尼采要说"扩展自己的权力意志"，**我活着有我的目的性，有我看重的真正价值，不是世俗的功利主义。当价值得以实现的时候，生命也就有了真正的张力，而且会吸引没有力量的人。**我们成立好好好家庭教育文教基金会的目的就是要让良善教育继续存在，即使现在的影响不及红十字，但我们还是帮助了一些人，让他们走在黑森林里还能看到人性的光辉而免于恐惧、免于焦虑，并得到心灵的寄托。虽说帮助不会立竿见影，但我们始终坚信教育是种树理论！

2. 知识价值的重估

接下来我要进一步解释说明"知识价值的重估：'诠释与观点'跟'不需解释的客观真理'两者的差异"。以真诚来说：真诚是一个观点，如果要诠释真诚就要解构真诚，之后才能理解真诚的性质，进一步理解真诚造成的心理状态，于是才会知道要不要选择真诚。至于"不需解释的客观真理"指的是：求真、求善、求美无需解释，直接相信就对了。这就是诠释，透过讲解让你听懂两者之间的差异。

至于"不存在客观而不需解释的真理"和"不需解释的客观真理"差异相当大，"不存在客观而不需解释的真理"，只有透过自身观点实践、诠释出来的知识。尼采认为知识是人类的权力意志展现的结果，因此人要注意自己，别让权力意志凌驾于事物之上而自以为客观，也不要随便听从权威（对尼采来说，权威包含过往累积而来的观念以及基督教的教义与道德），要谨慎看待事物，并且**唯有亲身实践才能真正获得知识**。

我们举一个"不存在客观而不需解释的真理"非常好的案例："光纤之父"高锟。1966年，高锟发表了一篇题为《光频率介质纤维表面波导》的论文，开创性地提出光导纤维在通信上应用的基本原理，原理中描述了长程及高信息量，光通信所需绝缘性纤维的结构和材料特性。简单说，只要解决玻璃纯度和成分等问题，就能够利用玻璃制造光学纤维，进而达到高效传输信息的功能。这一个想法提出来之后，有人嗤之以鼻、认为是天方夜谭，也有人静观其变。而在众多的挑战与辩论中，高锟的想法越来越坚定，并且逐步实现：当他发现石英玻璃的时候，他知道玻璃纯度的问题不再是问题。石英玻璃第一次证明他在理论上所提出的观点真实地存在于世上，这个高纯度的玻璃使研究人员震惊。之后制成的光纤应用范围越来越广泛，全世界掀起一场光纤通信的革命。时至今日，光纤支撑了我们信息社会的环路系统。诺贝尔奖评委会曾描述："光流动在细小如线的玻璃丝中，它携带着各种信息数据传递到每一个地方，文本、音乐、图片和视频因此能在瞬间传遍全球。"**高锟相信自己对于光纤的观点，只有透过自身的实践与诠释，才能成就光纤最核心的知识。**

尼采提出重估价值所遭遇的困境，和高锟提出光纤理论的困境，在人性本质上是相通的际遇。尼采在重估价值的时候会不断探讨、诠释价值的真义，他对于正反行径的严思咀嚼得到了深切的体悟。

　　3. 主人道德与奴隶道德

　　主人道德追求的是高贵、荣誉，强调独立自主，竭尽所能活出生命的美好与力量，有如充满力量的战士、贵族。奴隶道德则是因为自身力量不足（于是选择、运用黑暗面），转而变得扭曲，充满恶意，要求强者压抑自己听从弱者、群众的规范，同情弱者。尼采并不真的完全反对基督教所建立的道德，而是反对运用这套规范包装自己的黑暗、掩饰自己的扭曲，否定生命更连带迫害、要求所有人也跟着否定生命。对尼采而言，他所批判的实际上是披着基督教道德的邪恶。

　　1883 年他以 10 天的时间完成了《查拉图斯特拉如是说》第一部，却一直到 1885 年才写完整本著作。他在《查拉图斯特拉如是说》第一部的《论赠与的美德》中说道：

　　"你们尊敬我，但要是有天你们的尊敬倾倒了，那又怎样？

　　不要让一座雕像砸了你。

　　你说，你相信查拉图斯特拉？

　　但查拉图斯特拉又怎样？

　　你们是我的信仰者——但所有的信仰者又怎样？

　　你还没有找寻你自己：你只找到我。

　　所有的信仰者都是这样，如是所有的信仰成就渺小。

　　现在，我命令你否弃我，并发掘自己。

　　唯有当你们否决我的一切，我才会回到你们之中。"①

　　这样的口吻就是告诉读者，**找到神和找到自己，两者何者为先，**

---

① 摘自维基百科尼采语录。

当然是先找到自己，找到自己才能独立自主，活出属于自己生命中的美好。 超人就是在这本著作中诞生的，尼采对这本书有着如下的自评："在我的著作中，《查拉图斯特拉如是说》占有特殊的地位。它是我给予人类前所未有的最伟大的赠礼。这本书发出的声音将响彻千年，因此它不仅是书中的至尊，更是真正散发高山气息的书——人的全部事实都处在它之下……这里，没有任何'先知'的预言，没有任何被称之为可怕的疾病与强力意志混合物的所谓教主在布道。从不要无故伤害自身智慧的角度着眼，人们一定会首先聆听出自查拉图斯特拉之口的这种平静的声音。"最平静的话语乃是狂飙的先声，悄然而至的思想会左右世界。"

他以写作的方式告诉读者："现在一般人都把这怜悯称之为一种道德，他们对那种种了不起的不幸、丑陋和失败丝毫不懂得尊重。"①

尼采深刻的观察，厚实的人道情怀，对有反省力的人来讲，非常震撼！这又让我想到彼得·巴菲特在《纽约时报》发表的文章了。

4. 艺术价值的重估

在艺术、审美领域，**尼采看重力量、酒神精神，追求充满力量、张力的风格，是结合并凝聚"理性、形式、热情、自由"等生命力的自我提升、自我超越而抵达的巅峰状态。** 事实上，尼采并不是追求感觉、热情或非理性，而是追求完整、健康、充满生命力的艺术，他反对只沉溺在自我、感觉中所创造出的涣散、自溺的作品，并且认为这是生命力的衰败。

尼采曾受叔本华的影响，那时他非常困惑，为什么像叔本华那样的天才会被现实世界搁在一旁，没有人了解他。叔本华的孤独正是尼采后来的孤独，他想起的叔本华体悟美所带来的释放，音乐的美是生

---

① 《查拉图斯特拉如是说》（卷四）《最丑陋的人》，摘自维基百科。

命的旋律，是权力意志的舞伴；如果生命里没有音乐伴随，就会很干涸枯燥，而如果有音乐伴随，就能随着音乐的动线完成自己生命的使命。这里的音乐指的是真正有灵魂的曲子——例如贝多芬的《命运交响曲》。人的生命枯竭时，必须要有音乐的陪伴，透过音乐的流动去感应生命的气息；流动是美的表达，让中辍的意志、痛苦的灵魂得到慰藉与纾缓。**人的心灵真相是即便是积极的虚无主义者也不能免除痛苦，而痛苦的处方就是音乐**。对于尼采来说，音乐可以化解生命的困顿与危机；他理解了音乐之于他的意义，于是"没有音乐的人生是不值得活的"。

生命本来就苦难重重，这也是孔子最后一定要发展人文的原因——透过人文来化解心头的忧患。孔子的人文包含了音乐，**要跟生命说 Yes，请你准备好，培养人文的素养，你的 Yes 才会有真正的力量，也才能真正纾解生命中的苦闷**。

总结我从尼采得到的收获，第一个重点是"跟你的生命说 Yes"，使自己成为生命真正的主人而不是奴隶。第二个是"重估价值"，要有能力澄清价值并思考要用什么样的方式来设定判断的依据，哲学的术语叫作"设定判准"；当有了澄清跟设定之后，你就能透过定位、归档来建构系统或者完成思想系统，这会让你看到一个表里如一的自我，而不是只有认知的自我——认知的自我是我认知但我可以不执行。我认知所以我执行，当然力量就不同！尼采要的是跟生命说 Yes，他同时给我们一个很重要的概念：在这条"跟生命说 Yes"的路上，碰到生命困境的时候，要先想好，要抱持什么样的观点走过困境。所以我拿"当一个人知道自己为了什么而活时，就可以忍受一切苦难"（《偶像的黄昏》）当座右铭；当我要成为一个真诚的人时，我就可以忍受真诚所带来的一切苦难。自己就是从真诚中得到体会，明白自己和别人的不同，进而展现出由真诚所发展出来的独特性跟唯一性，如同超人！

这是一个有利于实现恒真价值的思想，因此在这样的过程里，我们再进一步谈到：生命本来就苦难重重，所以我可以如何透过审美来纾解情绪跟对立？如果只有音乐这条途径，但有人不喜欢音乐怎么办？我们可以回到人的人文背景，譬如学诗，学习经典里面很多好的素材，同样可以解除内心的忧患。像杜甫的《春望》提到"感时花溅泪，恨别鸟惊心！"看到这样的句子，会觉得有人际遇与我相同——在很远很远的古代，就已经有人与我此刻心灵相通，杜甫的诗正好化解我当下的心灵困境。我不孤独了！我的苦得到了共鸣。我认为音乐在这方面不像文学这么简便、可随手阅读，可见我们理解尼采是要理解他面对困难的化解方式，而不是字面含意，只能选择音乐的途径。当我们受他的感召，要像超人般地"跟自己的生命说 Yes"的话，关键是不要忘了人文的重要性，不要丢掉人文的价值。最后，提醒大家活出自己，包括提升自己谦虚的能力——永远记得：咱们老祖宗的人文修养"谦虚"，**谦虚可以让我们在有观点的同时检核自己，也避开了人言可畏的灾难。**

尼采名言

一，人要在爱中成长，才能拥有创造力。

二，人的目标是成为超越自己、走过自己的超人！

三，拥有坚强的意志才能获得自主与力量！

四，人要学会领导自己，不然只能听从别人。

五，受苦的人没有资格悲观，他必须拿出勇气与力量向苦难对抗。

六，勇敢肯定生命，向你的生命说 Yes！

七，所有杀不死我的东西，都让我变得更坚强！

九，当一个人知道自己为了什么而活，他就能忍受一切苦难！

九，人要尊重、珍惜自己才能长出高贵的灵魂。

十，习惯使我们的生活更方便，却也令我们不用思考。

雅士培
Karl Theodor Jaspers
1883~1969

界限让人看清真相，不反省，就会继续犯错。

缘起:楔子

之前谈到尼采说:"当一个人知道自己为什么而活时,就可以忍受一切苦难"。这句话代表"知道"所以可以"选择",但是如果你不知道,你怎么选择?不知道的人相信经验,因为经验是他主观的经历、感受,直接有感应、直接反射、响应;经验贴在身上如同脱不掉的外套。可以想象当某人叙述一件事时,经验者听一听觉得跟自己之前遇到的事很类似,于是很热情地跟某人说自己的经验,告诉对方可以怎样、可以如何;要小心哪些部分、发生什么状况千万不可以怎样。这让我们仿佛听到了一段小自传,心理学在谈沟通的时候提醒我们要避免自传式的沟通,以免造成对方心中浮出"又来了",拒绝沟通。

说到沟通,最重要的是:**邀请对方参与意见、看法**。邀请对方参与是很棒的沟通心态,将来有机会再分享从哲学的角度看沟通。我常想:经验是重要的,但只靠经验是不够的。这种说话的模式很哲学。有一天老师谈身心灵的结构,说到:身是必要的、心是需要的、灵是重要的。我一听怎么这么简洁清晰呢,好酷!我一定也要学下来。后来我发现,真正要学下来不是只要把字面说一遍就可以,它需要在简洁清晰的形容之后,说明结构中各自的定义、内涵、功能与彼此的链接关系,最后才总结出如上的心得。结构性的语言通常都很抽象,不适合大量运用在沟通和演讲中,它只适合在课堂上学习,因为知识不像信息,读一读就没事了,它必须有整个系统、脉络,进而解说其中原委。上课的时候讲得很细、很根本也很完整,回到现实生活再讲几个观点，别人就会觉得你非常独特！这也是为什么知识需要跟老师学习的原因之一。话说经验，我们碰到什么事情，有了这个经历，也就有了这样的经验；经验没有经过统整无法归档，所以法律问题一般面对"无前例可循"，就代表这个案子有得折腾；如果律师只能从经验出发，这个案子注定要毁了。

碰到"无前例可循"的官司要怎么办？很简单，找一个有哲学基础又学过法律的律师就好了，但这种律师真的很少，因为这两门知识都很硬，同时在一个年轻人身上具备很困难！年轻的体质本身就是很大的挑战。我带的学生中正好有一块这样的璞玉，13岁跟到现在（28岁），过程中鼓励他先修哲学、后念法律，现在已经拿到律师资格在事务所上班了。我的哲学演讲备课大纲，都交给他来做，好让他充分历练，将来就有经验了。当然，有时候我也会幻想，如果他能像苏格拉底一样，外向一点、主动沟通就好了！没办法，通常只有设局（安排让他主持广播、担任总召集人等）让他非做不可，这像老巴菲特对儿子们的做法，一人给一个基金会。

生平背景

我要谈的雅士培是先学法律，后学哲学，他没办法很快地从身体的困境中跳出来，只能强烈地感受到死亡的压迫。早期他的学习（学医）是为了解决身体直接带来死亡的威胁，后期他认为更重要的是在死亡来临之前，必须要知道种种跟死亡有关的事。在寻找如何面对死亡的同时，他遇见自己的灵性自我竟然看得见统摄者（上帝）的语言（密码），从中得到了启发，改变了自己对生命的态度（千万别以为他谈的是玄学，事实上他谈的还是非常哲学的）。

雅士培有着别人很少经历的生命处境。他在1883年出生，1969年过世，活到86岁，经历两次世界大战。世界大战充满恐惧、恐怖，尤其第二次更恐怖到无以复加！这期间，有61个国家跟地区，19亿人口被卷入战争，是人类未曾经历过的浩劫，宛如人间炼狱，其中有六百万犹太人死于纳粹屠杀。

雅士培是德国人，他的妻子则是犹太人，所以他经历了别人没有经历到的部分——他选择爱妻就必须要经历两难的状态。这种两难的处境，早在他出生之后，就经历了——要不要呼吸？研究报告说：雅士培有先天性支气管扩张的问题，另一个学术报告则说他得了先天性心脏病，虽然两个报告不一样，但是我认为不管他遭遇的实况是哪一个，两者发病都是恐惧的状态，会让他面临不能呼吸，甚至心脏濒临停跳的状况，让他切身感受到生命到达临界点。我推测，先天性的疾病，让他面对生死两难。

家庭背景

雅士培的父亲学法律，学法的人通常比较理性、有条理、有节奏，也比较洞察人情世故。后来他父亲当了银行行长，代表家里有不错的条件，加上母亲是议会议长的女儿，受过教育的男人跟有权势人家的女儿结婚，想想看这婚姻带来的生活条件好不好？应该不错。在这样的条件下，上天会给这对夫妻十足的幸福吗？不一定，因为他们生下了一个患有先天性心脏病的小孩，这个人就是雅士培。

爸爸、妈妈在他成长的过程中，常常会因为他的生命是不是可以继续而焦虑，这也是我的推测。我做母亲，常常会在某些状况下焦虑，尤其孩子是不是健康？是不是能够走过今天？对我来说都是很强大的压力。我记得孩子还小的时候，儿子趴着睡，我就很担心他呼吸会被棉被塞住，于是就把手指头伸到他的鼻孔下面，测测看他有没有呼吸；孩子睡得很熟，我又怕他该不会死掉了吧？又拿手指头检查，看他有没有呼吸！这就是焦虑，当你拥有的时候你会害怕失去。孩子会不会有感应？绝对会，孩子会感应到母亲的那种担心。

所以我要问孩子们，当你的母亲在为你担心的时候你知不知道？基本上大部分的孩子都知道，也就是先前所说的"你在知道中经历了自己的生命"，包括在最基本的生活互动关系当中。我常说**"孩子都是看着父母亲长大的"**。小孩一边成长，一边看着爸妈，爸妈爱什么、在乎什么；爸妈说什么、要求什么。孩子听或不听比较本能，做得好没有太大压力的就学一学，有太大压力的就闪开。

最近几年在解析 HBDI 的时候，发现很有趣的现象：很多孩子在成年前是下脑（注重安全、情感丰富），可是成年后变成 D 脑（爱好自由、喜欢冒险），也就是右上脑，这叫物极必反。孩子在还可以被父母指导的时候，他是下脑，等到他有想法的时候就变成 D 脑，特色是"我就偏偏不要！"，这是心里的反弹。我们常常没有注意到人心是变化的过程，这过程来自他跟对方的互动产生了变化。

雅士培在成长过程当中，作为一个儿子来说，他的偶像是父亲，他想要超越的人也是父亲。这也是我们成长中很正常的心理情结。对雅士培来说，他生活在强大的德国，家中有个很有能力的父亲，家里又很有权势，在这样的环境里面，他却受到先天性疾病的影响。假设你是雅士培的话，你会想学什么？法律？还是医学？结果他两个一起学了。

生涯发展

父亲是他的模范、心中的英雄，所以法律对他而言是必选，这代表"我要跟爸爸一样"。每个人在成长的过程当中,为什么要这么努力,这么竭尽所能?因为我们想要让爱我的人知道我在乎你,也有我想要让你看见我的意味,而爱我的人不外乎父亲、母亲和我看重的人。**我们在生下来之时,似乎已经命定了一件事情——我们已经在心理上,被我们的英雄决定了我们的方向。**

每个人心目中都会有英雄,如果没有,代表在成长的时候有很辛苦的经历,所以你没有机会看到英雄。从另外一个角度来看,我们身为父母,是不是要帮助孩子,让他知道生命中可以有英雄?有英雄(典范)就有动力,没有英雄就没有动力。想要"成为和英雄一样"的心情,会使孩子有动能,而如果父母没有树立楷模,孩子就没有动能,因为他不知道要往哪里去,他没有好的标杆。人需要跟典范学习,在还没有受教育以前都是本能式的思考,这就是人心理的情境。

然而,在雅士培的现实处境下,学法律不能解决他自身生命的问题,他的生命问题让他恐惧、害怕,恐惧心脏不再跳动。如果他抢救自己没有成功,就会濒临临界点的状态。我有一天胃酸,半夜起来体内不断涌出酸水;我发现有气卡在胃里面,就摸了摸胃,突然有一股想要呕吐的感觉,赶紧奔到厕所去,途中酸水冒出来。酸水侵蚀了我的气管,像水漫金山寺一样,有的跑到鼻孔,有的跑到食道,根本挡不住它!还有些跑到我的气管,让我呼吸困难!这是非常恐怖的经验。

我的理性知道发生什么事情,可是理性却没有办法指导身体如何进行——不要再冒胃酸,不要再涌出酸水;身体自动系统完全掌握不住剧烈的侵蚀。我突然发现理性有限制,它不能掌控,甚至不知道这个身体的下一步会有什么样剧烈的反应,而身体却很清楚地给了警讯,汗如雨下地冒冷汗。当我意识到汗水像下雨一样,不断滴下来的时候，我知道事情严重了，那是一种垂危的症状。当时不可能说："我冒冷汗没关系，等一下就没事了。"很多女性在成长过程中都会经历经痛，经痛时会冒冷汗，整个人四肢无力，有人甚至痛到趴在地上。这些经历男生都不太清楚，不知道女生多么辛苦！经期不顺的女生会有一种莫名的恐惧，而真正来了就焦虑，等待疼痛发作，这就是经痛的历程。经历多了就有经验，知道怎么去面对。从这点来看雅士培，他的症状不是偶尔发生，是经常性的，所谓先天代表经常会发生。

当我们开始恐惧、害怕的时候，我们会产生内在渴望，也就是希望。希望我下一次不要再这么害怕，不要再这么恐惧；希望我下一次痛的时候可以不要那么痛。希望后来幻灭了就变成妄想。雅士培曾经历过妄想所产生的症状，所以他又研究了精神病理学。精神病理学是什么？是人在想一些事情的时候，产生精神状态上的走神、病变，严重的话甚至不能够过正常人的生活。

如果我是雅士培，面对切身之苦，我会怎么选择？我将会有什么样的经历？我会在下一个阶段里遭遇哪些事情？也就是说，当法律不能解决我的身体问题时，我必须要想办法；精神状况不好，就要探索自己。在一百多年前信息普遍不流通的情况下，雅士培必须要靠自己来解决内在问题。在当时，放眼望去没有多少人可以帮助他，于是他念了医学，并且在1908年博士毕业。其间他发现医学涉及心理的状态，也就是心理学，于是他又学了心理学，并且在1918年也教心理学——他对于生命的探索代表他真的是一位爱好智慧的勤奋者。当他教心理学的时候，发现心理学无法满足他对于死亡的探索与理解，为此他同时学习了哲学，并从1921年起改教哲学。自此之后，他的思考有了定位与系统，即便是他再度承受身体强烈的疼痛，必须面对临界状态所感受到的恐惧亦然。渐渐的，他知道界限是什么？生命要去哪里？他开始对生命议题有了强烈的想法，开始有专属于他的意义与价值。

思想启发

从雅士培的背景可以发现他受过康德的指导以及齐克果与尼采的启发，原因是他希望自己在界限之后还依旧存在。雅士培最后活到86岁，如果不在乎自己，他可能很早就过世了。这代表，如果**人能够知道自己要面对什么，就能发挥意志的作用，自己面对自己的在乎，也就会特别小心照顾自己；如果不知道自己要干什么，就不会特别小心照顾自己**。这很合乎人性的逻辑。

雅士培在25岁时拿到医学博士学位，专攻精神病理学，30岁的时候教心理学——精神病理学教授去教心理学代表他已经有相当成熟的经历，自我的心理经历使他可以整合精神病理学。雅士培在精神病理学上有很重要的独创性，这跟他切身的生命体验非常有关。1914年，他已经31岁，第一次世界大战开始，他的祖国德国参战。

德国很强悍，雄心万丈想称霸世界。我们看到的德国人形象多半很有线条、很重视节奏纪律。对德国军人来说，严格的纪律背后需要自我克制、对上服从；从人性的角度来看，克制到了临界点，就得找一个出口，德国的侵略举动就是运用军人在训练中的人性本能，施以极为严格的训练，使克制背后的情绪升到最高点，往犹太人身上发泄，从盟军身上施压。从《消失的1945》纪录片中，我们看到了克制者（德军）拥有权力时，在人性上的扭曲、残暴与邪恶。

早期的德国是骄傲的日耳曼民族，其民族性格会让邻近国家感到威胁，这让我联想到历史上有个国家也很喜欢侵略别人，也满强悍的，想要一统天下，那就是秦国。西方有德国，我们的历史上有秦国；秦始皇刻意让军人保持克制中的亢奋状态，好在战争中烧杀掳掠尽情发泄。试想，如果有个邻居这么蛮悍，住在他隔壁是会变得更强悍，还是更懦弱？这就是人性中的恐惧。

不要怪别人对你怎样，而要知道自己处在什么样的处境里；面对处境的心理状态，是要反弹？还是面对？绝对抗争？还是要默默承受或接纳？这都跟内在的真实自我有很密切的关系。一个人的懦弱绝对不是一天造成的，一个人的怠惰也不是一天造成的，一个人的害怕跟恐惧更不是一天造成的。

这就是雅士培思考的问题。德国是他的祖国，第一次世界大战跟他没有直接关系，所以他还可以继续教书，因为战场不在他的国家，他可以继续他的学术研究，教他的心理学。战争时期，很多人打仗后回到国家，出现心理创伤症状；这种症状在第一、二次世界大战就已经很明显，有很多人无法从战争的阴影中走出来。然而对"存在心理"的省思，欧洲先于美国，维克多·法兰柯是集中营的幸存者，他致力于协助人们走出创伤心理，1992 年开始做心理的对话治疗——维克多·法兰柯学院（The Viktor Frankl Institute，设于奥地利维也纳）定名为：意义治疗法（Logotherapy）。直到 2000 年左右美国才将"创伤后压力症候群"纳入现代心理学的议题，协助战后回国的军人心理创伤的复健工作。

1920 年雅士培 38 岁，升任哲学教授，这代表在八年间他发现心理学没有办法厘清他的问题，还是必须要借助哲学的帮助来思考。他认识了一位很重要的哲学家——康德。他说："**我的生活，受圣经与康德的指导，使我与超越界可以保持关系。**"

康德提出三大批判，其中之一是"纯粹理性批判"。理性这两个字再加上纯粹，对雅士培来讲非常惊艳，因为他是学医学的人，医学的背景是科学，但冲击他生命的不是科学，科学没有办法解决他内在迫切的需求。所以理性到底包含了什么层面？对雅士培来说，这是他非常迫切想要了解的；他想要知道康德这个人为什么可以思考到这样的深度，到底康德探寻了什么，又研究了什么样的议题？

第一个议题是"我能够知道什么？"这是康德会问的。人们普遍不会把这种议题拿出来想，我们都认为我们知道什么，都非常熟悉而且非常自然地认为，我们知道就是知道！可是要问：你的知道是知道什么？你真的知道吗？你能知道什么？从我的问法当中一层层往里面推，重要的是"我能知道什么？"比方说自我，我能知道自我是什么吗？

以我的案例来说，如果我没有医学常识，我只能在冒冷汗的同时意识到生命可能结束，并感到恐惧——我对自己毫无处理的能力，我没有能力知道这个自己到底处在什么样的状况下，是否还能继续活着？这个认知同时牵涉到灵。灵同时产生了很巨大的力量，那个力量是当你在呕吐的同时还催促你要活下去，而不是只有生理上呕吐的反应。这个灵有一种理性的力量，让你争取呼吸；灵在推你，他有意志，意志说：我不能结束，我不能结束！

第二个议题是"我应该做什么？""知道什么"与"应该做什么"是有关联的，这里面有两种发展：第一，当我经验过危险之后，终于知道不可以这样对待自己，而且知道我应该要做什么。不想要再重蹈覆辙就要趋吉避凶，有节奏有规律地面对生活；应该适时地给自己注入养分，这是应该要做的。当我们知道的时候，是不是就知道应该要做什么；而当我不能知道的时候，自然不知道应该要做什么，却又自认为应该要做什么。想想看这中间的分别：当我不能知道自己应该做什么，却又说知道接下来应该要做什么，这就不合理了。

当理性进来的时候，讲得清楚：我能够知道什么，我就应该做什么。问题是我不能够知道什么，我怎么知道我应该做什么？人常常在这种吊诡中，以为知道什么，于是就应该做什么。

举林同学为例：我不能知道自己适合戏剧，老师说我适合戏剧，所以我应该做什么？我就去做那个"适合"（对林同学来说，他还不具备理性思考的能力，因此我的提议对他来说是一种假设）。假设我知道我该做什么，我也知道我要成为什么，那么我现在就知道应该做什么。老师给我一个念戏剧系的答案，于是我就假设戏剧属于我，所以我知道现在应该做什么。问题是这个假设能不能成真？当戏剧这个假设进来，如果你不相信的话，根本就不会碰！但是林同学发现，从HBDI的思维偏好与性格来核对，提到戏剧的时候感到有热血，有动力了！代表戏剧跟你之间是有联结的，所以你相信这个假设（对我来说这个假设是有前提的，以HBDI作为依据，也就是我能够从HB-DI看到林同学的可能性）。

"相信"出来了。林同学相信这个假设，于是应该做什么就去做了，没有想到最后还真的考上台湾艺术大学（简称"台艺大"）戏剧系。这不是很幸福吗？所以一件事情要达成必须要有充足的条件进来，第一个阶段是理性看待科学测评的报告，第二个阶段是正确地验证，然后假设才会成立，假设变成事实。

把一件事摊开来，搞得一团乱，然后在里面抽丝剥茧，很多人会认为没有必要搞这么复杂，可是如果不搞这么复杂的话，我们都会认为从A点到B点理所当然。想想看，真的理所当然吗？林同学一定考得上台艺大吗？不一定，所以这里面有他原来看不见的因素。"我能够知道什么"是非常原始的因素。例如，我身为老师，我能够知道什么？当我知道什么的时候，并不表示学生就能够知道什么；而当学生不能够知道什么的时候，我就必须要靠我的信用，让学生先愿意听听我的说法，然后在学生不能够知道的时候拿出证据，让他相信老师说的是正确的。理性选择让我们存在，让我们的心不再那么焦虑，不再那么妄想，不再那么害怕，这是雅士培想要解决的问题。他透过康德来了解我应该做什么。

第三个议题是："我可以希望什么？"什么样的希望才是正确的希望。回到林同学的案例来说明，他希望成为一个演员，碰到姜涵老师说他适合去念戏剧，他的希望很准确。另外，那些没有考上的，他们的希望就全部幻灭了。于是人家都说考戏剧系根本是妄想，没考取的都被笑成"不能希望"的妄想症——他不能成为，他不能存在。这多痛苦！

从选填科系的角度来说，林同学从不知道自己能够选择什么，遇到学长分享 HBDI，受到吸引于是来到鼎爱，做了 HBDI 测评，让我帮他解析。我从 HBDI 中看见他大脑的思维偏好，在解析时核对他的想法、性格与生活态度，并理解他的兴趣实力等等，最后所有的可能都被拿掉，只剩下戏剧系。整个过程林同学都参与其中，他在我的引导下看见了自己，因而忘记了原来选填科系的消极焦虑。有趣的是，当他知道自己真的可以考戏剧系，也理解戏剧属于他的天赋时，焦虑被积极的意志取代了！紧接着我们规划了一套考前的学习策略，尤其是针对他戏剧条件不足部分的引导，让他能够把自己的乡土特色发挥想象力联结到肢体，创造出甘草人物的新风格。这孩子也很大胆，只填台艺大戏剧系，看起来有种非你不上的味道——他选择了他的选择并且勇于面对，结果如何？上了！

通常，找不到自己的方向会焦虑，而一旦知道自己能够去哪里，虽然焦虑还在，但焦虑的浓度已经淡了不少。在辅导的过程中，林同学是幸运的，愿意相信自己也愿意为自己努力。对我而言，最可惜的情况有两种：

一是：我能很清晰地让对方知道自己是什么，并且依据 HBDI 知识中的说明协助他看见自己，而他有感应却不愿响应！通常这种态度的表现，很高的比例都属于"不知道有'灵性'自我"与"不愿意有'灵性'自我"的状态，因为，只有这种状态才可以免于焦虑、免于承担、免于负责。从外表来看，这种人的状态像生命失去了动力，过一天算一天的疏离模式。

二是：我能很清晰地让对方知道自己是什么，并且依据 HBDI 知识中的说明协助孩子看见自己，而他有感应并强烈响应！但是，那不是家长要的科系，于是在最后家长会说：我们再看看吧！转身就对孩子说，那是你吗？真的是你吗？你看你平时这样那样。意思就是你别听姜涵的（虽然她没说出来，但语言是有意向性的，不是吗？），你最好搞清楚——没有排名、不是热门科系，你还有未来吗？

从自我选填科系的角度来说，从我"能够知道"自己是什么，到我"应该做什么"的过程，不是一件容易的事。选择志愿是自我中重要但不紧急的事情，直到必须选填的时候才成为重要又紧急的事，通常这种复杂度比念书还高的问题，许多人却认为一夕之间就可以搞定。这实在非常荒谬，也让我替他们焦虑！

第四个议题是：康德问"人是什么？"，为什么明明已经得到了，却还如此不懂得珍惜！到底人是被什么因素搞成这个样子？哲学就是回到生活，回到生命里面，用理性去思考。康德的思维很清楚地让我们知道，我到底是怎么想的，为什么从我能够知道、我应该怎么样，我可以希望什么，到最后知道人是什么。为什么"人是什么"摆在最后？因为人性出了问题，人没有正确的知识，以至于人性让人怀疑"人到底是什么？"

如果我们没有学习"人的知识"，一路走来，最后说：我已经相信了，我也这样做了，结果我就是现在这个样子。问题是：你一路走来，有更热情地面对生命、感谢有恩于你的人吗？没有。你得到了帮助，到最后觉得这是理所当然的，你会因而更热情吗？不会。没工作就没饭吃，这样相信有用吗？所以一定要问到底——"人是什么"？

这也是为什么孟子会说，人跟禽兽有什么差别——差别只有一点点，存乎一心。这代表人的心是动态的、会变的；人在被欲求遮蔽的状态下，随时会丢掉他应该坚持的东西。

在生命的历程里，真正接受考验的是"选择"，所以每一次选择都是证明我的存在！雅士培从科学的论证里来认识世界，透过认识世界，来认识世界本身。这很有趣，他从另外一个角度切进来，他认为应该要沟通，也就是我跟人之间的沟通，因为我想要了解人。下一步是认识真理，真理就是探究生命真正的本质，人到底是什么？从认识真理里面去了解人究竟是怎么回事。

结果雅士培发现：人没有办法真正掌握自己的生命，所以人必须要进入下一阶段去跟超越界沟通。因为康德的指导，引发了雅士培思想的精华——他提出五个很重要的问题：科学（帮我认识世界）、沟通（使我跟别人相互理解）、真理、人，超越界。我们看到他一个个的元素，就好像我们走到了一半，发现问题到这里卡住了，必须要另起炉灶，再想一个问题，以便把这两个问题结合起来。康德给了雅士培指导与启发，可是不能真正解决他所提出的从真理到人到超越界的部分，所以他研究了另外两个人，齐克果与尼采。

齐克果有一个非常重要的论证，"深度自觉"，深度代表我自觉还不够，必须要往更深的自我走。什么时候人会深度自觉？深度自觉代表你的灵性自我出现了危机感。当你的爱被抢走的时候会有危机感，你会很努力地想知道这到底怎么回事；爱这个议题，会强化我们的深度自觉。很多人因爱被点燃了。有一次上课正好我生日，学生想帮我庆生，我说这样好了，老师生日大家来贡献一下，几个正在当兵的男同学麻烦来讲台上，告诉我你们心仪的女生是谁。

三个当兵的学生真的乖乖站出来，讲出他们心仪的女生。台下一阵骚动，有些男生说老师你怎么没有点我，赶快点我，让我也可以表达一下！能够公开表达，真是天赐良机。之后很多人都蠢蠢欲动，最后那堂课几乎所有男生都上台了。有某些人我刻意不点他们，让他们卡在那里，结果他们因为不能说出自己的爱，都抱着遗憾回家。

上台跟没有上台的后坐力不一样，男生上台讲完之后整个人的细胞都活了起来，突然觉得自己可以更好，就开始捍卫自己的爱——因为有些心仪的女生被提到两次，说的人终于知道情敌是谁！自觉能力就变得很强，一定要捷足先登，赶快告诉对方，我是那个比较真诚的人、我是那个最有热情的人。所以要挑起天下大乱，一点都不难，因为每个男人的心目中都有个"海伦（希腊神话中被称为世上最美的女人，引发了特洛伊战争）"，只要把"海伦"找出来，天下就大乱了！这不是开玩笑，历史上是有典故的。

这就是深度。我意识到我的灵魂将要枯竭，因为我的爱将要远离，我的灵魂将会孤独，因为我知道我的爱终将结束，这是一种没有办法阻止的焦虑！为什么齐克果会提到：跳了还要再跳，最后跳到宗教阶段（超越界）。对雅士培来讲，超越界是非常吸引他的，原来在对自己对他人的爱的实践的过程中，超越界已经悄悄地渗入灵魂了。

齐克果和尼采对雅士培来说，引发了他看重"存在"（活着）议题，他声称自己的思想是"存在哲学"，他更进一步找出两个人对他来说的具体特色：

一，面对人类精神上的危机，思考人类命运的问题。

二，从"存在"深处去质询"理性"，认为人无法靠自己的力量去达到任何真实的根基。

三，从个人的存在出发，齐克果跳进了基督教的信仰，尼采则跳进了超人与永劫回归。抉择之后他们执行了"超越的尝试"与"无止境的追求"。

一般我们面临抉择会想：我这样抉择，真的就可以了吗？**抉择本**

身就是一种挣扎的状态，只要牵涉到抉择，没有人会很享受抉择，因为抉择必须挣扎——我这样做好吗？我是不是应该多听一点意见？当一个人在挣扎的时候四处寻找处方，想要全部的人都看到我的挣扎，或者说，我要你们都看到我，我要你们都知道我正在挣扎（这是意识的状态）；每一个人都要把爱给我，一个不够，要很多！这就是变态心理，因为挣扎是私密的，只是个人完成意志的一部分。

有些挣扎可以让大家知道，但有些就未必适合，而且不可能把所有的挣扎都跑去告诉所有的人，希望别人给答案，因为这代表所有人的爱的焦点都必须在他身上，也代表原来的、跟他互动的这个伴侣的爱不够！所以他找很多其他人来爱，把伴侣忽略在一旁。这里的**"变态"指的是扭曲的想法所造成的态度**；当事人没有意识到这种扭曲，因此造成态度的不健康。我们常常看到这种行径，觉得这种人有点怪怪的，而当我们拥有知识之后，看到有人用这种方式讨爱时，我们对他最好的协助就是：理性对待，让他停下来不要再继续，这样的话，对方才有机会找回他自己的理性。想想看，如果你的伴侣都听所有人的意见却不听你的意见，你还要不要做他的伴侣？你会觉得这样的伴侣干脆嫁给大家好了！我算什么？这就是伴侣的扭曲。我喜欢把这类扭曲当成变态，各位一定要懂我的意思。

理性代表客观，存在代表选择，而选择代表挣扎——挣扎代表我要成为，我要完成什么。这对雅士培来说，终于找到自己的哲学定位，完成他很重要的想法。他说：**"人由经验事物，去经验到这件事物的内在感受，去经验到真实的自我。"** 也就是说，我经历，之后我现在变成这样。

比方我被男人骗了，经历之后，就认为天底下没有一个男人是好东西。这就是一个真实的、当下的新想法，现在我的心是怎么看的。这个状态就是我现在认知的状态；我现在外表的存在，跟我现在认知的状态，后者是不被看见的，而前者是被看见的。雅士培要谈的不是我现在外表这个存在，而是我现在认知的状态。实现的过程从经验到真实实现，他说人体认到自己虽然有限，但他的可能性似乎伸展到无限，这一点使他成为奥秘中最重要的发现！

说到这里，我想到：学生长大了！我要为接下来五年内接二连三的结婚而烦恼。跟以前的烦恼不一样，我的烦恼现在等级增加了，要想到学生结婚后某些关系要怎么进行？要怎么样让双方满意？这些事情真是让我操烦得不得了，但是操烦也是一种享受，没有想到我现在已经变成"师嬷（祖母）"了！学生叫我老师，学生的妈妈也叫我老师，以后学生的小孩也叫我老师，这就接连好几代，"嬷"字就来了！这是个很有趣的过程，始料未及！很有趣的是我也不知道真的可以一路走来到现在，有点像是奇迹吧？但说实在的，**如果不曾努力，奇迹也不会出现；只有真正参与努力，奇迹才会来。**

奇迹等于什么？奥秘。什么是奥秘？讲一个比较有趣的案例：许同学本来想要延后当兵，拖一点时间再去，我跟他说早去早回，结果他真的最早申请到替代役！替代役有好多种类的工作，他因为早去，所以抽到一个好签，到"入出国移民署"，主要负责办理外籍配偶的居留证。他胜任有余，交通也还不错，常常能在假日回来上我的课，还有时间可以看书！这不是人人都抽得到的，竞争非常大。可是上天保佑许同学，让他什么事情都很顺利。

我们常说"好人一生平安"，真诚的人就是好人，真诚的好人真的会平安，而没有真诚的好人即使做了好事，只是因缘际会不知道为什么要做，所以就不太平安。这就是我讲的奥秘元素。**真诚是个很关键的词，决定你幸福与否，或者是幸运与否。**

我有一个银行理财专员，他看到我银行有一笔钱一直摆在那没动，就跟我说："姜老师，你钱摆在那不动，我可以帮你规划六年定额存款，你先把单子填完，我每年帮你送进去。"这太美了！我都不用烦恼，多好的服务人员。有的人会想，他偷看我有多少钱！重点是他就是做银行理专，他不看谁看？我户头仅有的几万，摆了三年也没有涨多少钱；他帮我做小额六年存款，我就可以得到一些利息钱，然后他请我先把每年的单子填好，不用每年刻意去存单，这就是我要的，如果再有其他理专来找我，那就要跟他比比啰，他的胜出就是他为我设想了。

此外，对我来说，他可以这样帮我服务，还要有一个很重要的元素——品格！**品格加能力等于信赖**，如果他服务那么好，但是他不值得信赖，我不会同意做这件事情。品格永远是第一线的判断。如果我是服务人员，我一定要累积我的信用并且丰富我的能力。长久下来，我有能力，又有一贯的品格，不会没有经过客户同意就动用客户的资产；心中惦记的是为客户服务，不管在任何情况下我都不可以背叛客户对我的信赖，那我就成功了。

一般最常碰到，比方说我给他方便，他就拿我的方便当随便！这让人讨厌！这不正直，他的人格就不值得信赖。这种情况发生时，你会发现有正确的思维跟正确的判准（判断的准则），可以不用上当受骗，可是没有正确的知识又不能正确判断，那就处处都是危机，处处都是问题！所以"人的知识"会给我们带来安定，免于不必要的焦虑。**选了正确的知识，生命就是安定、平稳、有保障的，但要是我们所选的知识都跟人格无关，只是在专业上能力很强，那么带给生命的将是不安定、不平稳、不平安的。**

一个业务员体认到自己虽然是有限的，但是他的可能性几乎无限伸展；他能够竭尽所能地帮客户考虑到需求，于是就在竭尽所能帮客户考虑的同时，也增加了自己的创造力。你不帮人家考虑，你就没有创造力，你只是很自我；你能够帮客户设想、考虑他的需求，一边设想，一边就增加了自己从没有到有的创造力，让客户得到满意，你也得到实力。

　　问题是，我们光是知道这个词，却没有办法把这个词背后的力量生出来，所以我们认为一就是一、二就是二，不可能产生三，这完全不了解词性的意向性和联结带来的发展性。所以我常说英文不用好，中文好就好了！如果我只能学一种语言，我一定要把中文学好，因为中文是我的母语，我用中文思考，而中文太奇妙、太深奥了！如果我没有这样摊开来讲，你们通常不会想到这样的角度。我为客户竭尽所能地想就会带来我的创造性吗？而且那个人一毛不拔，我帮他想到最后一定捞不到好处！这是不是很负面的人性想法？这叫狭隘，这叫动物本能的反应；**当我愿意不去考虑这个人对待我的方式，而是考虑我要怎么对待他，我就产生了创造性**。这就是我觉得奇妙的，它就是奥秘。

　　这种奥秘如果没有静下来思考是无法掌握的，永远得不到这种奥秘的精神。这就是我们看到，在这当中，一个人使自己成为一切奥秘中最伟大的精神力量。我们看到很多人成功，他们常常说客户的需求就是我的需求，而且没有区分什么样客户的需求才是需求。服务的对象是"所有的客户"，心胸要开阔，做人要厚实！重点不是赚到钱，重点是你所有的利润是在看重客户需求后所得到的附加价值。如果第一步就想赚对方的钱，后面就有阻碍了；第一步想到的是客户能不能得到他应有的利润，就对了！因为你考虑、在乎的是他，不是你自己，而我们就在这种挣扎当中成熟了，淬炼了自己；看到自己从本来的没有变成有，这就是无限的可能，很有趣的变化。

　　回到雅士培。雅士培 31 岁的时候，欧洲内陆发生了第一次世界大战；56 岁的时候，德国入侵波兰，造成第二次世界大战。而在他 25 岁、30 岁、38 岁时，都有一些生涯上很重要的转进。生涯上的转进代表这个人背后有非常重要的上进意志，如果他没有这些转进，就代表他没有上进的意志。我们看一个人的生涯不断地往前推，代表他想要探索生命的本质，也就是说，当我学到一个东西但是不能解决问题，那我就要继续寻找。

雅士培是个不断探寻生命本质的人，他想要找到答案。首先，他需要先解决自己身心安顿的问题。在这过程中，他非常热爱祖国（德国），可是这个国家却做了违背道德良知的事，让他非常伤痛，因为他的国家破坏了别人的自由权，也破坏了别人心灵自由选择的权利，这些行为让他非常煎熬，开始反省德国。他在 BBC（英国国家广播公司）的纪录片里有一段讲词：**发生的这一切是个警告，把它遗忘则是罪过。我们必须牢记在心：这样的事情过去可能发生，而且未来任何时刻都可能再发生！唯有知识可以防止它再发生。**（原文："That which has happened is a warning. To forget it is guilt. It must be continually remembered. It was possible for this to happen, and it remains possible for it to happen again at any minute. Only in knowledge can it be prevented."）

意思是：这是个历史的教训，他警告他的国家要反省。反省就是自我觉察到做错了，所以警惕自己：不要再犯！即使是国家也要反省。南京大屠杀我们要求日本人反省，日本却声称没有发生过这回事，这让我们很不能理解。一个民族不能反省，代表他的错误还会再犯！**一个人不能反省，代表他还会继续犯错。**

如果一个人对你不尊重，你没有要求他道歉，请问他下一次会不会继续对你不尊重？换个角度，如果**你爱这个人，一定要允许他有反省的机会，而反省的机会始于道歉。**"谢谢你"跟"对不起"这两者还要有顺序，犯了错先讲"谢谢"代表你很自大，而讲"对不起"才是你真正开始内心反省，顺序不能搞错！所以我会要求学生一定要勇敢道歉，"道了歉才会有更好的自己，在未来跟自己的灵性自我见面"。没有这个知识，就只会觉得道歉很丢脸——很多人不会道歉，因为他不知道这个不道歉对他来讲才是愚蠢的行径，因为它阻碍了自己灵性自我的精神，而这个精神可以更好地在这个世界上表现；一般我们以为尊严比道歉更重要，那是本末倒置，是无知的具体表现。

　　知识为什么会带来力量？因为有这种反省的知识就更有力量，没有反省的知识，怎么可能更有力量？只会更无知、更跋扈、更任性、更恣意妄为！所以道歉是愉快的事情。我每一次犯错后道歉都觉得自己重新又活过来，活过来之后还想要补过，就觉得整个人特别有活力。我不是莫名其妙，我只是让自己有机会变得更好，我喜欢这样上进的自己，同时也很高兴灵性的光不再被自己的错误遮蔽了。如果我不这么明确去做，我会自觉不上进、不知耻；一个人不知道什么叫羞耻，还活着干什么？我的特色来自我会反省，这让我跟不懂反省的人有所区别。雅士培在BBC告诉历史一个非常重要的警告：你一定要记得教训，一旦你忘记，你就再也什么都不是了；你还会继续犯同样的错误，这是不可以的。

　　在他56岁的时候，纳粹以集中营的方式对犹太人，采取种族灭绝式的屠杀手段，行径恶劣至极、令人发指。雅士培钟爱的妻子是犹太人，每天都有纳粹来敲家门，他每天都担心妻子会被带走，情势逼迫他要跟太太分离！此时雅士培又面临抉择——他的心脏病跟他的最爱哪一个更重要？是自己的生命更重要还是自己的最爱更重要？真是一个好问题。当邪恶发生的时候，要有一个更大的力量来制止邪恶对自己所造成的遗憾，后来他决定要陪太太一起进集中营。我想，他的选择上帝知道了，就在这个时机点上，美国人来了，化解了危机，解除了他的困境，让他感受到正义的可贵与价值。

　　雅士培面临了超级两难的问题，只是人生哪里没有超级两难的问题？时间到了就会有两难的问题。年轻时，爸爸妈妈也还年轻，没有什么两难问题，等到我们40岁，爸爸妈妈也老了，两难问题就来了。首先是爸妈心脏要装支架，你要用健保还是自行给付？这是两难。你没有钱，要不要去借钱给爸妈在心血管开刀的时候换一个更好的支架？这个时刻，你会觉得自己好窝囊！侍奉父母的钱都筹不出来，觉得自己没有能力。很痛苦！这就是在生涯发展的过程里面，生命很多苦难陆续进场了，真的要提前准备啊！

思想启发上，除了康德、齐克果跟尼采外，还有一位小他六岁的海德格。他曾说："在当时的哲学圈中，海德格是唯一在我心中占有特别分量的哲学家。"那时雅士培已经出版了《宇宙观的心理学》，海德格也经常从弗莱堡大学跑到海德堡向雅士培请益，其间两人对于哲学观点有不同的意见，但还保持礼貌上的往来，直到海德格在纳粹兴起的时候加入国社党、出任弗莱堡大学校长一职，从此他与海德格断绝来往。

思想精华

人的自由

人的自由：人类拥有"成为自己"的可能，并且要让每个人都能成为自己。"成为自己"是基本的观念，可是要让每一个人都能成为自己就代表这套学问一定要形成系统。这里先厘清哲学的任务是什么，其中有几个重要的观点，必须先说明才能往下走。哲学的三重任务：意指哲学由下往上走、有层级性的任务。

1. 世界定向：世界的定位及方向，是人的生存处境与认识对象

亦即我们在世界的定位是人类，人类还可以用文化定位、语言定位、人种定位、国家定位、社会定位、职业定位、角色定位等；而方向指的是我要去哪里，要怎么活，要学什么，等等。

2. 存在照明：针对人的自我

人有三种统摄模式：在自我的范畴里统摄含有无所不在、参与其中的意味。

（1）作为可经验的事物，自我本身可以经验任何事物。

（2）意识本身，自我可以意识到正在意识的自己。

（3）精神（追求整体与完美）。自我可以追求完整和完美表现出精神。

人的自由有四种：

（1）认知：对可能性的认识。

（2）随意：任意、自发性的不可预测。

（3）法则：由内而发的规则，自觉应该如何，表现出自律性。

（4）抉择：以前三种自由为基础；在抉择时，对某物采取态度，也就是对自己采取态度。

3. 对超越界的追求：雅士培称之为"统摄者"（接近于上帝、老子的道）

由于世界与自我都是相对而有限的实体，必须对照一个无法界定的统摄者，超越界才可以被理解。

从以上的基本观点，我们再探讨雅士培就比较容易进入核心。

界限状况

界限状况，第一个是身体界限，第二个是心理界限，第三个是灵

魂界限。这三个都可以真实经历。真实的经历走完之后，会有刹那跟永恒，然后再到密码跟超越界，最后再讲到伟大的心灵有什么共通性。雅士培期许自己可以成为拥有伟大心灵的哲学家。"身体的界限"是指生理上的、有机体的界限，例如22岁以后我的记忆力与理解力不成正比，记忆力特差，理解力特强。

身体的界限意味着我们有一些状态，如果没有经历，不知道这种状态会产生。可是从别人身上我们就会知道，这些经历在未来我们的身上都会发生，像是生、老、病、死等人生问题。这些重要的问题，也让释迦牟尼佛真正悟道。他本名是乔达多·悉达摩。身为印度迦毗罗卫国的太子，为什么会离开皇宫，走入人群，甚至到森林里面忍受孤寂？因为他想要参透人生、了解人到底是什么，人这一辈子会受到什么样的干扰。在宫外他看到了生、老、病、死；有人死了，却也有人出生，这是非常奥秘的事情——世界不会为任何一个人停留。人不会因为希望怎么样而特别受到眷顾，例如：活到两百岁。死亡是很公平的事情。

可是什么时候死亡可以由人来决定？在界限的状态下决定。比方说，春秋战国时代，平均寿命45岁，而孔子就可以用他的意志决定他要好好照顾身体，结果他活到73岁，但是孔子不能决定不死，因为死是无法回避的。我可以决定长度，我透过什么方式让这个身体的生命得以真正延长，这是我可以努力想办法完成的。死亡这个界限已经存在，什么样的事情会干扰这个界限呢？生病会干扰这个界限，使身体的界限提前，并且使这个界限瓦解——人死了，就没有界限了。什么样的人对这种界限有感？切身之痛，本身有这种经历，受到这种压迫的人。身体界限带给我们很大的压力。

"心理界限"就是心理上因为生离死别、伦理上的罪恶而带来的烦恼与痛苦。分享我的案例。很久以来我都没有戴戒指，但是最近手上却多了一个戒指,这是有典故的。在我还没有出嫁以前,姊姊在一家珠宝公司上班,妈妈就选了二十颗小钻,分别镶在四个戒指上,两个金的、两个银的,分别给妈妈、姊姊和我。当时我选了个银的,而最后还有一个,妈妈留下来准备给未来的媳妇。后来母亲看到我手上好久没戴戒指,就问我"那个戒指到哪去了?"我回说"搬家后就不知道放哪去了!因为我常常类风湿发作,手会肿胀,拿下来之后就忘记放哪了。"母亲听了,心里面有些感受,大概觉得:我给女儿的东西,女儿怎么弄丢了!

前天我请她吃饭,一并约了好久没见面的姊姊,吃饭时母亲突然拿出戒指,戴在我手上,叫我戴着,嘴上还说:"你穿这么黑,没有戴一点亮的东西不好看。"我说"不会、不会!"正要拔下来,老太太讲了重话,"你戴这个戒指的时候就会看到我,不可以拿下来。"听到这话我就不行了,真的不行了!我那时候才想到母亲大我24岁,今年快要80了!最近又比较驼背,我很担心,还想着:是不是回台湾之后要帮她请一个看护。

我会这么想,代表母亲老了,我的心里挂念她,所以会想到万一发生什么事,是不是会接近死亡。我已经意识到这个问题,所以回来跟她吃饭的时候,听她讲到"看到这个戒指就看到她"我心里就不行了!这是界限状态,我担心的事情她也担心了。她把自己手上这个已经磨损得坑坑疤疤的戒指(我喜欢那些磨损的东西,因为这是她生命过程当中岁月的痕迹)戴到我手上,这就是心理界限!她仿佛在叙述着生离死别即将来临。我当下跟姐姐说,我们每个月都吃一次饭好不好?我的意思不是为了我跟姐姐吃饭,而是我和姐姐要一起跟妈妈吃饭。

妈妈只能在这一辈子做我的母亲,而且做一个让我没有办法跟她心灵交流的母亲,但是在生离死别这个临界点上,我们心灵的忧虑是一致的。她从来不了解我，她永远不知道我看重什么，而我却可以很清楚地知道她怎么了。我所受的教育让我知道她怎么了，而经验世界的她让她永远不知道我是什么、我做了老师是为了什么。这是我这辈子最大的遗憾，我认识我的母亲而我的母亲不认识我。

很幸福的是我儿子认识我，我可以跟儿子谈内心里面的这些状况，甚至有时候我不谈，他很快就知道了。我昨天上课提到界限状态的时候，他听到就焦虑了，可是之后他释怀了，因为他知道"他焦虑我也焦虑"，这是一种奥秘，也就是所谓的"共通的感应"。

心理的界限谈到，生离死别的界限，让你呼天抢地都没有办法得到正面回应，所以心灵会崩盘。什么是崩盘？当信任的不被信任，信任的不再成为信任，崩盘。当正直的不再正直，崩盘。一个人如果发生一件被倒闭欠钱的事情，相对于他最信任的人不再能信任，请问哪一个是严重的？后者，因为再也没有信任的能力了。钱可以再赚，而人格是点点滴滴，是长年坚持、点滴血汗换来的，重量不同，所以崩盘的方式就不同。第八大罪"绝望"，就是没有人可以再相信，因此绝望，绝望的人走向自杀。

我们要让别人不绝望，让自己不绝望，就要永远做正确的抉择，不去做不该做的事，这需要相当的谨慎！这就是伦理上为什么要谈罪恶。罪恶指的是没有想到要利人——人生不仅仅是利己，还要利人；家人如果过得不好而我过得很好，我要想想看怎么会这样？

"灵魂界限"指的是灵性上很重要的一部分——人生的意义。我的灵魂活在这个世界上，这一辈子到底是为了什么？它是一个界限。当你朝着这个方向走，了解了这个意义，因而对你的遭遇甘之如饴的时候，你会很快乐，即使痛苦都会很快乐。孔子说，我这一辈子希望"老者安之，朋友信之，少者怀之"；学生颜渊说"愿无伐善，无施劳"；子路则说"愿车马衣裘与朋友共，蔽之而无憾。"（《论语·公冶长篇》）子路所说的是最容易达成的，再难一点的则是颜渊说的愿无伐善无施劳，代表人会抱怨，人没有得到共鸣就会很痛苦；劳苦的事情不要推给别人做，功劳不要自己往身上揽，这超越了人性的正常发展，这是第二个等级。

最高的等级是"老者安之"，老人家都能够得到身心安顿；"朋友信之"，朋友们都能够互相守住信用；"少者怀之"，年少的人都可以得到关怀。孔子认为，只有教育的志业才能够让这三个理想实现，一辈子都做不完，做到老还可以继续做，代表我这辈子就是要干这一行，没有第二条路，这就是他人生的意义；从事教育工作也让灵魂得到安定，死而无憾。这就是孔子的使命。孔子是我的典范，教育也成为我的使命，当我完成它时我也完成我自己，更重要的是，在过程里还传承给学生继续去完成。我经常在心里想，在这诡谲多变的世道里、人心这么不古的情况下，还能坚持这样做，不容易啊！春秋战国更甚于现在，所以孔子真是伟大。

有人说孔子这么做不自量力。如果笑别人不自量力，就要先笑自己真的懂吗？有一次，教育局办事员消遣我"你成立什么财团法人，财团法人都是企业界做的，你不自量力！"我听了真的是感慨万千，做好事还要被消遣！后来想想，我也真的不自量力，一心一意投入家庭教育，却不懂什么叫作财团法人！这就是生命里面必须要去面对的——别人都认为不可行，你还要不要做？当别人不了解的时候，你还要不要坚持？这是你自己要决定的。这就是灵魂的界限。**打击一个人最可恶的行径就是否定他人的价值**，有些人为什么痛苦不堪，甚至爬不起来？就是这个道理。所以说话要小心，一定要小心，不要否定别人生命存在的意义，那会万劫不复！千万不能对别人讲这样重的话。这么做，从佛家角度来看，五百世都没办法投胎重新做人。

刹那与永恒

接着谈到"刹那与永恒"。从内存界到超越界,也就是抉择发生在刹那之间,永恒的奥秘也展现在刹那间,意思是刹那与永恒在抉择点上联结了。比方说,当你决定这样做的时候,你意识到了,这个决定的意识就是永恒。我们不要讲太深奥。你意识到了,而且坚定了,往后的岁月你就是要这样走,这就是永恒。曾经有学生问我,如果在这个抉择点上抉择的是恶,也会构成永恒吗。其实,善与恶都可以运用这个形式,其结果不复杂,就是永恒留善、永恒留恶。在历史上的案例,就是孔子在思想上的恒善、释迦牟尼佛在心灵上的恒善,撒旦在变态行径中留下的恒恶、秦桧对付岳飞的心机所遗留下来的恒恶等。

密码与超越界

接下来就是"密码与超越界",统摄者(神、道)的语言使人获得某种启发而觉悟,以致改变生活的态度。生命充满了密码,人类从中发现生命的根源跟上天赠送的礼物。密码就好比我常喜欢讲的一句话:"当一个人知道自己为什么而活,就可以忍受一切苦难。"这就是密码。很多人听到这句话就觉醒了,生命态度改了!亚里士多德:"灵魂中有种非理性的元素…本质上与理性相反,它和理性对立、抗争…然而,从某一方面来说,非理性也受到理性的约束,参与理性活动而遵从理性。"这个密码显然很长,但是一看就懂了,反思生活中自己在理性与非理性之间的拉扯,原来它们在灵魂里就有这些特性。另外,很多座右铭也是密码。不要想太复杂,只要发现这话有道理，言之有物，马上改变，这句话就是很重要的密码。

密码是恩典。有些人可能一辈子都碰不到，有些人却在最垂危的时候正逢密码降临，让他突然懂了，突然觉得自己被光照了！于是改变原有的思维模式，仿佛整个人都醒过来！额外提一笔，真诚的人经常读到各种密码，所以《中庸》上说："至诚之道，可以前知：国家将兴，必有祯祥；国家将亡，必有妖孽；见乎蓍龟，动乎四体。祸福将至，善必先知之，不善，必先知之。故至诚如神。"白话就是："真诚到了纯粹的程度，可以预知未来的事情；国家将要兴盛的时候，一定有吉祥的征兆；国家将要灭亡时，一定有迷信蛊惑的现象；这些现象显现在蓍草龟甲的卦象上，在人们的行为举止之间表现出来。祸福将要来临时，真诚的人可以预先知道福将要来临，非福的事情，真诚的人也一定可以预先知道。所以至诚的人就像神一样通达知晓。"有人会说这不就是智慧吗？是啊，是智慧；别人的智慧之语就是我们困境的密码；我们得拥有密码，困境才能被打开。从统摄者的高度来说，他给密码的时候，通常也只有人们安静、孤独的时候才能够接收得到。

四大圣哲

最后雅士培提到四大圣哲。他说人就是奥秘，以四大圣哲为例，证明人的生命可以转化、再生、化解痛苦、化解罪恶、化解死亡。雅士培认为人类的典范有四位，苏格拉底、佛陀、孔子、耶稣。他们体验了人类根本而完整的处境，并且发现了自己在这个世间的任务，也就是他们各自的使命。我们可以从这个角度看到，人类的经验跟智慧在圣哲实现使命的过程中达到了巅峰；如果没有他们，我们哪知道什么叫作智慧最大化；当我们把他们的生命经历通通拉进来的时候发现，原来在这样恶劣的情况下，人可以选择变成这样，这就是潜能极大化的发生，让我们超乎想象。

四大圣哲就是选择"成为自己"的典范。我们回到"人的自由"来看，人类拥有成为自己的可能，并且要让每个人都成为自己，那就是你的自主意志永远都在你的身上。自主意志如果没有正确的理性、正确的认知，就会到处乱窜，没有正北方，也就是人生没有正确的目标。没有正北方就不能正确地选择，时间就浪费掉了！时间是有限的，被自己乱窜用掉，生命也就消耗了；消耗的不仅是时间，也同时消耗了生命的热能。所以**正确地选择，才能正确地完成自己的使命**。对这一点我非常有感应，因此我请孔子成为我的典范，他的使命也成为我的使命，这就是选择了：站在巨人的肩膀上，向上发展。

苏格拉底说：善是一种知识。**为什么善的知识这么重要？它提供生、老、病、死的素材，让我们省思问题与奥秘**。老、病、死是身体的状态，这种状态是我们在脆弱的时候，会选择容易而不是正确的途径，因而距离自己越来越远，所以我们随时要保持正确。保持正确本身很困难，所以雅士培说，"人类拥有成为自己的可能"。意思是这个可能也可能不发生。有些人成了他自己，有些人没有成为他自己，对于没有成为的人，我们会担心，这就是四大圣哲的心情，也关联着他们的使命；他们希望透过自己，让每一个人都知道：**当我们的自由意志可以自由抉择的时候，我们可以成为我们**，而我们挑的题材是最难的题材。释迦牟尼佛挑的题材很难，苏格拉底挑的题材很难，孔子挑的也难！耶稣的"博爱"，要先从"爱你的近人"开始，好难！这些难证明了我可以选择成为我自己，成为我选择的那个自己。

最后谈谈我的心得，先讲一个我自己的经历：父亲在对日抗战的时候曾杀过日本人，也曾受伤濒临死亡，战争的经历使他的潜意识经常处在一种不安恐惧的状态，后来我才知道，父亲是因为感恩修女照顾他的枪伤，才成为天主教徒，而直到第一次退休他才在每年圣诞夜去教堂望弥撒，第二次退休他每周都到教堂做礼拜。我问他为什么去教堂的次数比以前多了，他说常常睡不好，经常从梦中惊醒，我想起年轻时半夜醒来多半是父亲又做梦了。晚年的时候，父亲在夜里将睡未睡时会进入恍惚的状态，觉得那些鬼魂来向他索讨，睡着睡着感觉到被巨大的黑暗、无影的鬼魅压得喘不过气来，痛苦、恐惧却无力挣脱。

离世的前一个月他从医院回到家中，仍然处在痛苦中，希望我帮帮他。我说：您是因为时代的动乱而必须杀人。即使如此，您确实犯了错，您必须忏悔、道歉；您必须要对曾经伤害过的人说对不起，您必须勇敢地道歉（听到这里，他掉下了泪）。我接着说：现在有什么感觉？"我很害怕。"您害怕道歉？（他颤抖地道歉）"我……我对不起他们，我对不起你们……对不起，请原谅我，我不是有意伤害你们"。在父亲口中，他们变成你们，这是一个非常重要的转折，不再是间接的，而是直接向被伤害的人道歉。之后，据母亲告诉我，夜里父亲不再因恐惧而惊醒，我很幸福能把雅士培的知识运用在父亲的界限状况。

一个月后父亲住进了医院，这一次我感应到父亲不会再回家了。父亲过世前一周的黄昏，我看他精神还不错，就跟他说："爸爸您教我学会了什么叫诚实、正直和正义。我在您身上看到了正直，我也看到您为正直而付出代价。您还记不记得有一回被人家污蔑，您气到想要拿枪去干掉人家！"（他笑了，还拉着我的手）当时我跟您说："您有责任，不可以气到拿枪去干掉人家，您要让我们抬头挺胸地活在这个世界上。"（他点头，轻叹一口气）"爸爸，您是最棒的爸爸！因为您的正直、克制、替我们着想，让我们可以抬头挺胸做人，这是您送给我最大的礼物。您的精神在我身上不会丢掉，谢谢您照顾我们，您是我最爱最棒的爸爸。"（我抱着父亲，他也颤颤巍巍抬起手来）"我知道您快要走了，请您不要害怕；之前您已经道歉了，我相信圣母玛利亚会亲自来接您，你只要循着她慈祥的光、勇敢地跟光走，记得不要东张西望，顺着圣母玛利亚的光往前走。"父亲那一年踩在耶稣受难日那天安然离世。

雅士培："**哲学的意义在于：敢于深入探究人类自身无法抵达的根基。**"这一个过程就是超越。我能在父亲最需要的时候，协助他深入自身最无法面对的痛；他没有认为我是以下犯上，接纳了我的建议、正视他的困境来源。想安顿却得不到安顿，只有好好面对曾犯的错与罪才能获得救赎；道歉使他得到救赎、离开困境。**多年学习的心得让我清晰地明白，道歉是爱自己最强大的勇气与力量，它使人走过自己。**

通常人好好的时候不会想到老、病、死的内存问题，事实上内存的界限一旦降临，没有人的知识很容易恐慌从而让病情更加恶化。雅士培的生命处于随时都被界限状态包围的境况，他思考出来的议题，让我们看到他处在真实跟渴望的交界当中。我们可能会问：是不是要有超越界？是不是可以从超越界找到一些密码？所以他说过："**正因为我处在界限的状态，所以随时保持清明的心，可以随时跟超越界互相联系。**"当我知道有界限的时候，界限就不在了；我知道界限之外是什么东西。当密码出来的时候，就是你知道界限降临的时候，于是你能接纳界限、包容界限、庆祝界限，最后界限就不在了。

当界限不在的时候，那个"统摄者"拥抱了你；我们回到了"统摄者"，回到了统摄者的包围当中，于是他的哲学就完成了，这就是我们所认识的雅士培。希望我的分享能够还原雅士培生命的真相，让大家可以理解这样一个受尽煎熬的哲学家。他的背景让我们看到：**因为有苦难，所以有更高的创造性。对于苦难，我们要拥抱它，因为它给我们带来创造性**，这是我在本章要分享给各位的"密码"，希望你们收到了。

雅士培名言

一，对人来说，只有行动才能展现自由。

二，只有人类拥有成为自己的自由。

三，行动时若缺少充足的知识，就像船只航行在大海时却发现没有舵与指南针。

四，爱使生命提升，它让生命活出自己的真正样貌。

海德格
Martin Heidegger
1889~1976

去除遮蔽，倾听良知，不再被"过去的经验"绑架，重新写下自己的历史！

缘起:楔子

我常跟学生们分享:"你以为你所看到的世界就是世界本身吗?"这句话前面就是"现象",指的是,你所看到的是世界的现象;接下来说,"是世界本身吗?"指的是这个世界现象背后的真相。所以到底世界是什么?由此开始了一段由现象到诠释的漫长旅程。

生平背景

海德格的诠释学,对我来说,这是海德格最大的贡献,其背景是这样来的:我们人来到这个世界上,不是很自然地就进来,我们人是属于自然的一部分,换句话说,我们就是在那里,可是光是我们就是在那里还不足以证明这样的力量,更为贴切的讲法是:我们就是在那里被抛进来的。被谁抛进来的?被上帝抛进来的。把你丢到这一家,把你丢到那一家,连改都不能改,这就是命运。我的命运是什么,就是我这个人所独特的,可是我们所独特的事情是什么?是我们每一个人都被抛进来,每一个被抛进来都不可逆,不可逆就是不能违背,不可以说把我放回去吧!所以你只能到了这个窝,就在这个窝里面长大,然后证明我在这个窝是对的,证明我处在的这个环境是有意义的,它对我的生命来说是非常有价值的。在这样一连串的叙述当中,其实就已经从现象走到诠释。

胡塞尔是海德格的老师，胡赛尔之所以会用现象学，是拿来严谨地对待科学，因为科学是因人所产生的，不是被抛进来的；科学是被动的，它必须由人来诠释。他用现象这样的真实处境，来对付科学，因为科学不会自己产生，必须透过人类的思维来让它呈现，呈现的时候，现象被说明了。

胡赛尔启发了海德格，同时启发了汉纳·鄂兰，但是海德格的领悟力比汉纳·鄂兰更高明，因为踩在现象学的基础上面，海德格又更胜一筹；他从我们所看见的现象本身，继续在这个基础上面延展，去思考到底这个现象是怎么来的。我们很多人看到现象就从现象解决，看到现象就从现象来看这个社会，这就是汉纳·鄂兰的状况；换句话说，她从眼睛可以看到的这一切，从这个定点开始出发思考政治议题，但如果政治不回到本源的话，她能够看到、想到的毕竟是肤浅的政治。

所以为什么没有特别把汉纳·鄂兰摆进来谈，原因是如果从哲学的角度来看她的政治哲学，会觉得她的理论不够，而海德格却可以站在这个基础上面继续向内探寻。很有趣的是，胡赛尔在跟海德格说话的时候就发现，他的现象学到了海德格的手中，已经变质；这个学生已经站在老师的肩膀上更上层楼。

海德格28岁结婚，而在35岁与汉纳·鄂兰的互动中产生情感。后来向妻子坦白情感出轨，并且跟妻子说，汉纳·鄂兰是他的灵感泉源，意思是结婚七年了，他渴望在研究的领域能有一个互相启蒙、互相撞击的友人，使自己能更深一层探讨"存有"的概念！这就是诠释学里面讲到的，我认识这个人，我把这个人打开来看。比方说我第一次与李同学见面，见面之后说，啊这是李同学；日后跟他相处久了，发现李同学的特质：学习的风格，为人处世，有什么样的价值观等等，我把他通通分开来了，这叫解构；解构之后一块一块分析，而在解构与分析的历程里面，我越来越了解他。我可以明白他内在想法的律动与联结，因此我理解他也越来越多。然后我可以说明他的一举一动背后的原因和处理事务的道理和想法，这就是诠释，以及诠释所产生的新的见解。

海德格跟太太说的是，他没有办法跟太太沟通，苦闷！怎么办？对他来讲，这是生命非常痛苦的处境——别人都可以跟所爱的人在一起。与所爱的人在一起，你一定会想跟他说话、分享。海德格心里有一些很真实的处境没有被充分理解，也无从跟妻子沟通，而汉纳·鄂兰可以跟他讨论他的心得、领悟与创见。胡赛尔的现象学带给他们许多振奋与愉悦。学问的路上，三人行必有我师焉，可是当彼此之间互相知心时，更困难的是，在伦理的尺度上，必须节制自己的情感，这是婚姻的考验。**人之所以伟大是因为懂得节制，人可以从应该的、必然的现象里面，懂得适可而止，当行则行、当止则止，这是老子的思维。**这个止是多么不容易，而海德格没有真正掌握到老子的段数，没有办法，因为他停留在情感知音的需求里，没有办法不说，没有办法离开默契者，更没有办法剪断渴望，这是他思想中的断崖。

断崖一旦铸成，海德格就没有办法伟大；伟大是你可以把她切掉——我可以跟你讨论，我可以很欣赏你，可是我不踰矩，我不做逾越伦理的举动，不做任何违背真诚的事情，才能拥有干净的思维。**人的伟大是来自自控——自我的控制，我们常说这叫"节"**；一个人很有操守，很有节度。这是我们理解海德格跟汉纳·鄂兰的关系之后，看出他的生命在这样的状况下，为他的哲学产生了什么样的缺憾。孔子做得到，庄子也做得到——庄子也很苦，老婆是一个农妇，可是庄子非常清楚，我不能要求你，因为你是我选的；既然你是我选的，即使你不能和我讨论，我都要自行承担。当我特别渴望共鸣时，代表情感的欲求使我打不赢自己。

为什么人认识自己那么难，总带着幻想，幻想着我可以怎样，同时又怀疑做得到吗？因此焦虑、担心。如果真的做到了，又会想：我这样做值得吗？而且做到之后，还会有一种内在隐藏的期望，希望别人看懂我、给我嘉勉。还有一种是，我真正做到了，我不管别人，反正是我自己的选择；我真正做到了，仰不愧于天，俯不怍于人；我完成了自己生命的任务，这就是人格的境界，一层一层往上爬，这些选择都注定了人格的高度。我们没有办法说，海德格拥有高贵的人格；既然没有高贵的人格，请问他的哲学怎么可能周延？

海德格没有认识到人还有其他与生俱来的直观、洞察等能力。1933年他44岁，答应了纳粹担任校长的职务，虽然隔一年就下台了，但还是有人指控他为纳粹做事。回到历史来看，海德格接任校长时，希特勒刚刚被任命为总理，全心放在巩固权力上；海德格卸任校长四个月后，希特勒才正式以"元首"的称号成为德国最高统治者。这段时间，纳粹发展的重心是在政治上，对于海德格的大学影响不大。那海德格为什么不回应指控？因为35岁时，汉纳的事情让他受到了质疑，人格操守的污点他说不清楚讲不明白，没办法把界线划清楚。

在第一、二次世界大战的时候，人类失去了判断的依归，海德格却做了把脚砍断的事情，那就是把古典哲学通通推翻，他要自创新法，可是又没有依据，这就是陷阱，非常大的陷阱——他不知道他的"做法"，阻碍了未来思想的发展。所以黑格尔说"我们从历史中得到的唯一教训就是没有教训"，因为我们没有真正地走进去看清楚，理解历史到底是什么样的本质。

世界必须要解构，分成许多洲；每一洲里面的国家，社会文化是不同的，时局也是不同的，但它是一个完整的格局，也同时拥有它在现象背后的规律；从人类的角度来看，诠释存有才能使生命有安定的基础点，这是全人类普遍的需求。

家庭背景

父母都是天主教徒，他被抛进了教会家庭；家乡是黑森林旁边的农村小镇，他被送进教会学校读书，同时准备将来当神父。早期一般比较贫困的信徒会把孩子送到教会念书，让孩子一方面可以学习知识，还可以服侍上帝。在学校他学习了希腊文与拉丁文，以便充分认识圣经要义和古典哲思。后来因为他跟神父借阅布伦坦诺的《亚里士多德所说的存有的多重意义》，看完之后对存有问题产生了兴趣。

生涯发展

先学神学，然后转入哲学，同时研读人文科学与自然科学。27岁获得弗莱堡大学讲师的资格，33岁担任马堡大学哲学系副教授，35岁在马堡神学家协会演讲"时间概念"，认识女学生汉纳·鄂兰，38岁发表《存有与时间》而声名大噪，39岁胡塞尔退休，他接任了弗莱堡大学哲学讲座教授，从此一路沉浸在哲学的领域里。晚年过着隐居的生活，87岁，也就是1976年在故乡黑森林辞世。

思想背景

海德格受到基督教、古希腊哲学家、柏拉图、亚里士多德、康德、黑格尔、齐克果、尼采与胡塞尔等人很深的影响，一辈子关注

"存有"议题，也就是抛弃传统的方式来认识上帝，采取抽象的存有概念来谈上帝，并透过现象学与诠释学交互运用，发展出存有是每一个存有者的根源，讲得比较白话一点，就是上帝是每一个活着的人的根源。这个概念相当于比他老两千多年的庄子讲的"道无所不在"。事实上，海德格在1947年曾与学者萧师毅共同译读《老子》，但仅译了八章后便放弃。

思想精华：前期思想

被忽略的"存有"问题

接着要介绍，被忽略的存有问题，"存有者不等于存有"。什么叫作存有者不等于存有？换句话说，存在的这个人不等于他存在。我念哲学系的学生说，哲学系老师解释存有者不等于存有，以跑者不等于真正在跑来说明。在这句话里，命题是什么（命题就是指真正的题目，真正要谈的问题）？我们把重复的字，"跑"，挑出来。所以命题是跑。接着进一步判断。判断的层级在哲学里主要是澄清概念、设定判准、建构系统。澄清概念在此指的是"跑"，判准是你"有没有跑"——真正在跑的人就是真正的跑者，如果你没有真正在跑，你就不是那个真正在跑的人，你的跑就出了问题；你不是真正在跑，就不懂得什么叫作跑的那个人。这样解释，看似把本来很简单的变复杂了，但是没有经过这个复杂，就不知道怎么样回到真正的议题上。

海德格是德国人再加上信仰天主教，必须遵守纪律原则，遵守道德伦理，当他违反了信仰，便跑去跟太太告解自己有女朋友，让太太知道他的需求。这是把太太当妈妈看——他把自己弱化成小孩，而告解又把太太神格化！我们可以说他很单纯，也可以说他对于感情极其无知，一意孤行而伤害妻子，黑暗在海德格身上发生了，这就是当他谈存有与存在本身的时候不能再提升的原因。然而他提出"存有者不等于存有"这个观点还是很棒的。最后他证明一件事，我是活着的人，但我没有真正地把自己活出来。

当我们说"存有者不等于存有"的时候，必须先问"存有者"这个人。"者"代表人，这个人到底是什么？人是"此有"（Dasein），"此有"就是在这里的存在；像我们所有在场的人就是在这里的存在——"在世存有"，就是在世界中存在。海德格提出"存有与时间"的概念，我们每个人都有时间，时间是很特殊的东西，我们感受不到它的存在，但它是存在的，只是我们没有办法透过非数字化、象征的东西或实体，很具体地看到时间。我们身在一个处境里面，不知不觉过了多少时间，我们没法精准地说，一定要依附在具象的物体上面（比方说时钟）才知道我们失去了多少时间。有人形容时间是，一个不断流动的过程；有人则说，时间比较客观，但体验时间的感觉很主观。对人来说，时间是有限的。

时间有一种力量在里头。什么力量？跟我之间的关系，有其张力的表现。我描述时间是冷酷的，是无情的，是杀手；通常在它的背后，隐含着死亡。因此在这样的过程当中，它产生了一种具体又内在的情感悬念。在海德格的论述里，他说挂念；存在主义心理学家罗洛·梅也曾经谈到"挂念"，为什么？因为这是一个非常重要的存在议题，只要你活着便会与人有关系，必定会有相关的情感出现。海德格常常希望我们可以找到一个很明确的关系定位，而关系在时间里展现。

我们有关系，但我们经常不在一起；虽然不在一起，但我们又必须有些表达，因为有关系在，挂念同时存在。比方说，许同学去了北京，跟她有关系的人开始把一颗心悬在那里，悬在那里想到她就会思念她。以关系来看，至少有四个人会思念她，分别是父母亲、弟弟和男友。这就是挂念，挂念在时间中进行；最吊诡的是，它的热度也在时间中消失。所以有人说时间会使你淡忘，时间会治疗你的伤口。很多人都不愿意接受异地恋情，这不仅是时间的考虑，也有空间距离的阻隔，当这两样在情感的需求中不能满足反而是阻隔时，恋情就很难继续了。

时间这个具体、表象的文字，其实它背后有这么丰富的内涵，而让我们觉得最痛苦的是，我们永远不知道什么时候能够完整地拥有时间，拥有多少时间！就像我的朋友李国修，过世的时候58岁，而他真正开始走红剧场的时候已经将近30岁，后来的20多年他娶妻、生子、拼事业，算起来，他的人生多么短！他的走对台湾剧场是非常重大的损失。他走后，我再一次反省时间对我的意义，如果我们用这样的想法来看时间，还舍得拿时间来生气吗？还舍得拿时间来谈无谓的事情吗？再想想，假设我只能活60岁，活过60岁以后算赚到的，那我现在离死亡还剩六年。一天24小时，扣掉睡眠8小时，少睡点6小时，但浪费一些时间吃喝拉撒还是算回8小时，于是我一天有16个小时可以运用，一年365天，我只剩下6年，请问我总共有多少时间？如果我算得出来我还有多少时间，请问我为什么要给你我的时间？所以，**爱等于把自己生命的时间拿出来给对方。给时间代表给生命，代表我看重你**；多数人根本没有办法了解这样的状态。

人是"此有"与"在世存有"

1. 此有与存在

回到真正的存有与真正的存在，很重要的部分是，当我们真正存在的时候，我们可以看到，存在与挂念的重叠。海德格说，人是"此有"相对于"过去"，而此有"现在"又必然面向未来，亦即在这（此刻）的跑者；"在世存有"，只有此有存在，才会"有"在世界中的存在的可能性，说得比较简单些吧！在世界中存在的跑者。此有与存在，人的存有表现在存在上，而**存在就是，在世界中活出自己，而非成为他人或群众；在世界里成为真正在跑的人；让自己站出来**；海德格称之为"本真存在"。本真存在是真正的存在。**真正存在的人一直处在挂念中，关切自己的存在，同时也关切他所关切的人的存在**。这些都是结构性的语言，一般人不会用这样的语言说话；如果懂得这种概念结构性的语言，代表可以涉猎比较复杂的题材。

真正能证明你存在的只有一件事情——如果我在学校所受的教育偏向技术与反复操作的训练，毕业后想做服务业，那什么最重要？"以人为主"最重要。你没有先拿出对待客人应有的态度，你给技术我还不一定要呢！只有技术，没有设身处地地为我想，让我觉得每次被你服务，像是来给你操作的！有一些护理人员常常做这种事，自认为讲话头头是道，却只让人觉得头痛，不知道该怎么办。我们去治疗不是为了被操作，还要有被操作时的在乎感；许多护理人员就是搞不清楚自己的定位，要不我们为什么要纪念南丁格尔。再举个例子，开发客户最重要的是勤跑、耕耘；骑着摩托车到处跑、到处拜访，许多成功的人都是这样跑出来的，只有跑，才能够真正把跑者的力量显现出来；真正的跑使你站出来！就是本真存在。

2. 在世存有

关于"在世存有"，人与世界的关系不是主客对立，而是人被抛掷到这个世界中，与他人、世界建立关系。例如与亲人建立关系，我们接受这个关系，是被动而不是主动的，因为我们被抛进来，这处境人人都会经历。其中很重要的是，当我们被抛到这里面时，从独立的自我变成完整的我们，而我们在环境里面从我到我们——这个家有我，有父母，所以我们是一家人。想想看，当我们没有说"我们"的时候，请问"我们"是不是存在？当我们没有说"我们"的时候，在家这个议题上，"我们"已经存在了，先于你存在，因为这个"我们"可能已经包含两个（父母）、三个（父母加兄长），而你进来是第四个。

当我们开始有这个概念的时候，"我们"应该是一种什么样的关系？举例说明，妈妈和爸爸的角色，从两个独立的个体变成"我们"，也代表从过去走到现在，这是时间的关系；在时间中我们有了关系，同时有了不同的称谓（定位）；有了不同的称谓表示要因着关系升级，挂念升级，比方从小姐变成太太，你要如何保有自我的定位，同时升级成为太太的定位，也就是从独立期变成互赖期？而当你开始有妈妈这个角色定位的时候，是不是又从太太升级了？很多人的辛苦在于厘不清同时间有自我、太太、妈妈，三个角色重叠；一般说来，如果太看重其中一个角色，另外两个角色就做不好。但事实上我**们是在自我的角色中加上一件外套——太太，接着再加上一件外套——妈妈，轴心的自我向外加角色，而不是自我、太太、妈妈都各自分开**（以后谈家庭教育再详谈，我是怎么将哲学运用在家庭教育范围）。

哲学最可爱的地方在于，透过解构把状态解开，给你提醒，你就可以把它做好。当我知道我现在是我，同时是太太、妈妈，所以这个"我"也因为增加了两个角色变得更加完整，而不是早知道就只要我这个角色，不要当太太，也不要当妈妈，一个人多自在！去撒哈拉沙漠旅行吧！要不是被你们绑着，我早就去撒哈拉沙漠了！我们总认为在面对先生、孩子的时候，我还是我，而忘记了我同时是妈妈、是太太，或者是先生、是小孩。西方人很早就接受这种训练，我们在这方面的着墨比较少。当一个人知道这个我同时兼有什么样的角色、他要完成什么样的关系，他有什么样的权利跟义务时，请问这个人对于这个我是不是知道得比较完整一些？这个我才等于真正存在，真正在跑的我；把角色加进来，把同时性加进来，检核我是不是把太太、妈妈真正做好了。**我们在论孟经典里面到底得到了什么？得到的就是做人处事的道理；先说做人后说做事，做人就是认知增加的角色，接着就要把角色放在处理事情上，两者结合起来，就是真正活在这个世界上的"在世存有"的跑者。**

3. 此有的三重结构

接着来看"此有"的三重结构。人具备三重结构，第一个是，对处境深切体会的"心境"。对现在的处境，我们很深刻地体会到自己的心境。心境是什么？是我们人特有的。比方说各位从外面走到里面来，请问你们有没有所谓的心境？上课时有没有心境？第二个是逐渐"理解"自己跟世界的关系，并且筹划自己的存在。你越来越理解自己跟这个世界的关系，然后逐步地去筹划。筹划是什么？就是计划、筹备，让自己能够很明确地存在。为什么我要花15年栽培自己？就是这个原因。**人可以筹划、规划，筹备自己变成那个可以真正跑步的人，真正活出来的那个人。**

我们常常抱怨，世俗否定、拒绝你喜欢的，因为没有饭吃、没钱赚，所以不可以去做。可是你有没有想过，如果这就是你的特色（天赋），做了都没有饭吃，请问做别的真的能做好，真的就容易有饭吃吗？这不是很吊诡吗？为什么许多人干一行怨一行？因为那不是你的天赋，没有天赋就不容易有成就感，没有成就感就没法真正地喜欢。**我们看到一些坚持完成自己天赋的人，即使苦还是很快乐，即使煎熬一样觉得很有收获；他自己愿意承担这样的冶炼和淬炼，时间到了自然会有成果。**所以我们才会说，这个世界是属于勤奋的人。有了天赋之后，知道你适合什么，喜欢什么，接下来就要勤奋了，这是无法推卸的责任，勤奋地去实践、勤奋地跟挫折打交道。海德格告诉我们，透过这样的理解你会发现，原来这才是生命真正的力量。

"此有"的第三个结构是经由"言说"表达自己的心境与理解，传达并赋予意义。言说的意思非常有趣——言说就是说出"我希望"；当我跟别人说的时候，代表宣示的意味。但是如果我没有对人说，是不是不算宣示，将来不用负责？这就是人的内在心境。人不喜欢对别人说，因为自己说的会造成自己的负担，害怕别人说自己食言而肥；在心理的向度上，人之所以不说，是因为不想给自己额外的重担。**不说你内在想要成为的"真正的自己"，因为没有说，所以旁边没有人激励你；生命冷却的时候，没有人激励你，你成长的速度就会变慢，甚至忘记。所以言说有它一定的意义跟价值。** 反之，如果你常常说，也会被人家念：你昨天说，今天也说，到底有没有做？这也麻烦，所谓适当就是你有认知的能力去调节你所说的话，这对年轻的孩子来说是困难的，但是对年纪比较成熟的人，如果不说只默默地做，也会有内伤。

海德格对人跟事物、人跟世界的关系会加以分析，人起初认识事物并不是将事物当成跟自己毫无关系的东西观察、看待，而是从认识跟自己有关系的事物开始。海德格提出"此有"的三重结构：心境、理解、言说。

4. 此有的沉沦

接下来讲到，"此有"的沉沦。在闲谈、好奇与模棱两可中，"此有"遗忘了真正的自我。这个沉沦也是我们必须要去检视的，例如，我们跟人聊天，把时间拿来嗑瓜子、瞎聊天，是不是就不知不觉丢掉了该做的事？如果你想要表现出你这个人真正独特而唯一的想法，你不会把时间放在看电视、玩电脑游戏、瞎聊天上头。当我们检查自己在这个过程当中，在实现变成"真正的跑者"的时候，要把时间算进来。所以我可以浪费那些时间吗？这就谈到史蒂芬·柯维很重要的一个习惯叫作"以终为始"，里面提到时间象限里重要与紧急的排序与分别，这也是存在主义对现代管理学所提供的非常重要的元素。人性往往趋向舒适、轻松、快乐、玩耍等，遇到事情往往会模棱两可，所以在群众中，丢掉了自我！这是我们经常会忽略的事情——**我们很担心自己不是群众的一分子，但我们同时也要担心我们在群众中遗失了自己。**

此有与时间

接下来谈"此有与时间"。人受"过去"支配而被抛掷于世上，"现在"存于世界中，筹划与开创自己的"未来"。人是走向死亡的存有者，随时都可能会死，这番处境使人焦虑，而不得不面对自己，从沉沦中惊醒。当你发现此路不通，周而复始，惯性充斥的时候，难道不会惊醒吗？惊讶自己怎么还陷在这个泥淖中没有警觉。没有发现自己常常在做一些无谓的事情，结果时间过去了，对于真正该面对的议题却没有拿出应有的态度，没有真正地理解！难道不觉得痛苦吗？因为在群众中遗失了自己，时间就这样丢掉了！然后突然发现别人都跑在自己前面！此时如果能去除遮蔽，倾听自己的良知，就会发现自己没有好好为自己的历史负责！忽略自己有责任面对重要的事情，忽略自己拥有自由的选择权，使自己无法真正存在。我们要说，在无目的的状态中，心在不在？当我们碰到困境、找不到自己的时候心在不在？心都还在，但已经处于焦虑、无力的状态中，而时间也流逝了。

人是"走向死亡的存有者"，随时都可能会死的处境的确让人忧惧，而不得不面对自己，要让自己从沉沦中惊醒。如果没有预先准备的经历，如何说服自己，自己可以做得更棒？这个更棒的人不是别人，是你自己；你不需要想到姜涵、林侃老师，因为那个真正的跑者是你自己。"人之所以困难，是苦于没有典范，苦于自己不是自己的典范"。这是非常精彩的座右铭。人苦于自己不是自己的典范，必须要找别人，而且对象还不见得靠谱！所以你可以经由抉择试炼自己，而抉择的经验会让你更懂得抉择，懂得什么是你的良知、面对曾经有过的真正的自己。

关于此有与时间的观点是，去除遮蔽，倾听良知，写下自己的历史，不再被"过去的经验"绑架！

思想精华：后期思想

真正活着是"我理解"生命的可贵，"理解"对好好活着来说是一个重要的关键，钥匙转动了，为更好的自己预做准备地活在当下；理当好好拿出态度生活，才能安心无愧地离开人世。这个看似遥远的目的，背后是一个大目的；对人类来说，这个大目的没有一个人可以离开。谈到"存有"，海德格也意识到最后的"存有"；认知上，他还是要回到虚无——不是存有时的虚无，而是结束之后的虚无。这是讲到海德格晚期思想精神前要先说明的。

从存有到存有者

海德格后期思想是从41岁（1930年）开始；从存有到存有者，放弃了前期思想的进路，改为直接聚焦在存有本身，但仍思索人要如何成为自己,为被抛掷且终将一死的命运找到意义,并安住于世。"聚焦"是一个很重要的词,当我们聚焦时,过程中就会为了聚焦而选择性地收听,自然而然地选择性地学习。换句话说,当你在意识到"我要做这件事情"的时候,你同时要知道,我为了这个选择而忽略了对根本"有意义"的事。概念是这样的,我现在想要吃香蕉,桌上同时有苹果、水梨、山楂、橘子,但我的焦点只有香蕉,所以我在这一堆水果中只看香蕉,其他的水果都不在聚焦里头。想吃并不代表我适合吃,就像我,挑了最好的香蕉,却忘了我的体质不适合吃香蕉;想吃水果又要对肠胃好,苹果才是最恰当的选择。

吃水果时并没有"真正想过",现在对身体最有意义的水果是什么,没有投入这个知道,那么我这个知道,这个面向的知道,失去了"选择可以关照我生命的知道"。一个人如果知道这个逻辑的话,还会轻忽、怠慢自己的生命吗?**一个人专注地面对他的知道,最起码知道他的面向,但光是这样还不够,他同时也要知道,跟这个面向的根本关联,要不然他会因为聚焦而忽略了完整生命的需求。有趣的是:聚焦常常是我们达到目的非常重要的视野,同时也是让我们产生遮蔽的盲点。**

存有当前的命运——虚无主义

完全以人类为中心而强调统治、主宰世界的技术,将世界当成工具,由此失去了"家"。虚无主义完全是以人类为中心点,站在人类的立场;人类是万物的主宰,所以只有人类的世界才是他看重的,其他的全是工具。这样说还不够到位,因为人的资质还分上等、中等、下等。如果说,从"人类的万物存有"这样的立基点来看,人类是最高主宰者,只要有人这样想,他一定会把人分等、分类。

当我们开始以人类作为中心的时候，世界就不再是我的家了，世界是我所掠夺的财物，因为我可以主宰这一切；我可以利用这些资源做我要做的事，就像对热带雨林的破坏、滥垦滥伐这些可贵的自然资源。把生态当成工具在用，这世界将会变得多么可怕？资源不会说话，被运用、利用着，一步一步濒临灭绝。如果换成人，他不会思考，不能够说清楚讲明白，他可能会变成被利用的资源，不想成为被利用的人，就要知道自己现在是什么，将来要成为什么，在现在到未来的过程中不偏离正确的道路，知道自己身处的定位，才不致恐惧虚无而成为虚无。要学会表达，表达可以免于焦虑，焦虑来自我们害怕未知，而未知被情绪放大的时候，就被虚无吃掉了。

真理的本质

怎样才不是工具，而是目的？这就要谈到真理的本质。真理不是人的判断与事实相符，而是去除遮蔽。**世界中的事物既遮蔽又无蔽，若只紧抓无蔽的部分，便会走向"遗忘存有，而紧抓存有者"的虚无主义。**意思是说，我们有没有能力去判断事实？但事实往往不等于真相，那我们有没有判断的能力可以去除某些看起来类似真相的事实？这是比较难的，需要思辨。

以车祸为例，你看到的事实是机车骑士倒在地上，有的人看到司机下来把车移走，还有人看到司机把人扶走，分歧的角度与时间点代表这些事实都不是真相。如果你以经验模式说："哎呀！骑机车的人一定是乱钻啦，都是这样的啦！"那把这些事实给你就没有意义了。你带着过去的思维看这件事情，而你过去的思维是一种"事实的"思维。"事实"指的是在你的思维里面它已经定了，然后用它来界定所有你现在看到的这一切。换一个比较熟悉的说法就是"经验法则"。经验是事实，这个事实相当于经验累积出来，所以我用过去事实的观点来检核这个车祸的事故，于是我碰不到"这个"车祸的真相。这种化约式的思维，到最后变成看事情的角度，你会发现你没有办法真正地去除遮蔽。所以海德格说，世界中的事物，既遮蔽又无蔽。这些东西都在一个人的身上，只是我有没有能力去意识到"自己用事实的遮蔽"（认知上、事实上的遮蔽）在看眼前这个事物。

　　回到车祸事故，我看到的场景是司机下来，把车子移走，所以从旁人看到的部分来说，旁人觉得司机是个好人，他把车子移走，让交通可以顺畅。这是无遮蔽也同时是遮蔽，遮蔽的部分是没有先考虑受伤者的情况，因而没有救人第一的想法。细讲下去，车道行进中的人会感谢司机保持交通顺畅，受伤的摩托车骑士就会怪司机没有先探望自己，就急着把摩托车移走。我们每一个人都用眼睛看到不同的事实，只有受伤的人清楚地知道自己是因为对方突然改变车道，自己刹车不及而受伤；司机自己也清楚自己突然转换车道，造成对方的伤害，但司机先因为自己的目的受阻而突然更换车道，这是第一个不应该；发生车祸心里明白是自己的错，就先把摩托车移开，这是第二个不应该；最后才探视受伤的人。

　　海德格认为：**真理不是我们的判断或者跟事实一样，真理是"去除遮蔽"**。在这个世界上所有的事物既遮蔽又没有遮蔽，如果紧抓住没有遮蔽的部分，便会走向"遗忘存有而紧抓住存有者"的虚无主义。这句话非常有趣，比方说："我这个人最客观了！"意思是说，我这人很客观，所以不会主观；我这个人没有被主观遮蔽，所以我是客观的。可是当一个人说我很客观的时候，他正在以主观的立场说自己是客观的。以海德格的观点来说，这就是遮蔽。当我说我是客观的时候，我会遗忘客观的本意，而紧抓住"我是客观的人"这个说法。有趣吧！

"同时"指的是当我在开车时突然转向,同时要提醒自己,有其他的可能,或我没有看到的部分。通常开车的时候突然有人闪出来,令我很焦虑。其实我是对的,他是错的,但我依旧有压力,因为万一他被我撞上了,虽然我可以不负责。可是我没有办法抽离自己对自己的道德期许,我认为自己有道义责任;反之,如果我没有道义责任,抽掉道义责任,我就走向虚无。**道义责任就是让我们可以避开虚无非常重要的"内在良知的期许"。**

所以一个人如果紧抓住无蔽,说"我没有这样做"、"我没有那样"、"我都没有怎么样",即便真的是没有怎么样,但是我们还有责任!卡缪说过:"人除了幸福之外还有责任。"**责任就是不要只看到其一,你还有另外的部分同时要完成。**如果只看到幸福,为幸福而幸福,那么一切都会变成工具,没有遮蔽就会变成遮蔽——幸福就成为你的遮蔽,这才是不幸!所以**遮蔽与不遮蔽不是单独成立,一定是同时——我追求幸福的同时还要把握责任。**这样就不会被遮蔽。要得到幸福,必备元素是责任。

艺术与技术、思想与哲学、诗与语言

"在现今强调技术,以人类为中心的哲学跟日常语言之外,存有仍有展现自身的机会;在艺术、古希腊思想与诗之中,在这些事物中,人将发现存有便是能让事物去除遮蔽的根源;**人必须开放自己才能倾听存有的奥秘,找出如何与万物共同安住在这个世界上的方式**"。这句话里他想说的是,我们现在看到艺术作品的时候,看到的是这个艺术的表现,而我看艺术作品时,常带上比较挑剔的眼光,因为艺术品里应该要有一些元素,好比大卫雕像,他表现出来的是内在的恐惧与焦虑,在雕像中这些元素昭然若揭,直接告诉你背后真实的心灵状态，这就是美。所以**真诚为什么美？因为它是真实的心灵状态。**

当一个人不安、不忍的时候其实很美。很多人说我不要不安、我不要不忍，我最好不要有那种时候；其实**碰到不安和焦虑才是人真正美的时候，因为这是人类特有的真实状态，你避开了这个状态就不美了。**当一个人很煎熬的时候，我觉得好美！为什么？因为你沉入其中，参与了那个议题，然后呈现了原始的真实，我称之为美。所以海德格要告诉我们的是，**以真理的本质"去除遮蔽"来看待艺术，以艺术品的展示联结与世界的关系，揭露存有（上帝）的奥秘。美的感受并不是作品带给人快感，而是领会存有、去除遮蔽的契合感、回到原始的真实感受。**从欣赏者的角度来说，看艺术品的呈现，让我们穿越作品直接链接上帝与创作者之间的奥秘，同时被他与作品震慑，仿佛他们直接走进我们的心灵。除了大卫雕像外，在欧洲有很多教堂中的艺术作品都有这种调性。

又如，在一部影片里，女主角向男主角说："你不懂我，怎么爱我？"因此男主角帮助她完成个展，这就是参与；参与就是一种美，而爱是邀请，邀请你参与我的生命。爱也是成全，成全你可以成为你，代表我要关掉很多东西，要绑住我的手，才能够让你有自己真正的力量，尤其是对父母来说，绑住手是一种美。我自己在跟孩子互动的时候，我会去约束自己，不要做不该做的事情，因为如果我插手的话，他们会受到我的干扰，就表现不出他们真正精彩的部分。但是不干扰虽然好，又不能不指导，这两者怎么抉择？我选择以原则为中心教育孩子。

回到艺术与技术的部分。现代出现了一个很大的问题——技术已经超越人性，当我们开始使用技术的时候，有很多东西都变质了。例如我们都知道，网站上有每一个用户的数据、资料。如果今天你的公司要上市，你要经营网站，你想到香港注册，因为香港比较自由，你觉得在那里比较可以掌握公司的经营权，或者，你也可以选择美国。假设你有两千万个客户，当你到别国注册时，是不是这两千万个客户的资料全到了他国手上？是的！但是很多人不重视这个，也不想那么多，只负责使用。换句话说，这个技术已经超越了原来的目的。

很多大公司知道网络会带来内部数据与外部的链接，所以会特别设立不联网的电脑。我们有时候为了方便以至于忽略客户的权利，所以不美了！这就是技术的流弊，因为方便、操作容易，带来很多扩充，于是我们的心也就变了；我们不想再努力面对麻烦、再维持该有的原则，我们直接登堂入室，直接绑架！如果消费者不提供个人资料，就不能使用某些服务，于是消费者必须提供个人资料，好让他们从这个基础上扩充发展。我们的生命已经与科技联结，似乎到了无法切割的程度；当游戏公司给玩家什么游戏，他们就在游戏中被影响了；游戏里看起来过关斩将都是选择，但这些选择都已经设定好，没有设定以外的选项！仔细想想，在科技游戏的背后，我们真能有完整的人性发展吗？无怪乎，觉察程度不够的人将虚拟世界的思维直接用在现实世界，造成自己强烈的心理落差，影响了自己甚至别人的生命，这是非常严肃的议题。海德格并不认为从此不要科技，而是要回到根源，不可把技术（游戏）当成首要思维，这样人才能跟事物共同安住在这个世界上。

海德格认为自己是思想家，不是哲学家，他认为，哲学探索人的最后根源时，即使生命走向死亡造成虚无感是事实，但仍可探索另一种可能——存有统摄的一切（类似老子的回到"道"中）。希腊哲学在苏格拉底死后，从柏拉图开始，真理的本质已经转变，变成人的想法是否符合事实（存有者）。在海德格的想法中，现实世界只关注存有者（事实）而遗忘存有，造成了思想与世界对立，从此埋下主观与客观对立，为人类种下虚无主义的种子。海德格认为哲学走到虚无主义代表已经走不下去了，言下之意哲学已经终结了。他认为自己在抛弃哲学，回到古希腊的思想时才发现当时的哲人仍活在存有展现的时代，从中领会一切事物既遮蔽又解蔽。由此，人必须保持开放才能看见事物与世界的可能与奥秘，发现存有正是让人能去除遮蔽的背后力量，进而追求成为自己，以展现存有。

接着谈到"诗跟语言"，海德格认为语言能展示事物之间的关系，在其中既遮蔽又解蔽，所以人必须先学会倾听才能真正地表达。从表达的经验中，说话最初的想法是呈现对方（人、事、物等）与我之间的关系，因为已经先倾听跟领会事物和我的关联，才用语言呈现这份关系。例如："外面在下雨。"这句话并不像我们习惯认为的，就只是指室外的天气状态，而是用这句话联结环境跟自己的关系。

然而日常语言常常都是表现人与人对立、人与世界的距离等，而不是表达人跟世界的联结，因此海德格就探寻最纯粹、本质的语言——诗。海德格认为诗是展现统摄者的舞台，用最精练、精准的言语表达人与世界的关系；人可从语言中发现人与世界的适当关系。诚如：独坐幽篁里，弹琴复长啸。深林人不知，明月来相照。（唐·王维·《竹里馆》）让"诗意栖居"在这个世界中。诗的意涵往往并不容易懂，这正符合海德格所主张的要人放下原本的思维，用思想倾听诗中存有（统摄者）的展现，重新发现人与世界的联系。

艺术、技术、思想、哲学、诗跟语言，背后都是告诉我们，怎么样能够安定自己，然后跟这个世界共存。人类不是主宰世界的核心，这世界的万事万物跟我们都是平等的；因此使用世界的资源，要节制有礼。海德格晚期的生命思维已经进入了老子思维的层次，但是没有老子完整的智慧,因为他的婚外情遮蔽了他,让他在老年的时候没有完整的历练;情感的挂碍,让他看不到真正可以看到的东西。

克服虚无主义

"克服虚无主义,放弃人类中心,聚焦于存有以'回家'"。"回家"让我想到了庄子。庄子的老婆死了,刚开始他哭得好伤心,后来突然想到:她不就是回家吗?于是不哭了!开始唱起歌来。

"'真'不再是以人类为中心的判断,也不再是与事实相符,而是'去除遮蔽'"。在揭开遮蔽的同时去除遮蔽(包含自我中心),保持开放的心胸,接纳所有的可能,才能发现事物的真实面貌。但是人要认识自己也要认识万物,真的很辛苦!要成为一个完整的真人不是那么容易,所以老子才会说"究竟真实"。"究竟"就是到最后已经没有任何东西可以遮蔽了,没有任何东西可以躲藏了。这是属于老子的哲学语言,当我们在用两个不同的学派、不同的东西方语言时,要知道它相当于什么,而不要任意把它画上等号交叉使用。比方老子的"道"以及海德格谈到的"存有",我们会不自觉把它等同,这是错误的,只能说二者"类似"。要知道二者所说的各是什么,最后在你的系统里面,它又是什么。

"'善'不再是以人为中心的道德判断,而是人跟万物和谐共处,各自都能在这个世界上安定。万物和谐、人跟万物和谐,不再是对立的谁是谁非,而是基于大家共同身处在这个世界上,必须一起去除遮蔽,找出共同和谐安住的方案"。这让我想到了史蒂芬·柯维的"第三选择",不是只有你好、我好,而是在你跟我都好的情况下,有没有高于二者的第三种选择?这难度就很高了,代表我们要更深刻认识自己的内在，而对于非我的面向与对象也要有充分理解的能力。善有非常丰富的含义，有多种用法：名词、动词、形容词等，每一个词都有它的词性，没事可以翻翻辞典，很有意思的！例如"爱惜这熟悉美好的一切"，爱惜是善，熟悉是善，美好也是善，一句话讲下来就是要"善待"（善的动词）世间万物。善哉，善哉！

"'美'不再是以人为中心的审美或创作，而是从艺术中发现人跟世界的关系以及存有的展现，领会（去除遮蔽而发现）因为存有充实其中，所以借由美（从艺术跟美中发现存有以及人跟世界的关系），人便有机会找出安住在世界中的方案，并且返回家园"。

总结我的心得，第一：存有≠存有者，活着≠真正活着。这对我而言深具启示。第二：命运不可逆，我被抛进这个世界，并且没有经过我的同意，这一点只有好好活着将来才有机会当面跟上帝理论。第三：现阶段的社会现象和文化、思想有一脉相连的关系；**死亡的事实令人恐惧，重点是如何在死亡的前提下好好面对自己的生命实相，去除遮蔽从而无蔽，创造好好活着所带来的生命质量。**第四：面对分裂、对立、竞争我改变了看待的方式，因为多数的人们没有机会学习，诚如"没有人故意为恶"的信念，我应当先把自己建构起来，才有机会协助别人以真善美的方式面对世界。第五：我不是宗教信徒，而是一个哲学的学习者，智慧是我人生的期盼，从海德格一直无法从情感中脱困的处境，让我反而知道四大圣哲的伟大。

我发现生命是美好的，若没有知识的协助，美好如夕阳短暂难留。去除遮蔽的重量提醒我在走过岁月后，面对自己、他人、万物和超越界有一种夕阳长存的美感。是啊！让思维留在干干净净的领域不能靠上帝，要靠自己努力；认清实在界的真相是哲学带给我的启发。

海德格名言

一，人生如一所学校，而苦难是最好的老师——他让我们认清自己的真实处境。

二，人活着的时候总是不断地挂念各种事务，却时常遗忘自我。

三，面对死亡让人脱离浑浑噩噩的生活。

四，每个人必然身处在世界之中，并与他人共同生活。

五，唯有静下心来，我们才能听见良心的呼喊。

六，责任来自勇敢面对自己有限的生命。

七，如果每个人都成为别人，就没有人成为自己。

八，"存在"就是：人有成为自己的可能。

马塞尔
Gabriel Marcel
1889~1973

生命是奥秘而不是问题。我们真正要解决的问题是：我们有没有能力参与生命的奥秘，活出奥秘的光芒。

缘起：楔子

在意义治疗大师维克多·法兰柯（Viktor Frankl）的自传中发现他曾提到并且拜访过马塞尔，后来从资料中更发现维克多赞许马塞尔对"受苦"具有意义的观点，并将受苦的意义纳入意义治疗法的核心，此外，维克多曾自述相较于其他当代哲学家，自己的思想更接近马塞尔。

苏格拉底对马塞尔来说，几乎是崇拜的典范。马塞尔不喜欢运用哲学系统思考的哲学家，喜欢用写日记的方式思考，习惯用对话讨论哲学；他把自己的哲学定位为新苏格拉底主义，继承苏格拉底的交互问答方式，将对话应用在剧作讨论上。当马塞尔面对具体的人生究竟要如何实践而提出建议的时候，我被他的观点深深吸引。他说："**把人生看作旅程，从我走向我与你，走向我们，最后回归到超越者。若要完整地经历这趟旅程，就需要在过程中坚持、参与和开放、提升自己。**"

1996年奥林匹克运动会（简称奥运会）在亚特兰大举行，7月19日由美国总统克林顿宣布开幕式，7月27日，在亚特兰大的奥林匹克公园发生爆炸案，111人受伤，1人死亡。这使我想到了马塞尔"走向我们"的说法，虽然爆炸案使联想受创，但走向我们的意念深植我心。那时听到一则介绍，大意是奥运会源于古希腊，有三种人会参加，第一是运动员，第二是观众，第三是评审、裁判。评审被界定为"旁观者"，他会观察哪个运动员认真，哪个不太认真。评审只是表达意见的人，他的身份、位格、角色，都属于"旁观者"，一个观察的人。奥运会现场还有一种人很重要，每次举办各式各样活动时，总会看到路边有卖东西的摊贩，或者说"生意人"。前面三种人是基本参与奥运会的人，其他的人都是来发财的。令人讶异的是播报员竟然把"位格"这种只有在哲学书中才看得到的措辞用在播报中，吓我一跳。

"位格"一词源于希腊的一种表演——戴着面具表演各式各样的人。戴上面具后，面具就代表我的角色；每个角色都有他的位置，以及人格特质的表现。举例来说，儿子的角色就会表现出儿子的人格特质。

很多人不断在生命当中重复遭遇他们的困境。当人遭遇困境时，就会觉得很沮丧、很哀伤；有些遭遇不管任何人都一样，比方说家里有人过世，所以哀伤，这是普遍的反应。古代的哲学家通常以"旁观者"的姿态去观察别人发生的事，并加以整理，从中研究什么样的人会发生什么样的事，因此编出了很多伟大的巨著。古希腊有三位杰出的悲剧剧作家：欧里庇得斯、索福克勒斯和埃斯库罗斯。什么叫悲剧？悲剧就是人都难免一死，以人性的观点来看，生命就是悲剧。

人们受到悲剧的影响，认为生命很痛苦，很折磨人，那我们到底要怎么样才能离开痛苦，不受到折磨呢？于是"旁观者"——哲学家开始思考这些议题：有什么方式可以取代痛苦？释迦牟尼佛告诉我们要"离苦得乐"，离开痛苦、得到快乐。哲学家也在谈同样的议题，代表这是人类共通的苦难。为什么我们会有共通的苦难？因为我们都是人。

马塞尔是个比较孤独而正向积极的人，但是也做了一些蛮奇怪的事情，例如：我们很少听到哲学家相信灵媒，但马塞尔他相信灵媒！为什么？因为他发现人在理性之外还有直觉的能力与穿透的能力。为什么他会有这种能力？因为四岁的时候母亲就过世了，所以他从小就想跟母亲说话；当他想跟母亲说话的时候，有一种直觉感应让他在心里可以跟母亲对话。西方人称之为"临在经验"，东方人叫"玄学"，很玄的学问，因为那已经不是眼睛、感官可见的了。

他的原创性观点很强，对后来心理学、管理学、政治学、神学、社会学、教育等领域都深具影响力；我受到他的启发的确很多，尤其在关系的认知上得到明确的收获。

生平背景

马塞尔在三十六岁的时候写了一部剧本《灵堂》，《灵堂》在法国并不畅销，毕竟法国人非常浪漫，不喜欢谈死亡。大伙都喜欢在香榭大道浪漫，谁喜欢谈死亡？晦气！马塞尔发现大家不喜欢，11年后，在他四十七岁时写了另一部剧本《明灯》。我喜欢把两个名字结合起来成为《灵堂的明灯》，这当然是笑话。马塞尔知道大家不喜欢《灵堂》，就给大家《明灯》，让大家去想，生命到底是什么。

马塞尔是法国人，在巴黎出生，巴黎是一个非常有文化的地方，但法国有个麻烦的军事家，拿破仑。拿破仑对法国的影响是让法国有一种骄傲、想要对抗日耳曼人（德国），造成法国人认为自己是欧洲最棒的。所以在法国讲英文，法国人会认为你太没有水平，讲德文也没什么了不起，他们认为法文是全世界最棒的语言。法国的香水很棒，香水对他们来说是日常用品，市场上有很大的需求！

香水是一种非常精致的极品，它是萃取物，所以法国人对于真正的"精"，非常有心得；他们不怕烦琐的过程，可以将大量的物质经过多次萃取变成一小罐，这就是精华。所以他们认为自己就是"精"，非常懂得生命。如果你不了解法国人，至少从香水可以知道他们为什么可以骄傲，因为他们不怕麻烦。萃取时不怕麻烦，才能充分融入生命；我们最怕麻烦，全脑思维（HBDI）中尤其是A脑（看重理性、精准等），希望一次到位，不要啰唆。然而法国人不怕麻烦，他们知道生命就是要进行的，所以悠着点、慢慢来；萃取要慢慢来，很多事情也都是慢慢来，着什么急？讲难听一点，"急着进棺材啊？"法国人或许会这样消遣你。所以法国人浪漫，浪漫就是散步、咖啡、时尚、悠闲、鲜花、美食；当然也有人认为浪漫指的是香榭大道的恋人。这跟他们民族性格非常契合，我觉得他们很喜欢姿态显得优雅。一个快速行进的人会很优雅吗？不会。法国人认为生命就是一种情调、优雅，即使生病也有生病的优雅、情调！这才有"人"的感觉。看样子我要跟上帝商量，下辈子被抛进法国。

生在巴黎的马塞尔是独生子，父亲是外交官，也担任过国家美术馆的馆长，用现在的称谓来说，爸爸是个高阶公务员，他家算得上是个移动的家庭。在1889年要四处移动蛮辛苦的，当时还没有使用飞机、汽车、摩托车，速度没有那么快，所以一移动就要举家迁徙，旅途劳顿。母亲身体不好，在马塞尔四岁时就过世了。父亲没有时间照顾他，后来娶了妈妈的姊妹，对马塞尔非常照顾。对他而言，姨母毕竟不是亲生母亲，亲生母亲在马塞尔心里是不可取代的，所以要叫姨母"妈妈"，让他很焦虑。因为他怕这个妈妈叫久了，就会取代他对原本母亲的记忆，更何况对母亲的记忆本来就已经很少了。小时候他曾问姨母：人死了以后会去哪里？妈妈到哪去了？显然，他渴望透过答案找回妈妈，回到爱的怀抱。

老生常谈一下，**父母还在身边的时候，要懂得自己很幸福，因为没有任何人可以取代你对父母的感情，而且不是只有你需要父母的

爱，父母也需要你的爱，这是幸福。父母的离开对孩子来说是很大的伤痛，现在我常常想不起来父亲在世的具体模样，时间会抹去记忆，能够记得的画面逐年退去，这也是无法追回的"在世的存在关系"，只能在孤独中沉思、追忆。我没有爸爸可以叫了，想起来真的很不是滋味。从有爸爸可以叫的角度来看幸福，我很羡慕各位。现在我只能用爸爸的精神来纪念他，也透过他曾爱我的力量来爱自己，延续这份爱的力量爱家人、爱学生、爱我们周遭的生命。传承爱是马塞尔的奥秘，他的奥秘跟母亲的爱有非常直接的关系。

马塞尔受过很好的音乐教育，八岁的时候就已经写剧本。为什么他要写剧本？因为孤独。小时候我们都会玩扮家家酒，所以我们大概五岁就会写剧本，因为玩扮家家酒时，如果有人帮你录下来，你会看到，自己在过程中早就戴过好几个面具，而且是很好的导演。马塞尔21岁就获得巴黎大学博士学位！我认为那是因为他很孤独，只好与书为友！举家迁徙时没有邻居、没有小朋友陪他玩，他只能读书！说来有趣，为什么我们没有念博士，因为太多外务了、朋友太多了！自己仔细算一算，朋友是不是耗掉三分之二的人生？或者说，除了你以外的人耗掉你三分之二的人生。我说我有三分之一的人生都躺在床上睡觉，这时候我才属于我，但我一醒来就属于别人了！这话一点都不夸张，还蛮真实的。

成家之后马塞尔写了《别人的心》，故事是男女主角在结婚多年以后一直没有小孩，太太喜爱文学和音乐（很像他的母亲），夫妻商量之后决定领养一个男孩子（现实生活中他和太太也没有孩子，也领养了一个男孩）。他们好好地教育孩子，夫妻两人同心同感，只羡鸳鸯不羡仙。故事中马塞尔让读者意识到什么叫作真幸福，而在现实世界中，他的妻子会把他钢琴的即兴创作速记下来，让即兴创作得以保存。后来他追忆太太的时候说："那些乐曲有一天要编入我的作品全集里，因为我相信那些能够聆听到我创作的人，会在作品中听到我最幽微的部分。"

很不幸的是，马塞尔五十八岁时太太过世了，从此即兴创作的灵感消失，妻子跟他只有二十八年的交集，之后他又开始走进下一段人生的孤独旅程。他三十岁结婚，三十六岁写《灵堂》，四十七岁写《明灯》，五十八岁太太过世。"爱"给他很强烈的创作动力，而创作让他省思什么才是人生真正的终极；在面对终极之后，要怎么样才能够得到希望？所以他写了《明灯》。他不仅是哲学家，也是著名的剧作家。他最喜欢贝多芬；贝多芬有一首《快乐颂》，马塞尔非常热爱，因为这首曲子洋溢着生命的热情。他说生命本来就应该欢乐，这跟过去的哲学家非常不一样。一个孤独的人说生命应该欢乐，你们不觉得这个人太奇怪了吗？这代表他的思想非常健康，让他可以进入"高原经验"。**马塞尔是快乐、欢乐的，他因爱而升华，让自己拥有强烈的"富足心态"。**

人生是一个转进的过程，马塞尔这个孤独者从孤寂走进高原经验，代表他在探讨和思索人生议题时相当深刻。尼采没有体会过高原经验，最遗憾的是他五十六岁就死了，来不及拥有高原经验。高原经验就是可以清晰而透明地一览人世间一切的表现。谁有过高原经验？庄子有，在《逍遥游》、《人间世》里一览无遗！老子也有，"道可道，非常道；名可名，非常名。"意思是：谈"道"的时候，所谈的已经不是"道"本身。这是很抽象的语言，如果不是在孤独的状态里，怎么可能说出这么深刻、究竟真实的话！所以我常常跟学生说：不管再怎么忙，你都要留时间给自己，让自己有孤独的片刻、读书的片刻，因为你必须透过这样的过程拥有真实的积累。如果一天到晚忙忙，忙到最后什么都没有，时间也过了。物换星移，日渐老去，然而内在里面空虚荡然，没有东西、没有元素，到时候觉得很匮乏，没有任何值得赞美自己的可贵精神，那是很遗憾的。所以记得，要留时间给自己。

马塞尔核心的体验就是孤独，我们从孤独切入，因为孤独的确是非常重要的资产，可是很多人却害怕这个资产跟自己贴在一起。战争是个悲剧，他经历了一次跟二次世界大战，加上灵媒的经历，以及婚姻中爱的满足跟信仰的依归。我们将他的经历联结在一起，他的思想继承了法国哲学传统，笛卡尔、帕斯卡尔、博格森，并且深受苏格拉底、齐克果的影响，虽然没有学过现象学，但是他的哲学方法跟现象学非常类似，为什么？因为他参与其中，描述了真相。笛卡尔的"我思故我在"对他的哲学也有影响。

思想精华

许多小孩子在小学阶段，半夜的时候暗自哭泣，害怕万一爸爸妈妈死了怎么办；我们家的小朋友就是在八九岁的时候想到爸爸妈妈会死，因此非常难过。我在带工作坊的时候问家长：你有没有想过万一你死了，要把小孩托孤给谁？你要托给你所信任的人来照顾你心爱的宝贝，谁值得你这样托付？凭良心讲，那时候还真的没有人可以托付，所以决定无论如何都要好好活下去。这就是生命的开展。当小孩子哭着跟你说"爸爸妈妈，我好害怕你们死！"时，你不要说："傻蛋！""你想太多了！""爸妈不会死！"你得跟他说：好棒！这是一个非常严肃的议题，你经历到了，代表你的生命开始了！当我们会感到恐惧的时候，代表生命的灵性自我开始启动了。启蒙之后会开始探索"在世的存在关系"等议题。

帕斯卡尔说："人是会思想的芦苇。"会思想的芦苇是不是会点头？要不然你们为什么要点头？哲学家真的很有趣。马塞尔从九岁到二十一岁总共十二年，他的哲学基础来自孤独、始于孤独。因为孤独会使人更专注地思考有关死亡的议题。哲学常常说："活着就是为死亡预做准备。"准备什么？先去"想"，"想"就是准备的开始，想清楚要怎么死，安心的死、无挂碍的死、被舍不得的死、被惋惜的死……反之，如果没有好好活，当自己死的时候别人就会说：哎哟！早死早超生！死得真好！没有人希望别人这样说自己，真的不会希望，但往往发现时为时已晚。

人性普遍害怕、恐惧死亡，而孤独是针对想要好好死的人，带来可以好好活的知音，好好活指的是好好对待自己，什么是好好对待自己呢？如果各位觉得我所说的太复杂，那么简单一点，就采用戴尔菲神殿的箴言，"认识你自己""凡事勿过度"，两句话够用一辈子，而且是符合不害怕、不恐惧死亡的简易法则。诚然，第二句要努力的事情比较多，就是让自己成为一个懂得自爱、自律、自重的人。换成孔子的说法，就是懂得对自己要约束、节制。能够律己的人还要学会恕，宽恕别人等于我们好好爱自己，还"同时发挥"了好好爱别人的真挚情义；如此别人才会舍不得我们死去。没有好好去爱别人，没有把爱投入其中，让别人感受到我们纯然的爱，一旦我们面临死亡，也无法安心地离开人世，更不要妄想别人会舍不得我们死！**爱是辛苦的甜蜜，有智慧的爱更需要纪律**。当我们懂得这个奥秘时，爱进入我们心里，纪律的爱成为我们生命的核心动力，不断推着我们去实现、完成我们所有的目标。

人类当前的困境与解决之道

为了解决前述困境，马塞尔认为人要先自觉，摆脱自欺欺人以及

为了逃避孤独而来的种种想法与行为，进而调整看待自己与世界的角度，方法即是从第一反思走向第二反思。(见下图)

第一反思	第二反思
问题	奥秘
有	是
欲望	爱

接下来的四点彼此环环相扣，马塞尔认为人用第一反思看待世界，于是世界、对象都被当作问题，自己以占有的角度来界定彼此关系，而对象只是满足自己欲望的工具；若是用第二反思来看待世界，则会认为世界与对方是等待自己参与，而且它不是有了答案就可以解决的奥秘；至于自己则是认真理解、体会对方的本质来看待彼此的关系，形成"我与你"的关系，进而因为真正看懂对方而能实践爱，让对方成为他所是。因此，问题、有与欲望是第一反思的产物，而欲望则是第一反思、问题与有的结晶，反之亦然，而马塞尔所强调的爱也在此展现其核心与重要性。

1. 两种反思

马塞尔将反思（亦即对待世界的思维、心态）分为两种，第一反思源自笛卡尔，从"我思故我在"出发，将一切事物都当作"他"，用旁观、观察与怀疑的角度看待世界与他人，于是每个对象都不再是有待参与的、鲜明的、活生生的"你"，而是随时可以取代、可疑而不应参与和抽象的"他"。因为"他"常常无足轻重而且不在场，这也造成了很多问题，例如：不忠于不在场的人，因为彼此没有那么强的联结而冷漠、疏离，甚至是用敌意、利用的角度来看待对象。

马塞尔虽然批判第一反思，但并不认为要完全改用第二反思，而是在第二反思的基础上运用第一反思，亦即在科学上用第一反思的模式仍有益处与必要。

第一"反思"，反思的开始是心中有疑惑。非常根本的疑惑就是"我有什么？"以及"我没有什么？"特别是当不公平发生时，"为什么哥哥有，我没有！"这就是问题了。代表我也有我的欲望！很多人在第一个阶段就卡住了——要面对问题，必须学习相关的材料，有材料才能思考。人要如何解决欲望？要如何克服欲望？如果我们不知道真正的本质是什么，就会天天逐物不返，追逐物质，没有办法回到自身，没有办法回到那个"正在思考的我"。这是非常痛苦的，所以叔本华才说："生命的存在就是痛苦。"只要你想要"有"却不能"有"，情绪就来了，就不舒服了，就想要更多！人会嫉妒，为什么他有我没有？他是哥哥，我是妹妹，哥哥有、妹妹没有，于是从公平的发展上来看，因着不公平所带来的痛苦，痛苦无法弭平，就发展成欲望，欲望越烈越嫉妒，然后就带着嫉妒的心来认知生命中的一切，这就形成了另一个很大的问题了。唯有跳出来看，当一个旁观者，才能把整件事情看清楚。所以**我认为针对事件也要练习做自己的另一个旁观者。**

人想要满足欲望，假设你运气真的很好，欲望都满足了——鞋子买到了、皮包有了、女朋友也交到了。结果你想要更美的，于是就"劈腿"！"有"还想要"更多"，手上的东西想要换更大、更高级的！精品世界永远不孤独，总是有许多搞不清楚状况的人想拥有精品；精品为什么可以做得好，因为有一群人都"不是"自己！这世界越物化对精品业者来讲越好，钱赚得越多。然而人们越有这个需求，便代表这个世界不认识自我的人越多。对我来说，精品业发达，我也觉得："太棒了！这世界都是我的市场。"因为我教的就是"认识自我"。

逐物不返终究会玩腻，一个小孩子没玩具玩很可怜，一个中年人只有玩具玩更可怜！马塞尔认为，"有"就是"占据"。所以第一个反思就是当我有的越多，真正属于我的就越少；我内心被物质占据的空间越来越多，相对的非物质的空间越来越少，因为我所有的物质都是外在的，而我死的时候，这些财富、名利、权位等身外之物没有一样可以带走！

今天早上开车来的时候，旁边有一辆车是往第二殡仪馆去的，上面写着"树葬、海葬"。树葬怎么葬？将大体火化之后撒在树根下，我认为这还不够好玩，人死后先急速冷冻，再放进超级高速的果汁机里，啪啪啪啪搅烂，骨头都碎了，这才是原汁原味。烧完什么东西都不剩了，对树一点帮助也没有！用果汁机有什么不好？反正都死了！把打完、冷冻的汤汁放在树根旁，树就长得更好！或者，打完之后直接倒到海里面去，多有趣！你们敢这样想吗？我连丧礼上要放的告别曲都选好了——安德烈·波伽利的《大地之爱》。CD 现在就放在我的柜子上面，原封不动还没有拆开呢！多愉快！

接着第二反思，是奥秘。奥秘是什么？是我原本不能思考的问题，现在可以思考了，思考"我是什么？"我是什么，跟欲望不能联结，跟爱则可以联结。当我思考"我可以是什么"时，因为我爱自己、让自己参与所爱，所以可以成为这个"是"，于是我就把奥秘解开了！这就是我常讲的："当我拿掉真诚，我就不是我了。"我必须继续坚持参与爱我自己，才可以完成真诚的姜涵，而在这个过程中，我体现了真诚的奥秘——你要成为真诚的人，你就必须参与真诚，哪怕为真诚付出代价。我必须要勇敢地遵守真诚的原则——不允许自己内在发生不安或不忍的情绪波动，我说八点钟回到家，我就八点钟回到家，我不能十点钟才回家或甚至不回家！那算什么真诚？**积沙成塔的真诚所拥有的奥秘就是：至诚如神。**[①]

---

① 语出《中庸》，本书请参阅雅士培一章的"密码与超越界"。

它可以贴近生活中这么小的事情。我既然说了，我就要做到，如果我没说，那我就没有必要做到。我既然答应了，就有信用问题；该做但是最后没有做出来，到了截止期限东西交不出来！同学（指所有的学生），你不觉得这样对待你的生命是一种自伤的行径吗？这是一个严肃的议题！不守信用是在伤害自己！你答应了别人，别人对你有期许，这个时候你却邀请别人从你身上扒衣服下来！别人说："啊！你没有穿衣服！"你可以想象吗？你允许别人将你身上的衣服扒下来，然后嘲笑你，因为你没有信用吗？天底下有谁这么傻？你会这样是因为你不爱自己，你不懂得什么是真爱，于是你可以如此为所欲为，而你的为所欲为，正是在逐步毁灭自己。

　　你看学哲学学到这种程度苦不苦？如果我每天都这样声嘶力竭地说话，学生都跑光了！这是很麻烦的事情。所以**这次我要谈存在主义真的是"一个头，两个热"，因为这些议题真的是太严肃了！对我来说，这会产生很多激荡，因为它涉及生命，而生命必然是严肃的。**

　　我每次跟儿子谈论严肃的话题时就会大小声，为什么我如此激动？如果谈论生命的议题不激动，还有什么事情可以激动？所以每次遇到生命的议题时，我们两个人都"鼻青脸肿"的，但是很开心的是，每一次的交集之后都会有结果，他会懂我在乎什么，我也会看懂他在乎什么；这是很幸福的，因为我们为了权衡是非轻重而有了心灵的共通性。如果没有涉及如此严肃的议题，我们的生命即使在一起，也没有共通性。这正是我渴望亲子共学的原因。

　　笛卡尔说"我思故我在"，意思是当我思的时候，我才在。马塞尔在谈这个议题时，背后还有马丁·布伯《我与你》的背景。马丁·布伯专门谈位阶、定位，比方说：我、你、他，谈每一个你的时候，同时都有我的在场。更进一步来说，每一个你都是一个主体的我。因此我在看你的时候，就如同看到我自己。**当你认识自己时，你就能认识别人。**这个逻辑背后的共通性是——我们都是人，有人的普遍性。

我了解我自己，就如同我了解你。所以著名的企管顾问史蒂芬·柯维才会提出"同理式的倾听"，后来演化成"从我到我们"，"从个人成功到公众成功"。马塞尔思维的过程不是这样一下子就走过的，一开始这个"你"可能是一棵树，可能是万物、任何的东西；当我要跟你沟通时，发现没有办法沟通，所以我只好把你当成我。我们在谈论他的时候，指向这个人，这个"他"可能就被工具化，变"它"，而我们在谈他的时候，他可能被神格化（祂）。当我跟你谈到他的时候，就他来说，他也是一个我。为什么说"要忠于不在场的人"，因为我们在潜在的进化过程当中，把每一个我、你、他都当成了"我"，所以我可以随便说你、随便谈他，反正我可以代表你、代表他，事实上这是很莫名其妙的想法。

真正的升华是什么？我、你、他都变成我们。我们内在一定要转进，否则就不能把他变成我们。孔子的人生三阶段、六层次，最高到"无私至善"，代表我把"他"也纳进来了，这就是转进。这是内在知识跟修为的转进，要到达一定的高度才能把"他"变成在"我们"之中。这正是西方企业最喜欢讲的"利益共同体"。虽然他不在，但我们还是要把他考虑进来。举例来说，身为父母，在考虑事情时就算儿子不在家，还是会把儿子考虑进来，这代表我们是"共体"。那为什么我们出了家门就失去共体观念？因为关系不够亲近，还是因为出了家门，其他的人都不是我的共体？

"共体"是我们本来就拥有的能力，为什么我们要放弃？本来就有的内在格局，为什么出了家门就要放弃？我不仅教我自己的孩子，还把别人的孩子当自己的孩子教；孩子不了解我甚至对我生气，我还是努力地教，最后真的不行了，就先搁着！有多少人懂这个道理？人的思想是怎么转进的？你本来就有，何必在出去的时候就把它关起来？这是画地自限，阻碍了自己的文明。

2. 问题与奥秘

问题有答案，而且常常在解答之后就消失，因此往往只是一时的，甚至是必须被克服的。由此也看出将对象当成问题的困境：对方被当作敌人，自己要战胜对方，彼此是竞争关系。这也使我想到双赢思维，因为将对方当成"他"而非"你"，所以无法真正了解、倾听对方，而用你输我赢或我输你赢的角度来看待彼此。也因此，第三选择是从我与你到我们，而非我与他到我们。

奥秘没有答案，奥秘也不会消失，奥秘所需要的是自己的参与，在关系、情感中尤其是，由此看出马塞尔对于爱、他人、世界与生命的观点。马塞尔将对方看作奥秘，或彼此的关系是对等的，从中也可看到马塞尔的宗教情怀，他的心中常怀抱一股热情，我想这也跟他身为剧作家有关，创造的历程同样需要把对方当作奥秘而非问题来看待。

问题与奥秘之间的差别是：**问题有答案，但奥秘没有；问题有待解决，而奥秘需要参与**。生命是奥秘而不是问题，我们真正要解决的问题是我们有没有能力参与生命的奥秘，活出奥秘的光芒。我担心同学们听不懂老师真正的意思。比方说我刚开始谈存在主义之旅时，同学们知道老师谈话有层次，而在鼎爱跟你们谈单一的主题，这不是我没有层次，而是课题不同、对象不同。我要提醒同学的是，我在表达背后都会先定位，有了定位才设判断的依据，因为我有自己思想的系统。

3. 有与是

有与是关乎的是自己如何看待自己（将自己视为主宰者或是与

对方平等的伙伴)。"有"意味着自己拥有对方,代表主客对立;"是"则呈现对方也是主体,由此承接马塞尔所强调的临在与"主体性"(互为主体而相互交流、融通)。因此,"有"带来的是对立与宰制,而"是"则因为尊重对方,因此让对方自由、与对方分享。

有与是也承接前述的问题与奥秘,将对方视为问题,因此寻求解决问题的答案,一旦解决之后就可以抛弃,就像抛弃自己所拥有的东西一样,于是将对方视为东西、把对方"物化"了。将对方视作奥秘,由此参与对方,因此尊重、理解对方而让对方呈现自己。

我们要留意的是我们"是"什么,而不是我们"有"什么;生命中重要的是我们可以完成"我是什么"。我常说"爱对方就是让对方成为他所是。"当你能够让你自己"是"什么,你就有能力让别人"是"什么,如果你都没有能力让自己"是",你哪有能力让别人"是"?唯有自己要让自己成为"是",才会发现那真是千辛万苦!你要让别人成为他所是,你就该把想要控制的手绑起来,让他自己决定;这里的逻辑是,你都是以这样的态度面对自己,你就知道该怎么对待别人,如何让别人成为他所是,因为你已经有爱自己的亲身经历。

4. 欲望与爱

欲望与爱是前三项的结晶,因为用第一反思来看待事物,将对方看作问题而寻求答案,找到答案便抛弃对方,有如对方是自己的所有物一般,这也造成万事万物都成为自己欲望的对象,只为了满足自己的欲望。相反地,用第二反思来看待事物,则会因为知道对方是奥秘而积极参与,尊重对方而发现对方所是,由此真正看见、看懂对方,于是真正去爱对方,让对方成为对方所是。

在马塞尔看来,**这个世界少的便是爱,当人人都用欲望来衡量、看待事物,就只会陷入无尽的孤寂与痛苦之中。然而当真正能用爱来**

面对世界时,就会逐步发现奥秘与超越者,由此走向最高存有、上帝,进而融入其中,化消隔绝、孤寂带来的痛苦。

存在的旅程

人生有如一趟旅程,勇敢参与并抱持开放的心态,不断提升自己,才能与"存有"接轨。从"我"到具体参与世界,进而实现临在关系,由"我跟你"走向"我与你",这里的"你"指的是上帝。"临在"是因存有内在性的深入,让我认知到自己的存有,这是具体的位格性;当我在人群中,我可以感觉到人群之于我的意义——我在人群中是参与者而不是旁观者、疏离者,更不是遁逃者。

1. 临在,我与他,我与你

临在是马塞尔的核心观念之一,指的是自己与对方同时存在、相互联结与贯通,是一种全然投入而彼此共融的状态。临在类似密契经验,这可能曾出现在马塞尔的创作过程与跟妻子的互动中,如同《创造的勇气》中提到的洞见与遭遇一般。马塞尔认为要达到临在必须先肯定自己是自己的身体,这里的重点不是强调身体,而是先接纳自己有身体,进而肯定自己是具体、有身体的生命,于是具体参与生活、生命。

从具体地参与生命出发,进而会面临他人,这时用"我与你"的角度来看待对方、参与对方,如此才能深化彼此的关系,进而实现临在关系。而在临在关系中常会有种与存有、超越界接轨的感受与体验,融入整体而消弭隔绝,于是从我与你走向我们。

每一个叙述的背后都有其实质的力量;我是参与者,就会有参与者的力度,就会有参与者的激情;如果我是疏离者,就不会有力量、不会有激情;我是遁逃者,你就根本看不到我了。换句话说,存有的存在会展现生命的实质性。人只能存在于人群中，人不能够离群索居；人之所以会有成就感是因为为别人贡献，没有为人贡献，就不会有成就感。你对你的家庭有所贡献，家人觉得你真棒，因此你很有成就感，这就是参与的实在感。基本的情调是深情厚谊的投入跟契合。"临在"发生在爱之中，在爱的氛围中共融、交流，是一个具有位格的主体际遇。

在爱的氛围共融时心灵的状态，统称为临在。"临在"就是我参与其中，这其中带来一种降临，那是温暖的、温馨的，具有情感的厚度。"灵"让彼此紧密贴合在一起。耶稣基督降临之后，人们的生命有了光，而"临在"是在为光准备，因为人的无私奉献而产生光芒，因为博爱没有区分彼此。从我跟你、我跟他，从我的身体参与这个世界，到我发现我这个主体跟你关系非常密切，于是就从"我"到了"我们"。在这之中便看见了人类无私的共鸣。

2. 忠信、创造、光

忠信得以延长临在。忠信需要坚持，也因为坚持而使所相信、坚持的事物因为具体的实践得以落实，在眼前的世界中存在。因此，因为忠信、坚持的具体实践，而深切遭遇，也因而使临在状态再次发生与延续，让当时、过去的体会与感动经由具体实践而完整落实与延续。而忠信亦是经历临在后的创造，经由抉择而实践、创造仿佛仍在临在中的自己，进而等待再次的临在。由此，忠信像是维持高原经验的基调。

创造让人参与和分享存有，作为剧作家的马塞尔有无数的创造经验，参考罗洛·梅的《创造的勇气》一书中的描述，马塞尔想必有非常多与世界、事物遭遇的体验。创造需要参与而非宰制对象，而在参与的过程中，因为遭遇而与对方联结，甚至由此体验到自己身处于存有之中，自己与万物皆分享存有，自己并且因分享存有而得以创造。同时，创造也表现在欣赏上，欣赏者因为欣赏的参与而在自己心灵中创造，由此联结与分享存有。**创造使人变得更开阔，也因着经历不可思议的遭遇与临在而谦卑、开放自我，更由此怀抱希望。**

光对马塞尔而言也意味"旅程"与"希望"。希望传达出"转往正要发光的方向"的意向。**人的一生应当是通往光的旅程，是充满希望的旅程，即便过程中往往会出现许多痛苦与逆境，然而人却不应当绝望，而是勇敢怀抱希望，迎向光明。**怀抱希望需要开放自我，这在光的比喻中也是；开放自我才能让自己用更宏观、开阔的心态抱持希望而非陷入绝望，开放自我才能超越自己、通往他人，进而通往存有、上帝，由此而获取源源不绝的能量，发出持续不断的光芒以贡献自己，让所有人都能通往临在而走向圆满。

总结马塞尔带给我的收获，他在我学习过程中是非常重要的转进，然而他的哲学并不是每一个人都能有机会遇见。谈到哲学，大家都喜欢看德国人，这似乎是不利于他的背景。我之所以愿意去实践马塞尔的哲学，是因为他"电"到我了，让我没有阻隔地充分感通他的心灵，在孤独中忠于所爱，写出他的哲思，并通往积极、光明的旅程；他是我心中的智者。当我在跟各位分享马塞尔时，大家似乎已经发现，以前我所说的许多话，根源就是从这里来的。我从他的哲学当中得到很多启发，对于建构人的逻辑、人的知识有很大的帮助。希望各位也能跟我一样，从我心中的智者得到智慧。

马塞尔名言

一，爱一个人，就等于对他说：你永远不会死！

二，拥有就是被拥有。

三，人必须不断在自我实现与自我超越中努力前进。

四，人间只有一种痛苦，那就是孤独无依。

五，除非创造者长期忍受四分五裂的痛苦，否则不可能产生艺术作品。

沙　特
Jean-Paul Sartre
1905~1980

人必须承担伴随自由而来的责任,并因拥有无限的自由而不怕与焦虑共处。

缘起：楔子

从开始学习哲学到现在，有一个概念我一直受用，那就是沙特的"存在先于本质"。"存在先于本质"受到柏拉图古典哲学的影响，而且更加进化。谈到进化，就必须提到前面介绍过的马塞尔；马塞尔非常迷人，但限于篇幅，有些部分只好割爱。在这里我要补充马塞尔一个非常重要的想法——超问题式的问题。"超"就是超越，"超问题式的问题"是指我们平常看到的只是"问题"本身，可是当我们认识这个问题之后，才发现它超越了我们原来所认识的层面。我们以为认识问题之后，问题就可以解决，没想到一旦更深入了解，才发现有更大的问题！

从"身"的角度来举例，有一个人他的身体最近老是很痒，他想大概是皮肤过敏吧，可是痒的症状却一直没有停止，于是他去看医生，发现医生的看法不一样。医生说，会一直痒代表你的新陈代谢可能有问题。于是这个人开始担心他的新陈代谢哪里有问题，开始不断思索，寻找到底是什么原因让他一直发痒——人总是想知道问题的原因是什么，但发现问题背后还有更大的问题，这个事实让人更没办法接受。

通常我们会在什么时候碰到这种状态？马塞尔说，因为这种"超问题式的问题"涉及爱、忠诚等层面，所以它会带来痛苦；也因为痛苦，所以我们不再把问题当问题，假装没有问题，但是问题在不在？其实我们都心知肚明。**人会因为想避开痛苦而不愿意面对问题，所以假装没有问题**，这是很真实的状态。

马塞尔思考能不能穿越死亡的状态，继续跟亲人有心灵的互动。

即使死亡挡在前面，或者它已经来了，我还是可以遇见你！什么东西可以让我们遇见死亡背后母亲的存在？当然是爱。因为爱使人无所畏惧，因为爱使人能够穿越死亡，探索到真正的本质。问题是，当我们在谈这部分的时候，其他哲学家会认为你怎么可以这样想，是不是背后还有更大的主宰者？如果没有，你怎么走得过去？是谁给你爱的力量？

人就像沙特说的，他是自由的，而且拥有爱的力量。我们在学习的过程中必须要掌握到看不见的奥秘。所以马塞尔说"比我更内在的内在"、"超问题式的问题"这种复构式语句。"比我更内在的内在"，让我想到"小而无内，大而无外"（语出《庄子·天下》："至大无外，谓之大一；至小无内，谓之小一"），这样的语句非常具有结构性。"小而无内，大而无外"，就是小到你没有办法再往里面挖掘，可是真的进去之后里面还是很大，就像我们常说的"一花一世界"。而大也大到没有任何边界，无垠的空间，就像宇宙，无法想象到底有多大。

生命给我们很重要的认知，但是这个认知不是与生俱来的，我们必须通过学习来得到这个概念，小而无内，大而无外。哲学家都在探索"比我更内在的内在"、"超问题式的问题"，如果我们认为生命是单纯的、平面的，那就代表我们从来没有把认知转成立体的，因为人并不是扁平、简化的。

生平背景

家庭背景

出生于巴黎富裕家庭，父亲在沙特1岁时过世，妈妈带他搬回外祖父家；外公带他长大，在充满知识氛围的环境中成长；四岁的时候因为角膜翳而导致右眼斜视，角膜翳就是眼角膜发炎，发炎之后在眼睛上会有一层白白的痂。妈妈改嫁之后，沙特就跟着妈妈和继父住在一起，但因为在学校常被欺负，所以最后又回去跟外公在一起。搬迁的旅程使小沙特的生命一直处于动荡不安的状态，而成长期的经历影响了他对于人际关系的看法。中学阶段，外祖父原来想要他跳级读书，却因沙特程度不够而被降回最初级，外祖父老脸挂不住，一怒之下让他回家自学，直到15岁才重返巴黎亨利四世中学就读。

看了沙特成长的经历，我建议所有年轻人，将来如果结婚，除非有重大的事情，要不然再怎么辛苦一家人都要在一起，因为家庭是建构爱的核心。过去我分享过，江峰老师去美国留学，我随后也去美国，当时没有人赞成我去，我的事业也正要起步。但在那个阶段我决意要去美国，这也挺符合咱们老祖宗的谚语——嫁鸡随鸡，嫁狗随狗，看来我骨子里还挺传统的？其实是我有远见，因为我听过很多留学生的故事，一旦夫妻分开，就少了可以说话的对象，身边太太不在，就在周边找一个；人独自在外地，很多时候无法消化寂寞孤独，再说谁让先生才华那么优，当时孩子还小，我决定不冒风险，而不冒风险的抉择正好符合老祖宗的话。

当然背后还有一个非常重要的体悟，孩子生下来后，我们都非常爱他，非常非常！我想如果先生出国念书，而短少两年爱孩子，以他的感性来说，肯定要延长念书的时间。而对孩子来说，少了父亲的爱就不完整，我不能只站在事业要起步的角度来决定家庭的未来。当我把他们的需求都考虑进来的时候，我知道两三年后回来，事业又要从头开始。从头开始的代价在抉择中被我接受了，虽说双方父母都劝我熬一熬就过去了，何必从头开始多受罪，但我认为保有一家三口心灵的完整性，是最高的指导原则。

所有的"爱"都必须透过行动被遇见，没有陪伴、参与或分享就感受不到爱。有人认为孩子还小、不懂事，长大再说，现在怎么做都没关系，以后孩子就会明白。这样想就真的错了，而且是未曾深思的谬误。死亡是"存在的既定事实"，造成的分离是无法扭转的，万一发生了也只能祈祷上苍，让我们有智慧面对还小的孩子。分享这一段的目的，是想告诉你们，千万不要受"孩子还小"的想法影响，在做重大决定时没有考虑孩子对爱的需求，更不可以"轻率地认定"熬一熬就过去了；同甘共苦、同心协力都需要情境的配合，抽掉情境以后，哪来的共同回忆？**任何关系少了共同性，都将变质**；基本上变好要经营，变得不好是自然。如果我们在孩子十八岁以前不刻意地共聚，以后孩子遇到情感重挫时，要拿什么画面来告诉自己**"爸妈爱我，我不能放弃自己"**，因为我在爱中成长。因此，做决定请站在每一个人的需求想，未来就可以少掉一些不必要的烦恼。

生涯发展

　　十九岁沙特考上巴黎高等师范学校，主修哲学，攻读胡塞尔现象学；他深受柏拉图、康德、笛卡尔等哲学家影响，并在备考"中学哲学教师文凭"的时候，认识了终生伴侣西蒙·波娃。考试的题目《自由与偶然》，让他们在彼此欣赏的情况下，分别名列一、二。此外，大学的自由风气让沙特喜欢戏剧，热衷剧本创作；对他而言，戏剧是最好的抚慰与抒发，另外他透过小说表达思想、表达不满、表达压抑、表达所有他要表达的种种境况，所以有人说沙特是个作家。他最有名的系列著作是《境况种种》。他从四十二岁开始写第一集，一直写到七十一、二岁，写了第十集。这本书一路上都很畅销，因为很多人喜欢从他的观察省思，来认识社会现象背后的真相。

另有一部小说叫《恶心》，书写方式很自由，带有一种即兴式的穿透力。内容描写年轻的历史学者罗冈丹，在布维尔研究罗尔邦侯爵的历史论文，他的生活规律、乏味甚至让他感到空虚，而走进人群他更发现，人们心不在焉地说话、应付式地举动、公式化地约会、莫名异常地疏离，彼此的关系没有任何意义，生命也没有积极的目的，这一切让他觉得恶心。沙特是个很奇特的人，他不只写小说，同时也有个人对文化独到的见解，如果换成历史的角度来看，他就变成史学家。

还有一本让我深陷哀伤的《间隔》，又译《密室》。这部戏只有三个演员，从头到尾三人都在舞台上，没有别人出场。情节是：三个人，一男两女，死后他们被安排在一个房间里。每个人都需要其他两人中的一个人，而三人中任何一个人都会破坏另外两人彼此的依靠，最后没有任何一个人达成自己的愿望。《间隔》的经典名句"他人，就是地狱！"整部戏写的就是他人，而他人就是地狱。意思是当我选择的时候，我的选择会影响别人，而别人的选择也会影响我，所以别人就是我的地狱、他人就是我的地狱！这种写法多么写实！谁会想到自己是别人的地狱？而他所谓的"他人"，第一个指的就是外公——外公就是他的地狱！外公的决定常常让他很恐惧，读书时外公叫他直接读八年级，结果因为基础太差，只好回头读一年级，这让他非常难堪！母亲改嫁后，沙特跟着母亲与继父一起住，而在学校常常被人欺负，他又进入被支配的环境。活在支配者与被支配者的生活窘境中"外公即地狱"，激发了他在创作中找到普遍的人性特质"他人即地狱"；也就是说他领悟了：**"操控的人是别人的地狱。"**

热爱写作的他经常在巴黎街头的咖啡店里，孜孜不倦勤奋地写，此时的他是量产的、疯狂的。他说写作是一种乐趣、一种需要、一种人生的基本支撑点。如果沙特不写作，他的脑子就停不下来，只有将那些想法落实、写下来之后他才能够安稳地睡觉。他说："我没有办法让自己看到一张白纸，却不在上面写些什么！"对他而言，只要有白纸他就想要写，这已经是写作强迫症（换个正面的说法"靠写作自我疗愈"），不断想也必须写。白纸对一般人来说，只是记录一些备忘，但对沙特来说，白纸是他生命的跃动！在白纸上会有很多动人的故事发生，所以沙特还创作了很多其他的小说。他会那么喜欢写作是因为他认为文学家还负有政治上的责任，所以身为文学家或作家，不只是在家里写作就好，还要走出去，做一个行动派作家。行动派作家要将他生命中最看重的自由，在被支配者的心中播下种子，从此不再住进地狱。

1914～1918年第一次世界大战，第一次世界大战结束的时候沙特才十三岁，对一个九岁到十三岁的孩子来说，大战时的紧张状态，让他感到恐惧和焦虑，只要听到"砰"的声音就会害怕。我记得母亲说她小学的时候，每天只要听到"警报器"的声音就要开始跑，警报一响就要躲到防空洞里，很紧张！没想到防空洞却成了我们这一代的游戏场。记忆中60年代爸妈最苦的时候就是筹学费，钞票数一数不够，只好再数一遍！我看到妈妈的眼泪就这样掉下来，拿着钱坐着不知道该怎么办——我知道该做什么了！心想不能让妈妈为钱烦恼，我只能选择，"不要念书了！去上班吧！"当时我跟妈妈说："我不喜欢念书，我不要念书了！"妈妈："你说你不要念的喔，不是我叫你不要念！"即便母亲再次问，当我看到那样的景况，我怎么可能心里没有感应、不去做自己真正该做的事？学了沙特我才懂，**"我们已经被环境雕塑"**，让我们身陷其中。

情感与道德

沙特与西蒙·波娃两人同居而没有结婚，他们认同自由的抉择，尊重自由的意志，他也曾跟波娃提议结婚，波娃在《岁月的力量》中回忆："婚姻使两个人遭受更多家庭的束缚以及社会的劳役。相反地，为追寻自身的独立而受的困扰远不及婚姻沉重。对我来说，在空洞中寻找自由是如此的做作，因为真正的自由是在我的头脑与心灵之中。"（波娃自传《一个乖女孩的回忆录》第二卷）沙特在情感的态度上，也相信真正的自由使人碰触到内在最美好的心灵需求；不需要形式也可以活出美善，并不是一定要采取传统的经验模式，才能够得到幸福和快乐。然而这在当时保守的社会里仍然引人侧目，现实世界有现实世界对于婚姻的道德观念，在社会道德的世界里，不允许他们用这样的方式挑战婚姻。

此外，他们也承认人性的真实，如果他们真的决定彼此是最好的伴侣，那就要允许人性的真实面貌存在，从彼此各自经历中印证人性的真实面貌。后来他们两人在各自交往期间和其他人交往，此一经验让他们证实了，**感性与感觉最终抵不过"共识中的共鸣"**；沙特从此认定西蒙·波娃是他这一辈子的最爱。事实上，从现代的眼光来看，"共识中的共鸣"对思想能力旗鼓相当的人来说，还真的不适合硬套婚姻形式在他们的身上，两人的关系并不因为没有婚姻的形式而瓦解，波娃在沙特晚年眼睛看不见之后，一直照顾沙特直到他过世。

从他们的感情发展，我联想到沙特所说的雕塑议题，沙特说：**"因为人天生就有自由，所以当我选择的时候，我雕塑了我自己，我同时也雕塑了别人。"**意思是当我选择这个选择，把自己变成符合自己想法的人时，我同时也因为我的选择而雕塑了别人、使别人痛苦或者是使别人幸福。如果我选择不正当的情感，我雕塑了自己亦即完成情感上的满足，可是跟我有关系的人都被我的"雕塑"直接雕塑了。意思是说，问题不是只有我自己来解决，我还创造了新的问题，让别人因着我追求的想法（雕塑）而痛苦。我要完成我想法中自由的完整性，我认为我的选择是好的，可是我同时也让别人因为我的选择而受苦。

雕塑议题看起来很熟悉，把它变成现代社会的案例，男人有小三，元配跟孩子最痛苦，所以当男人满足了选择小三的欲望时，也要知道选择小三的同时也创造了元配、孩子失去爱的自由跟爱的幸福！我不能说我没有雕塑别人，事实上我用我的选择塑造了别人的痛苦！所以别人也被我影响了。当沙特说出这个观点的时候，提醒我们读沙特的观点时，要有思考、核对的能力，不能一味仿效他和波娃而忽略了做人之道。重要的是沙特很有自觉。总的来说，他的自由为什么让人觉得还有可看之处、还值得介绍？因为他的自由是对波娃负责的。

我们常说"没有上帝，人还可以做什么？"很有趣的是，当我们发现上帝不存在时，人什么都能做，什么都可以做！但是沙特认为**当上帝不存在的时候，人还可以选择"不做什么"**。母亲改嫁，对一个孩子来说是很大的创伤，沙特被切开了。他如果不被切开的话，还可以怎么办？还能够拥有完整的妈妈吗？妈妈还能完整的爱我吗？失落、寂寞、忧郁的心灵，是孩子失去爱的完整所引发的感受。**生命自有出口，少了什么我们就会挂在心上，总有一天要把缺口给补上，然而这样的举动是危险的，因为补上缺口意味着有人要付出代价。**

思想启发

以上讲的是沙特的第一个阶段。第二个阶段是到他四十岁，第二次世界大战结束时。第二次世界大战对他的影响非常直接，沙特比较成熟了，深受哲学启发，对这个世界有些想法，于是在虚无中寻找自由与公平。所谓虚无是指一切都没有根源、没有根据；当一切都没有根据的时候，我还有能力在没有根据中找到符合人的美好吗？眼前见到的是满目疮痍,二次世界大战之后重建的景象;就环境实体和政治来说都是不美好的。沙特四十五岁转向历史与经济问题,他很厌恶战争,所以"还有没有更好的主张,可以不再有战争?"是他内心中非常坚定的想法,后来他钻研了马克思的著作,从中遇见了希望。

二次世界大战过后五年,来到1950年,沙特开始跟苏联交往,跟古巴革命家卡斯特罗、格瓦拉也有往来。他四十九岁的时候访苏,六十三岁跟苏联决裂,前后十四年!为什么那么久?因为他追求乌托邦的世界,而他认为共产党就是他的乌托邦,所以他一定要花时间认识苏联所建立的美好新世界。沙特去苏联之后立马做一个鼓吹者,十四年大致分成三个五年,第一个五年是持续的支持、肯定,第二个五年则是百废待举结束,开始走向轨道。而在走向轨道之后,当苏联开始政治运作时,他隐约觉得不对劲,想要设法修正,到后来不成功所以决裂了。这里面还有个非常重要的因素,就是他不相信他的选择是错的,他也不相信他看到的主张是错的,所以他跳进去,想证明自己的想法是正确的。跳进去之后,因为良知,不能遮蔽自己的双眼,所以长期积累之后就决裂了,决裂之后他不死心,又去了古巴。

在他访苏的过程中,他的房子被炸了两次,包括他在巴黎的住家,这代表已经有人非常不满意他的作为,可是越有人不满意,他越要证明自己是对的。我之所以提这段是要大家了解,很多人都有这种人性上的"执意"态度,面对执意是最难以逃脱的,难怪孔子提醒自己要断绝四种毛病,毋意、毋必、毋固、毋我。翻成白话就是:"不要随便揣测,不要武断地评价,不要执著自己的看法,不要只想到自己。"(《论语·子罕篇》:"子绝四:毋意、毋必、毋固、毋我。")

沙特有很多东西可以谈,但他涉猎的领域太多了,他是哲学家、作家、政治家,甚至"情感家"——他是情感的先驱者。他太丰富了！尤其写作是他的天赋，到底要谈他的哪个领域？后来想想，其实他是多重交替。沙特在五十九岁的时候跟苏联还很好，这个时候他竟然得到诺贝尔文学奖！得奖的是《文字生涯》这本书，但他拒领诺贝尔奖，他说我是支持革命的人，假如我领了奖，外界就会说诺贝尔奖得主沙特支持革命，那岂不是会影响诺贝尔奖的立场？所以他拒绝领奖是为了不要让对方尴尬，确实把对方的立场拿进来考虑，这一点让我看到了他的真诚！之后他与苏联、古巴决裂，源自苏联开除了索忍尼辛作家协会的会员资格，而古巴则逮捕诗人赫伯多·巴迪亚，这样的行为踩到他的底线。

我痛苦地了解沙特其实蛮痛苦的，一个情感那么厚实的人，明明能把事情看得很清楚，却又怀抱希望跑去支持苏联，这不是很吊诡吗？他尊重西蒙·波娃情感上的自由，让她决定双方的情感模式，另一方面，他却不能同意苏联用政治的手段对付作家！到底沙特的界线和判断依据是什么？我认为是"自由与公平"。

人都可以拥有自由，因为人天生是自由的，也因为自由，所以人能够有选择。选择是公平的，但是选择之后，你要为你的选择负责。由于沙特是作家，崇尚自由，所以他看不惯别人受苦，要去帮别人找自由、找公平，甚至去鼓动革命，这就是前面说的"在问题中寻找新的答案，然而答案却是问题"。我们常常为问题找到答案，却没有想到新的答案才是真正的问题。**我常说，我们害怕问题，就会被问题绑架，被绑架之后，即使我们好像找到答案，却无法看到新的问题。唯有高超的智慧，才能在被问题绑架之后，还可以超越答案，不让自己深陷新问题的绑架。**沙特意识到这种现象没有办法解决，所以他说："哲学家应该是战斗者，用行动来承担义务，而不是用言辞。"这是多么激进的哲学家！这也是沙特的苦难，他无法甩掉手上的湿面团，从问题中脱困、超越问题。古典哲学有位哲学家君王奥雷流士，可是沙特认为哲学家不再是君王，哲学家是战斗者，是战士，他要把他的思想落实在现实世界中。

很多社会观察者认为沙特在这个问题上始终没有厘清，你想：在参与之后还能保持客观吗？哲学家本身是客观的，但沙特让自己从客观者变成实践者，参与了战斗，他还说必须用行动来承担义务，而不是光说不练，用言语来承担；他是行动派。这样的说法会造成我们的疑惑——面对什么事我们必须行动？什么时候我们又应该停下来？《易经·艮卦》的《象传》写道："时止则止，时行则行。"在行进之间要懂得什么时候要干什么，但有什么教战守则可以教给我们智慧，让我们知道"当行则行，当止则止"？

有的。孔子说：好学不倦，誓守仁道（就是当行）。不入危国，不住乱邦（这是当止）。政治运作有制度就贡献（当行），没有制度就退隐（当止）……（《论语·泰伯篇》子曰："笃信好学，守死善道。危邦不入，乱邦不居。天下有道则现，无道则隐。……"）如果一件事不该再进行下去，为什么我们还要继续？如果没有学习知识、没有正确的观念，叫你停你是不会停的，可是一旦学过论语，我告诉你道理，你就会停，因为你知道如果不停会造成什么结局！当你把这个结局拿来跟心里的愿景一比，就会发现跟原本的愿景不同，所以当然要停。有人说**智慧的产生是透过一连串受教的过程，要拥有智慧一定要受教，不受教就不可能拥有智慧**。受教在这里指的是接受善的知识，因为知识是力量，而知识要产生什么力量，是由当事人自行冶炼铸造的。

我对沙特的政治作为非常焦虑，因为他丰富固执，而且太有想象力与创作力了！他想法的涌现就像泉水一样不断涌出，一直到死亡为止。也因为身在那个年代，这对他来说是痛苦的，他必须去完成一条不一样的路，也就是证明此路可行或此路不通。就像鄂本笃这位耶稣会会士，花了一生的精力去证明从印度通往北京的快捷方式行不通！这样的生命情怀让人感动，也帮助大家从此以后不要再走那条错的路。证明"此路不通"与成功赚钱这两条路，世人看到的、喜欢的价值往往是成功赚钱，也鼓励孩子往这个方向前进；而此路不通，人人闻之丧胆、弃如敝屣，它对大家似乎没有实质上的帮助。然而，对鄂本笃来说，**世界没看到我没有关系，至少我抉择了自己生命的道路，证明这条道路不通只是附加价值，其他人如果理解就不要再走我的路**。至于"看不见的价值"还是价值吗？请自行思考。

我们常说"感同身受"。谈到沙特为什么我会这么痛苦，因为他太细腻了！他有很多良善的举动，像是他不领诺贝尔奖，很多人都说他拒领，并且给他一些负面的标签，说他太高调，但其实他不是这样的人。他有他的原则，可是只有少数人愿意去看他的想法，大家只想谈论他跟西蒙·波娃的关系。他给我的启发是：人要活在世界上，就要勇敢抉择"我要让世界看到我什么？"**如果要让世界看到思想，我就不能够在思想之外创造其他因素来搅局，否则世人就看不到我的思想**。

为什么人们可以遇见孔子、庄子、孟子、老子，因为他们的"关系"干净，所以人们没有其他东西可以研究，只能好好研究他们的思想。这是有智慧的人才会做的事情。沙特没有这样的智慧。他生命中很多层面都非常棒，像是替别人想、看重自由、看重公平等，可是他的优点都被遮住了，因为每一样他都要！就我认识的沙特来说，在他整个生命的主轴里面，他没有掌握住重要的、根本的关键，以至于在其他部分他还"要"，而这个"要"就造成别人在面对他时必须自行搜集聚焦。

他从柏拉图那里思辨存在与本质，因而得出"存在先于本质"的领悟；思考笛卡尔与胡塞尔对于二元对立的哲学，发展出《存在与虚无》的在己存有与为己存有；受康德、黑格尔、马克思主张的影响，著有《辩证理性批判》。而齐克果对于自由、焦虑的看法也深深影响了沙特。此外，博格森、海德格谈时间、生命与存有，而沙特的思想主要聚焦于人，也因此沙特从他们的思想中抽取与人相关的部分，例如：海德格谈人是被抛掷到这个世界上，而沙特更进一步说上帝已死，人在这世上有无限的自由，因而承受着虚无、焦虑，必须为自己筹划未来以便塑造自己。

思想精华

思想的起点

沙特的思想起点是对笛卡尔的批判与继承。沙特针对笛卡尔"我思故我在"的"我思"加以改造。至于胡塞尔的现象学，认为意识是对某物的意识，因此意识不是自我封闭的，而是连接对象。沙特向胡塞尔学习现象学，将笛卡尔的我思改为胡塞尔的意识，沙特虽然肯定外在世界存在，却认为意识与对象仍然是对立的，彼此并非对等相连，而是意识赋予对象意义，意识甚至会主宰对象。沙特这一段话听起来还比较难懂，后面我们会有正式的解构。

存有者的类别："在己存有"与"为己存有"

要说沙特好，到底好在哪里？他的确在思想上有很好的概念，从现象学里，意识的部分发展出"在己存有"跟"为己存有"的概念；

在己存有的存在本身没有意义、价值与目的，只是单纯存在在那里。这些存有本身没有意识，而是被意识的对象。例如：桌子、椅子。对沙特来说，这些目的都是人赋予的，因此这些事物本身并没有目的、意义与价值，是被人所赋予而来的。也基于"在己存有"的观点，沙特非常看重行动，透过行动来改造世界，赋予世界新的目的、意义与价值。

"在己存有"就是前面谈到齐克果的深度自觉里，发现人真正的苦难，甚至是绝望；自己只是单纯的自己，"不知道有自我"，即使体会到一些自我的甜头，也"不愿意进一步在行动上赋予自己活着的目的、意义。"在灵性自我当中，我要怎么让自己可以真正成为心目中想要存在的那个我，这就是以下谈到的"为己存有"。

"在己存有"跟"为己存有"之间的差别在于"在己存有"仅是单纯存在的存有，换句话说，我就是被你意识的对象，没有具体作为；对你来说，我这个人就是"身处在这里"，但有我没有我对你没有差别，除非你要赋予我在这里的目的跟意义。我想到一个有趣的例子：忠烈祠大门前有两个卫兵很英挺地站着。他们只是"（存）在"，但我们赋予他们目的和意义，就会发现好多人故意逗他们，跟他们合照。再进一步举例，如果我们的家人只是在那里，却跟我没有关系，那还算家人吗？我们常听到："你不能把家当作旅馆"、"你为什么不陪我们说话"、"你为什么不陪我们吃饭"、"你为什么不……"这些疑问当中最重要的是，家里有一个人和我们形同陌路，连拍照的机会都没有，还不如让他站卫兵算了。

"在己存有"的意思是："我"是一个躯体，而躯体就是躯体，不对任何人产生意义。举一个生活的例子，父母可以给孩子钱，但是除了钱之外，父母对孩子就没有任何意义！这是很多现代父母的痛苦。我希望大家学习过后不要产生这种痛苦，因为真正有价值的是

"为己存有"，我们的对象不是别人，而是自己；只有把自己真正做到位，别人才会从我们的具体行为里感受到我们对待自己如此真诚、正直，可以成为子孙的典范。一个人的选择会影响他怎么做人，这是沙特的理论。人说"以身作则"，跟沙特不谋而合，非常符合人性。

有些父母看到大家都让孩子念幼儿园，就以为孩子不能不念幼儿园，否则念一年级时跟不上进度，但反过来，谁能保证念幼儿园就一定跟得上？真正影响结果的人是父母，因为父母是做决定的人，而决定之后最辛苦的是咱们得以身作则，拿正确的价值观来教育孩子。笛卡尔说：**"征服你自己有甚于征服全世界。"** 他的意思是，即使我们没有把握，也得以身作则地具体行动。

"为己存有"就是透过否定（虚无化）而存在的意识；存在先于本质，自己具备赋予意义的能力，还可以不断地超越与被超越。为己存有主要的代表是"人"。首先，人的意识透过区分"什么不是我"来认识什么是"我"，亦即经由"否定"来建构自我，而"虚无化"是指：能把自己虚无化的意识。同时，人又不断在改变，因此前一刻的自己已不是现在的自己，于是现在的自我不断透过活动、否定（虚无化）来往前迈进，塑造出真正想成为的自己。再就相较于未来真正想要成为的自己而言，现在的自己也是虚无的，因此必须不断改变才能前进。讲得简单点，就是否定昨天的我（把昨天的我虚无化），让今天的我比昨天的我更进步，明天的我再超越今天的我！这就像《大学》所说的："苟日新，日日新，又日新。"每天都是动态地超越昨天。

沙特承继海德格的《存有与时间》，认为人一开始是被抛掷到世界上，并且一无所有，所以是虚无的。然而虚无的人能够透过自我塑造的方式创造出自我，亦即透过否定、破坏的方式来建构、突破，甚至超越；然后发现人类都同样身处在一无所有的环境中，就让我们一起改变这虚无的世界。**对沙特来说，自由与虚无密切相关，人天生没有什么本质，而是在一片虚无中塑造自己。**因此，人有塑造自己的自由，人有虚无化的能力，人是存在先于本质；**人透过不断的选择与决心来塑造自己，而本质便是人透过自由选择而塑造出的结果。**

否定、虚无化的另一层含意即赋予意义与价值，有趣的是，这一切是由自己所赋予，所以人能随时透过否定来把这些东西取消。除此之外，沙特认为人还可以将这样的能力用在自己身上——既然人天生是虚无的，就可以不断改变，不断超越原本的自己。同时，**也因为人是自由的，原本是一无所有的，那么人就可能继续一无所有，或是选择回避自由而活得更堕落、更沉沦。**

我们说"存在先于本质"，存在就是我活着，我这个人存在；而只要是人，都有自由，你就要选择你的本质；本质是如果你想成为医生，医生就是你这一辈子真正的本质。我的意识这样告诉我：**必须透过不断的选择、不断经历选择背后必须承担的责任，因为只有透过选择与承担的过程，才能表现我活着以及自主意志的意向。**这是沙特的想法，非常清楚，可是有多少人会去想"在己存有"、"为己存有"的问题？大家都忙着看他和西蒙·波娃的关系，因为比较有趣。

我们可以看到"在己存有"仅是单纯存在的存有，乃是被意识的对象，本身没有意义跟目的。但人类可以赋予其目的和意义，所以从"有"而不是"是"开始。意思是你现在"有"但还没有到"是"；"有"是指每个人都有，而"是"却不是每个人都是；"是"是身为一个人，自己决定自己是什么！之前我提到"拿掉什么就不再是我"。换句话说，抽掉我所看重的"是"，例如真诚，也就是当我不再真诚的时候，我就不是我了。所以当我去做不是我该做的事，去选择不是我该选择的东西时，我会很痛苦——爸妈不用教训我，我就已经很痛苦了。这力量来自自己，我就是自己的超越者，我就是自己的创造者！

你必须对你的"是"负责，这很重要。每个人的心目中不是爸妈叫我们做什么，而是自己选择一个名词来代表"是"，并为自己的这个名词实践。这个名词就像"众里寻他千百度，蓦然回首，那人却在灯火阑珊处"（辛弃疾《青玉案·元夕》）一样等在那里。回到前面的例子，那个真诚就是我，离开了真诚，我再也不是我，因为真诚能维持我跟他人的互动关系，拿掉这个，我们就没有关系了，因为我的真诚没有了，于是我觉得自己好像没有活在世界上一样，这就真的彻底虚无了。

沙特在1945年写了很有名的文章《存在主义是一种人道主义》，其中除了告诉我们存在主义是人道主义外，又说：人道主义分为封闭式的跟开放式的。他做了非常重要的大胆假设："无神论的存在主义（我就是个代表）极为一致地宣称，如果上帝不存在，那至少有一种存在是先于本质的，他可能在被任何概念界定以前就已经存在，那就是人，也就是如海德格所说的人的实在性。"

换句话说，我们现在看不到上帝，但是我们可以很确实地看到人。前面介绍海德格的时候说到，人被抛进这个世界，我们不能决定要不要进来，可是当我们进来之后，就发现已经在人群里了！这就是非常实在的状态。既然我们是以人的身份被抛进来，而人有他独特的、非常重要的天赋，也就是天赋人权，我们天生就拥有自由。我们在任何时刻都有自由，就算被绑架，我们还是有自由；这种自由是内在、心灵的，是比较超越、精神上的自由，而不是实体的自由。如果人只活在实体的自由里，那就太肤浅了！就不是灵性的动物。人的灵性是因为人知道自由超越了限制。**在实体世界里，我遵守实体世界的限制而同时产生心灵的自由，即使实体世界没有自由，我一样可以拥有自由。**这是世界上其他物种没有的，唯独人才有的心灵自由，所以维克多·法兰柯才能在处处濒临死亡的集中营里写出《追寻生命的意义》，代表人拥有心灵的自由。

既然有自由，你还说我不能够、我不愿意、我没有办法，沙特就生气了，他认为这是自欺欺人。他之所以变成行动派，是为了证明他的论点真的可以实现，也就是他认为自由没有任何障碍。在这种情况下，对于"为己存有"，他说我可以有"说不"的自由，我也可以从"不"里面去延伸我内在对于自由的淬炼和升华。这是很有趣的议题，因为当我说"不"时，我到底要什么？就像妈妈会反问孩子"那你到底要怎样？"其实有时候我们也不知道自己为什么说"不"。

当我们学会说"不"的时候，会发现"不"带来更大的痛苦，因为我们不知道我们要什么，只知道眼前这个处境是我们不要的，而我们必须为说"不"付出代价。举例来说，金马奖五十周年时看到凌波，让我想到黄梅调里的梁山伯、祝英台、马文才。祝英台坚持"我就是不要嫁给马文才！"最后以死明志，用死来证明她就是不要马文才，结果和梁山伯双双变成蝴蝶，好有趣！很有哲学的道理，也就是"不自由毋宁死"！为什么梁山伯与祝英台不管看几遍都觉得很好看，因为它传达了"不能自由选择，我宁愿去死"的概念。

真正令人着迷的是"不自由毋宁死"，因为谁有这种气魄跟胆子，为了爱情，跳下去都愿意！看到我跳下去没有反应，代表你不爱我——**爱是没有办法遮蔽的，它非常直接、没有条件。**所以沙特说，当我选择我的本质，也就是我"是"什么的时候，我就正在雕塑自己。**我们一定要选择雕塑自己，如果不雕塑，我们就不能让自己成为具体的"是"。**唯有透过不断的"不安"（内心的提醒），去选择安（正确的行为），才能雕塑自己成为真诚的人。如果忍受长期不断的不安，却始终不去选择让自己心安、符合良知的事情，最后就很容易人格分裂！逆向思考你就知道，当你每次选择都让自己心安，就觉得自己好棒！我雕塑自己成为真诚的人，越来越透明、越来越干净！沙特说："人除了自我塑造之外，什么都不是。"非常强烈的话，因为只有塑造才能产生"是"。

沙特的想法有些通、有些不通，而大致上他的想法到最后自己通了，只是整个社会还没有到那个程度，不能用这么躁进或冒险的手段去完成；思想程度还跟不上，观念都还没通的情况下，不能要求世人在没有婚姻束缚的情况下去发展非婚姻关系；没有婚姻的关系已经很乱了，再同意没有婚姻束缚岂不是更乱？那就变成野兽世界了！因为人也是兽类的一种。

人生

沙特的哲学核心是自由。**自由对人而言不仅是权利，同时也是责任；而人与人之间的相处也正是自由与自由之间的关系。透过自由将对方纳入自己的自由，亦即将对方当作对象来看待，这时才能保有自己的自由。**人与人之间充满紧张、冲突的关系，而沙特更认为这些人与人之间的沟通最终会失败是必然的结果。

关于自由：人被判定是自由的；上帝已经死了，一切都是可能的；人有真诚面对自己的自由。沙特认为人是自由的，而且是"被判定"自由的，亦即生下来就被决定是自由的。被判定的另一层意思也可能是被造物主所决定，但沙特否定有上帝存在，他引述海德格在《存有与时间》中所说的人被抛掷到这个世界，一旦到这个世界上，人唯一具备的便是自由。

同时，这份自由几近无限，因为上帝已经死了，所以人做什么、人怎么运用他的自由都是可能、都是被允许的。在这些自由之中，人拥有真诚面对自己的自由，人知道自己是自由的，甚至可以选择放弃自己的自由，而且即便人被当作奴隶，甚至即将被迫害，都仍拥有反抗、说"不"的自由。

沙特曾讨论人面对的五种处境，分别是：

（1）我的位置（身处的地点、角色）；

（2）我的过去；

（3）我的周围（周遭的事物、阻碍）；

（4）我的死亡；

（5）我的邻人。

具体来说，不论在哪种处境，**人都拥有自由，可以选择要如何面对，因此自由是无限的**；所谓的限制、阻隔是人给自己设定的。自由选择，并且将责任放在自己的肩上——人除了自由以外，还有责任。沙特强调的是，**即使没有上帝，人一样可以承担责任**！不要以为虚无就是一路被动到底，都是消极的，沙特是积极的虚无主义者，他不是不负责任。所以他的"是"就是诚实，诚实去面对生命所拥有的自由，并且不断淬炼自己的诚实，哪怕在政治上显得很浪漫。

后人对沙特的评价褒贬不一，基本上左派的人褒比较多、贬比较少；而右派则是贬比较多、褒比较少。这样看我觉得太狭隘，回到人性上，到现在还有人在争论；沙特百年诞辰暨二十五周年忌日来临时，关于他的评论五光十色，有颂扬、有批评、有反驳，更有善意的调侃与恶意的嘲弄，把沙特说得像个嘉年华会的小丑。法国最有影响力的《L'Express》新闻周刊特别以"沙特总是搞错吗？"为主题，讨论"今天如何看待沙特的错误"。

社会评论看到的是沙特的举动、做法是错误的，却没看到他错误背后的本质是什么。同样的，我们活在这个世界上，不断接受别人对我们的看法跟评价，而沙特认为世人是庸俗的，往往用表面来评价真正隽永的内涵。这就对应上了尼采说的"物竞天择、劣者生存"。劣指的是所有普世、庸俗的价值观，它取代了正确、恒真的价值观，于是人们都说我们不能怎么样、我们无法怎么样，应该跟着世俗走，成为一群有自由却没有自由的人！因为我们不做真正的自己，不做诚实的自己，甚至认为诚实是笨蛋才会做的事情。

我在这方面非常努力，我不允许儿子跟女儿做这样的事情，而他们也非常诚实，他们知所进退、待人热情；他们热爱世界、参与世界，即使遇到困难，也告诉自己这就是我的选择，没有什么好说，这是我的命运。我们要成为真诚的人，身上的负面批评会少于沙特吗？不会的。因为所有不敢相信真诚的人都消遣我们，还说了一堆不做真诚者的具体理由。当然，我尊重但不同意，我宁可为真诚付出代价，也不愿不真诚而活。

孔子也经历灾难，困在陈蔡之间，饿得快死了，却还是挺过来了，这代表上天有好生之德；如果不选择真诚，灾难会更多！世人不单纯，所以看不到问题；在混淆中找不到问题核心，医生要怎么治疗？如果单纯一点，干干净净，医生一下就看到问题所在，就很好医治。东想西想，把自己搞那么纷乱，最后找不到问题所在。

关于责任：**人必须承担伴随自由而来的责任，并因拥有无限的自由而与焦虑共处。人如果不想承担责任而追求安稳，便会陷入自欺，骗自己没有自由而拒绝承担。**沙特认为自由同时也是人的责任，亦即必须面对、承受并妥善运用自己的自由。换个方式来说，**人会逃避自己的自由，而自由的广大与无限，带给人不确定、空虚、晕眩感，让人焦虑不已**——这个论点与齐克果的说法如出一辙。

逃避自由的人不外乎是为了获得安稳、安全，于是拒绝承受自由的责任，欺骗自己。可能的做法包括：

（1）直接拒绝选择，放弃自己意识的能力；

（2）告诉自己，由于有种种限制，所以自己其实没有自由，只能遵循规定；

（3）信仰某种决定论的主张。

第一点符合齐克果三种绝望中的"不愿意有灵性自我"。**拒绝是容易的，承担是困难的，避开承担最大的灾难是无法拒绝感应、无法停止感应，这是走过自己的人心中很清楚的魔咒，甩不开、丢不掉，深陷幽谷却又无能为力。**面对这种情况的人只有请求太阳抛下一条绳索，以便拯救自己脱离。沙特认为自我欺骗是对自己最无情的骗术。

关于他人：人因自由而在对待他人时会支配对方（否定对方以保有自己的自由）或被对方所支配（被对方否定）。人应该告诉自己的是，我责无旁贷，必须面对自己自由的真实性。这很像夫妻对话——

先生：我在应酬。太太：跟谁应酬。

先生：啊！你不认识的客户。太太：男的女的？

先生：女的。太太：你们在哪里？

先生：餐厅。太太：哪一家餐厅？

先生：好了好了回家跟你说。太太：现在就跟我说。

先生：啪，挂掉电话。太太觉得自己受到委屈了。

由于每个人都拥有无限的自由，因此"人与人之间如何相处"在沙特的哲学中便成了问题。从沙特个人的经验来说，他观察到人会为了自己的自由而将他人看作对象、客体，这或许是为了占有对方的自由，又或是将对方当成物品来支配，无论在哪一种关系中都是如此。后期的沙特虽然始终以行动来反抗不公不义，努力塑造世界，但他仍未放弃自己的自由观点。他希望：人能努力去改造社会，让世界更公平自由，即便人与人之间始终存在自由的冲突。

支配对方、避免被对方支配、否定对方以保有自由、被对方否定等，这都是我们念兹在兹的人性，也就是说，我们在独立思考以前，都会受到别人的支配，为了符合评价，我们其实已经被评价支配了。**当我们有机会学习知识，就知道人不是靠别人评价而活，而是靠自己的选择而活。人是靠自己的自由，承担责任、勇于实践，而拥有正确的人格自信，才能充实而富足地拥有属于自己的人生。**

最后我的心得是：沙特很多概念都很棒，材料都很精彩，具体来说，身为现代人，我们可以不必学他的固执，不见棺材不掉泪，却无法领悟当行则行、当止则止的判断。聪明的沙特也有他的限制——雅士培的界限理论在他身上也印证了。人生最荒谬的就是固执地想要证明："我不是那个倒霉鬼，我是新的救世主。"这才是生命里的荒谬！我常想哲学家只适合当顾问，不适合亲自下场打仗，一下场身陷其中就什么都看不见了，成了当局者迷的滚球。我们常说"前车之鉴"，却总是紧抓着前车之鉴的理由，而不是抓到前车之鉴的本质。我们用前车之鉴的理由告诉自己可以熬过，错了！如果抓到的是本质，自认为可以熬过去，我同意。**沙特的错误是紧抓着不被支配的自由，但自由不是本质，真正的本质是人良知里面的真诚。**

对真诚、正直我比较坚持，因为不想让学生走太多冤枉路，所以想尽办法引导他们走正确的人生道路；倘若学生说不要学这个，最后我会尊重他的选择，也请求上苍让他早日领受，以免老了一摔不起。在《间隔》这部小说里，沙特说他人就是地狱；而另一本著作《自由之路》早期的书名是《魔鬼》，书中说我们是痛苦的，因为我们自由，所以痛苦是必然的。我跟他的看法不同，**我的逻辑是我们自由，所以我们有智慧享受痛苦，因为智慧不会拒绝痛苦；既然选择了，这就是我自己求来的，心甘情愿！**"痛苦是必然的"和"痛苦属于智慧的一部分"，两者在想法上就有所差别，一旦接受痛苦属于智慧的一部分，气魄跟格局就不一样，这是我要带给大家的。

沙特是个浪漫的人，他必须要接受他的限制，因为他一开始是学会说"不"，而不是学会说"是"。尼采告诉我们，要跟我们的生命说 Yes，跟我们的欲望说 No。在这个清晰的思辨点上，什么时候说"是"、什么时候说"不"，显然也考验着我们。

沙特名言

一，存在先于本质。

二，无论人是否愿意，他生来就是自由的。

三，平庸的人自己选择了平庸，他们自己折磨自己。

四，使生命活得有意义是人的责任。

五，我们可以选择逃避、犹豫不决，甚至可以选择不去选择。

卡　缪
Albert Camus
1913~1960

人是孤独的,又是合作的。

因为合作所以幸福,因而真相是:我在幸福的同时又是孤独的人。

缘起：楔子

卡缪以"荒谬"来形容人类在世的基本情况：寻求意义的卓越人类，却必须生活在毫无意义的世界所造成的困境中。他认为我们是道德的生物，要求世界提供道德判断的基础，而且其中要包含"价值意义的蓝图系统"。可是世界并没有提供我们价值意义的蓝图系统，因为世界对我们完全不感兴趣，犹如青山对我完全不感兴趣。从这里卡缪看到"人类的渴望"和"世界的冷漠"之间所形成的张力，这两者之间抽象的对立，形成了人类"荒谬"的处境。人们的"以为"、人们的"感性认为"，也就是以感受为前提的主观观点，往往忽略真正的本质，使一切的善意都化为误解与悲伤。探讨这一切就是荒谬的开端！

生平背景

家庭背景

卡缪是法国人，出生于北非阿尔及利亚，一岁的时候父亲过世，于是他随着母亲和哥哥搬到贫民区的外祖母家，而母亲为了维持家计必须离开家去当女佣，生活非常艰难。小学毕业，受到老师路易·热尔曼的推荐，靠着助学金的帮助进入中学就读；老师的恩德，卡缪终身不忘，在受邀领取诺贝尔奖时，特别向路易·热尔曼老师致谢。

生涯发展

卡缪20岁起半工半读攻读哲学，23岁毕业，论文题目：《新柏拉图主义和基督教思想》。27岁离开北非初探巴黎，适逢第二次世界大战启动，当时的巴黎还没有被德军占领，空气中仍有安然自在的悠闲，艺术家们在咖啡厅自由出入。1943年沙特和卡缪在文人会所结识，友情在稳定中成长，但后来彼此竟为了不同的观点，走上"道不同，不相为谋"的分歧旅程——"二战"期间卡缪曾加入地下抗德组织。

思想启发

卡缪的思想受柏拉图、基督教、齐克果、尼采、杜斯妥也夫斯基、卡夫卡与沙特等影响。1942年，荒谬的概念在小说《异乡人》中出现；同年《西齐弗斯的神话》（又译薛西弗斯神话）问世。其他作品显现了他对战争的具体意见，如《鼠疫》，反映法西斯政权如瘟疫传播，伺机蔓延，无处不在，无人幸免。《反抗者》中他认为只有积极的反抗才能体现人的尊严，超越荒谬的摆弄，勇敢地活出自主的生命。

1957年《异乡人》获诺贝尔文学奖，审议委员描述卡缪的作品："对人类的良知有非常清晰且诚恳的阐明。"在一次访谈中，他针对艺术家的使命提出了个人的见解："我不要求任何角色，我真正的使命只有一项。作为一个人，我热爱幸福；作为一个艺术家，……就必须对暴政表明立场，赞成或是反对。在这种情况之下，我采取反对的立场。"然而在卡缪作品的核心中"总有一颗不灭的太阳"，凭借人类追求真理时不屈不挠的意志，如太阳般发出热力，并透过冷静理性的分析而看到真正的希望。很不幸的是他在 1960 年出车祸过世了。

误会的生命

荒谬，就是从"你以为你所认识的世界就是世界本身"开始，这是很真实的议题。人本身就是荒谬的，因为人不知道自己不知道，如果人天生就能够知道，那么成长对人就没有意义。**人不是天生就可以知道，而是必须透过后天努力学习才能够知道。没有学习就认为自己知道，那不仅是荒谬，也是无知的骄傲。**

卡缪从人性的角度提醒我们，人类甚至是荒谬的参与者和创造者。卡缪在他的剧作《误会》里就讲到，男主角詹恩活在穷乡僻壤的深山里，父亲早逝，所以家里环境很困苦。詹恩想：如果我还继续活在这样穷困的环境里，全家人就没有希望了。人活在没有希望的世界里，就会想要去找寻希望，于是詹恩决定离乡背井去打拼。

詹恩出外寻找机会、寻找希望，让我想到伊斯兰教伟大的先知鲁米写的《三尾鱼的故事》。三条鱼在湖泊里很快乐地长大，长大后就面临一个危险——他们都有可能随时被捕鱼人抓走，从此结束他们的生命。其中有一条鱼看到未来有这样的危险，决定不再留在湖泊里，他告诉自己："我一定要走！"于是，隔天一早他整理好行囊，和两个兄弟道别。临走之前，他告诉两个兄弟："这里不是我的家。"如果这里不是我的家，那哪里才是？"大海，大海才是我的家。"这代表什么？大海是自由的、辽阔的、无拘无束的，而所有生物都有一颗向往自由的心，这"不荒谬"。我们向往自然，于是就去寻找自然，这很正常，正常就是不荒谬！因此，这尾鱼和自己的关系是：寻找希望，寻找未来属于自己的世界！这份"寻找"背后带着热情，只有热情才能够让你很快决定要去哪里。

回到卡缪的《误会》，詹恩要离家，因为不离开的话，就没有希望了。他出外打拼，辛勤努力闯出一片天，赚了钱、娶了娇妻。有一天他跟太太说："我们现在拥有一切，但我总觉得自己还有一些不安与失落。"太太回应他："不会啊！我觉得很好啊！你看，咱们要车子有车子，要房子有房子，这一切不是都很好吗？"詹恩说："我总觉得这一切不够真实，这种幸福好像少了……责任，对！少了责任。"太太说："什么责任？"詹恩提起母亲和妹妹，他想把深山里的母亲和妹妹接出来，到城市过好日子。就像每一次战争后，有人逃离被战火蹂躏的土地，在外面胼手胝足、辛苦奋斗，有了钱就想把家里的人接出来，为什么？因为人除了自己的幸福之外，还有责任；能够履行责任，打拼就有意义；接出家人生命才会圆满，圆满是幸福的表现。

太太听了詹恩的想法后，也觉得蛮有道理的，于是两个人就回詹恩的家乡去接母亲与妹妹，到了深山之后，詹恩和太太说："我想给我母亲惊喜，我先回家，你隔天再来，我先去让母亲看到我所拥有的一切。"（故事到这里都还很正常，并不荒谬）

另一方面，詹恩的母亲和妹妹在深山中过得很辛苦，为了有点收入，她们在家里开了一间旅店。长久以来，她们都希望能够离开深山。为了攒钱，她们甚至会把来旅店投宿的单身旅人杀了，以便谋财——加快积累钱财，好离开这个穷地方。而另一边，当詹恩很快乐地走在回家的路上时，他心血来潮，想到了圣经的故事《浪子回头金不换》。詹恩心想：我不是浪子，我是出外打拼的人。他满心期待母亲看到自己后，会打开双臂拥抱自己，说："儿子，你终于回来了！"（"以为"是荒谬的开始）

詹恩的母亲和妹妹因为想要对单身旅客谋财害命，所以从来都不敢仔细看旅客的长相，怕看清楚之后要杀对方时心里更内疚，因此当詹恩来到店里，他妈妈连看都不看他，就接过手提箱。而詹恩看到母亲和妹妹，心里想："唉！妈妈老了，妹妹长大了。"他想要和她们多说话却没有机会。他想：离开这些年，妈妈和妹妹受了许多苦，从她们脸上的风霜看得出来，他内心里非常过意不去，因此，詹恩对她们非常有礼貌，态度谦卑和善。和善谦卑的态度让妹妹更觉得眼前这个男人很可怕，和善背后一定有所企图、不安好心。于是妹妹就跟妈妈说："那个人对我们这么友善，太可怕了！我们今晚一定要把他给杀了，要不然我就会被他欺负。"妈妈也同意妹妹的想法。（荒谬从这里开始了）

到了晚上，詹恩坐在床上，内心感到寂寞、孤独、空虚、不安，有一种说不出来的感觉，他当下很想冲去跟妈妈说："我就是你的儿子！你看看我吧！你看看我吧！"可是他没有这样做。他边想着边喝下她们沏的茶，茶里面当然有文章，所以詹恩很快就睡着了。母女两个人看到陌生男子睡着了，就赶紧下手，合力将他抬起，朝水坝下丢出去。就在丢出去的时候，詹恩的身份证掉出来，他们家的老仆人看到了身份证，默默地交给妈妈，妈妈一看，呆住了！原来，自己把自己的儿子给杀了（误杀）！妈妈说："我不要活了，我要自杀。"女儿说："你自杀了，那我怎么办？"妈妈说："如果母亲连自己的儿子都不能够认出来，那她还有脸继续活下去吗！"就上吊自杀了（妈妈的反应与做法不荒谬）。妹妹很生气："你这个臭哥哥，要什么宝，回来就回来，还装神弄鬼，把我们搞得这么疲惫，最后还把你给杀了。"（仍处在荒谬情境中的妹妹）妹妹的人性已经扭曲了，妈妈死了她非常恐惧，同时也非常生气哥哥这样做，可是哥哥已经死了，母亲也死了，怎么办？

隔天，詹恩的太太来到旅店，问妹妹说："你哥哥呢？"妹妹回答:"哪有哥哥!""就是昨天回来那个人啊!""那个人不是我哥哥!""他就是你哥哥!"詹恩的太太把整件事说了一次,妹妹没办法抵赖,才说詹恩已经死了。面对詹恩的太太,妹妹觉得自己无言以对,于是她也上吊自杀。詹恩的太太是整个荒谬事件中最无辜的受害者,最后她大喊:"有谁可以帮助我?有谁可以救救我?怎么会发生这样的事?"她的意思是,这太荒谬了!太夸张了!老仆人这时走出来说:"No!"意思是,不,没有人可以救你,只有你自己才可以救你自己(只有自己才能拯救自己脱离荒谬)。所以当"不"发生的时候,就代表没有任何侥幸。**荒谬所建构的希望在本质上就是幻想,离开幻想自己才能得救。**

每当我们说"不"的时候,就是对别人说"没有希望"。为什么会习惯说"不"呢?因为说"是"会增加困扰、重量,说"不"可以少掉许多麻烦。当一个人真正去面对自己的生命时,他要的是"希望",而他周遭的人跟他之间有种幸福的关系,他有责任也有义务去完成这个幸福的关系,可是没有想到,过程中误会丛生(好意到最后变成恶意,替别人着想到后来变成是为了自己,等等)。每一个人都有自己的想法与意图,也都希望自己能拥有利益或发挥影响力,但如果没有正确的知识,如何帮助自己?如何帮助别人?这就是卡缪带给我的震撼,也因为他这样想,所以让**我必须很务实地去看见"以为"背后的真相,如果我不认识真相是什么,我就会永远活在误会的世界里,不断地被命运摆布。**

"误会"属于"命运"的一部分。希腊的重要悲剧都是谈命运,像"伊底帕斯王"。伊底帕斯不小心杀了亲生父亲,并娶了亲生母亲,这就是很大的误会。这个故事的误会始于预言家(算命师),在伊底帕斯出生之后,命运的图谱就已经写出来了,而人就是荒谬的参与者,包括荒谬的算命师、国王、皇后,以及荒谬的瘟疫。

古典哲学里，尤其是希腊时期的文学所呈现的，大多是人如何反抗"命运"，因为命运总是离不开死亡。当死亡来敲门时，你怎么去面对死亡？那个时候最主要反抗的对象是"命运"，到了近代，我们可以拿莎士比亚举例。莎士比亚反抗的是"不义"，例如《麦克白》。这一类小说谈人性的贪婪，以及贪婪所造成人性的扭曲，让我们检视中世纪之后，人变成什么样子；人没有真正走进探索真相的旅程，反而走进了黑暗，使荒谬真正成形，让我们和自我之间，展开一段史无前例的疏离与冷漠。

古时候人是群居的，而且是非常努力的群居，因为不群居的话危险就来了，当群居结束之后，每个人都有自己的定点，结果人与人之间到底发生了什么变化？当早期宗教哲学所命定的某些元素不再存在时，人去了哪里？所以**莎士比亚要反抗的是：到底人要怎么样才能够找到自己**。如同莎士比亚的经典名句："To be, or not to be（成为，或者是不成为）？"他告诉我们的真相是："玫瑰不叫玫瑰依旧芬芳。"你要成为什么样的你而依旧芬芳呢？本质观念的聚焦，带来了新形式的发展。

两次世界大战把人的生命热情浇熄了，人不断地为政治付出，不断地被战争蹂躏；当生命被抛到这个世界上时，我们该何去何从？卡缪经历了两次世界大战，对于战争非常反感，因为战争使我们看不见、摸不到真实的自己；因为贴近死亡直接造成心灵的恐惧与焦虑，而周遭的死人太多了！如果全部去关心的话，生怕承担不起生命的重量！因此面对死亡只能疏离、保持距离，远离它、不碰它，才觉得自己是安全的；死亡背后就是深度恐惧，而面对恐惧会造成无法阻挡的焦虑。卡缪用作品表现时代的演进，他透过《异乡人》告诉我们，这个世代因为战争的关系，人已经没有热情；人对于自己的想望没有办法直接开展，因为战争阻隔了我们的实现——人受到战争刺激之后，开始变得漠不关心，没有办法关怀别人。怎么办呢？

他接着写了《西齐弗斯的神话》，西齐弗斯为人类向天神讨水，因为战争使世界干涸、枯竭；我们需要活水源头，水进来大家就活了！结果西齐弗斯被惩罚，每天要推石头上山。但西齐弗斯很快乐，因为他知道自己为什么要推石头上山，而为人类讨水触怒天神被惩罚理所当然，反观石头，却不知道它为什么被推，所以我比石头更快乐。这是多么有趣、多么真实的表现！所以小孩子做错事大人不处罚他、让他反省，那就太对不起他了！因为孩子不知道他所犯的错误跟自己到底有什么关联，而离开良善就是从这开始！为什么这样讲呢？因为没有让孩子理解正确是什么，于是错误就一直挂在脑子里，就像一个人没有把正确的想法刻在脑子里，却让不正确的继续留在脑中一样。在这种情形之下，**"我离开了更好的自己，因为正确的良善观念早就不住在我身上了"**。

惩罚（处罚），让一个人知道自己犯了错、错在哪里，以后可以避免再犯，所以觉得快乐。我小时候犯了错，爸爸会罚我跪，问我："你知不知道为什么要罚跪？""知道，因为刚刚干了什么什么。""好，知道了就好好跪。""跪多久？""一个小时。""太久了，太累了！可不可以短一点？""不行，你还讨价还价？"犯了错还和爸爸讨价还价，而且跪一跪身体就歪了，最后躺在地上睡着了，赖皮嘛！但是我知道我错了，我也知道自己错在哪里，处罚使我对于所犯的错有更明确的认识。

如果不处罚孩子，只要他知错就好了、没事了，孩子会觉得无关痛痒。事情要有本末轻重，什么事要罚跪，什么事要罚扫地，其中的道理要好好说清楚，然后接受处罚，处罚其实真正的用意是补过，补过之后又可以重新做人了；孩子犯了品格上的错误，我绝不放过，一定要和他弄清楚讲明白，哪怕是争执，都一定要吵到有结果。这就是

"重要"的、"优先"的考虑，为什么？因为我知道这件事情有关品格，会影响孩子人格的完整性。

荒谬的参与者

误会造成生命很大的冲击，而人甚至是荒谬的参与者和创造者！《误会》带给我们生命直接的启发，如果没有听过这个故事，就不知道人间有这样的误会。亲子之间有很多互动关系都是误会；**每一个好意的背后都有内心里真实的爱，而爱必须透过具体行为表现出来，可是如果没有人的知识作为思考的素材，就不知道什么是"正确的爱"，而实现正确的爱更需要理性的运作与人性的考虑。**

卡缪就是要让我们知道什么是真正的知识：从荒谬到反荒谬。意思是，明明天神的职责就是要照顾百姓，而水就是人类所必需的，天神却控管不给；我不能够接受这种独断的行为，所以我要反抗！你是天神，理应照顾百姓，如果这么独断，那就不是天神，反而是恶魔，所以我要反抗天神荒谬的独断！天神既然让人活在世界上，就必须要给他们基本的生存权利，而你却剥夺生存权，那就是荒谬。

当我思考这个问题时，发现我不能让荒谬产生，所以要反抗荒谬，寻找活出真我的旅程。"反抗荒谬"就是我的反抗。我反抗所以我存在。可是只有我吗？我天天用水，那其他人怎么办？我反抗，所以我们存在。这也是卡缪和沙特分道扬镳的开始。反抗到底要用什么样的方式，才能够成功达到"反荒谬"？这对卡缪来说，是非常大的智慧考验，而他一步一步地把小说写出来。从混沌的自我，到厘清的自我，甚至走向贡献的自我。

我反抗，是因为生活本来就困难、生命本来就痛苦，而痛苦的极限就是自杀，所以一定会涉及自杀的问题。哲学议题也不排除自杀。

可以好好活着，为什么要自杀？人不能够自杀，因为自杀就是荒谬。为什么？因为**你还不知道"你是为什么而来"就自杀了，那不是很荒谬吗？**像这样的逻辑，说实在的，平常哪里会去思考？这种问题一般都留给学哲学的人去思考，可是思考之后，学哲学的人都活得很快乐，而我们这些没有思考的人就活得很痛苦，甚至想要自杀，这不是很莫名其妙嘛！因此，我们不能把这个责任留给哲学家，而是要把责任拿回来，自己也要好好想想。最起码要知道为什么会痛苦，而且痛苦到极限的时候，还能说："我不要死！"这就对了！这才是我们对自己应该要负的责任。

活出新生命

卡缪说，当我们反抗自杀之后，接下来就要看有没有能力活出贡献，甚至创造出新的自己。我们超越了荒谬，不再被荒谬绑架，不再被荒谬局限。这是非常新的角度，不是一般哲学家可以达到的，包括苏格拉底、柏拉图、亚里士多德，他们都没有想到世界会这样变化，没有想到人们会因为战争而变得如此疏离与冷漠，对生命没有一丝一毫的热情，活着就像死亡一般。

在战争的背景下，有没有人搭了顺风车？毕加索就搭上了顺风车。他早期作品是立体派、实验派，缺乏个人的思想，直到毕加索到了法国，参与重要的时代转型。如果生命是被第一次世界大战、第二次世界大战如此伤害，那难道没有乌托邦吗？没有希望吗？毕加索嗅到了人类是疏离的、冷漠的。人是扭曲的，没有办法整合的；人被分割了，所以"后现代"出来了，"虚无"出现了，每一个人都像是拼凑的，没有完整的思想与系统。

举例来说，我爱朋友，可以为朋友两肋插刀，但我不知道什么是爱。我爱我的父母，但不会为父母两肋插刀，为什么？因为父母管太多。这不就是分裂吗？毕加索的作品因为反映这些议题，让大家觉得太有想法了！其实他本身不是思想能力很强的人，但是他跟着哲学家一起活动，最后找到自己思想的重心，画出他的观点，也因为作品表达了想法，得到共鸣，受到青睐开心活到92岁，比沙特还老，寿命几乎是卡缪的两倍！他是一个活着就可以享誉全球的画家，从来没有画家像他这么幸福。**学艺术的人，知道什么是生命的本质，他的艺术作品就有了自己的思想；所以艺术家不能没有思想，艺术家不能没有自己的观点。如果没有自己的思想、立场和见解，就不会成为卓越的艺术家，只是在时代里面，点燃圣诞树的一颗小灯泡。我常说"从自我出发"，因为只有从自我出发，才会成为真正的艺术家，也才能透过认识自己进而创生自己。**

思想精华

从"荒谬"出发

1. 何谓荒谬

什么是荒谬？卡缪指出，我们活在这个世界上，和大自然有隔阂，和别人也有隔阂，甚至连和自己也有几分陌生感，这一切总合起来就是荒谬。

人忽然觉得这个地方不属于自己，或者自己不属于这个地方，有一种茫然没有归宿的感觉，这就是荒谬。卡缪说，把荒谬找出来是为了除掉不必要的幻想，因为人太习惯幻想了！相对于笛卡尔的怀疑论，卡缪认为荒谬是思想的方法。荒谬是要除掉一切障碍，凡是没有经过真实体验而接受的幻觉，都要设法摧毁，摧毁之后再重新建立起一座大厦来安顿自己。摧毁是可怕的，以前都这样想、这样做，但现在不行了，所以"摧毁"对谁来说最痛苦？就 HBDI 来说（理性 A 脑、经验 B 脑、感性 C 脑和自由 D 脑），摧毁对看重经验的 B 脑是非常痛苦的。**我们常带着过去的旧经验，活在现代世界里。**

举个生活的例子，从过去的蹲式马桶活到现在的免痔坐式马桶，哪一个马桶比较舒适？如果还想念过去的蹲式马桶，那真的很荒谬！如果你年轻，还可以蹲得下来，如果你像我们一样上了年纪，一定更喜欢有温度可以冲洗屁屁的坐式马桶——坐下来多舒服啊！

为什么在物质层面，我们可以这么愉悦地接受从蹲到坐，却不能在概念上愉悦地接受从支配到尊重？我们习惯支配却无法接受尊重，这就是人的矛盾，也是荒谬。换句话说，我以为我认识自己，其实我根本从来没有认识过自己！如果我真正认识自己，怎么能够同意荒谬就发生在自己身上呢？这是多么真实的生命体验。当我们同意这样的事情，也就是我所做的任何支配和掌控都会影响别人一辈子，而我竟然不知道自己是荒谬的，就像是我以为我在养孩子，我以为我在创造孩子，我以为我在做正当的事情，其实！我正在摧毁一个人！有没有可能？绝对有可能。而这就是无知的荒谬。这让我在思考教养孩子的时候心惊胆跳，怎么可以不仔细、不谨慎呢，因为**无知的荒谬不只是扭曲人性，更可怕的是孕生邪恶。**

我常常会反思自己的内心，这样想是适当的吗？是正确的吗？我不是用对与错来评判，因为最高的指导原则是"正确"。什么是正确？我们总以为自己知道一切，可是当问题提出来的时候，我还敢说我知道吗？就好像看到卡缪提出来这些思想之后，我还敢说我知道吗？我只能说我根本不知道，我真的不知道！这让我想到孔子"人太庙，每事问"这样谦卑的态度，因为孔子"知道自己不知道"，于是不懂的就问清楚，这是为了让自己有机会可以正确地理解。因此，对于比较成熟的学生，我对他们的要求就会比较高一点，希望他们能更主动地找到正确、厘清什么是正确、理解什么是正确，还要做到正确。正确性的任务是自己要刻意探究的，要找出真相，知道自己必须要知道的真相；诚如《大学》所言"格物、致知、诚意、正心"，这个探究是自己的任务，不是老师的任务。你看！孔子也没有推给师襄去探究吧。

以下摘录一位学生对探究经营正确关系、远离荒谬的心得：

在面对关系的时候，我害怕冲突，害怕会破坏和谐。所以在关系里我并不勇敢，又没有勇气提出我自己真实的想法，也没有勇气去捍卫我所相信的价值，这是我在面对关系时要面对的困境。

也因为这个不勇敢、不真诚，在微电影分组时，我必须要承担，承受我的不勇敢不真诚带来的伤害。微电影的组员是自己寻找，六人一组。一开始我所希望的组员是原本的剧组（辛、林、吴、文）加上胡，一开始我们彼此也询问了彼此的想法，那时我跟他们都说：想和他们一组。

但在要确认分组的当天，我得知胡和吴都想要当导演（这表示他们两人不可能在一组），这也表示我必须要选择和其中一人同组，所以我心里开始比较哪一个人有才华，跟谁一起拍摄才可以夺冠。排名和比较是很世俗且功利的，因为我希望可以留下好的作品，希望可以被大家看见、称赞。在比较两人后，我认为胡胜过吴，胡可以拍出好的作品。这个排名出现后，我的内心开始挣扎，到底要和谁一组？当初因为我自己也希望和吴一组，所以在吴选择和胡一组后，我也选择和胡一组，但这个选择很明显就是功利的，把被我选择的人当作工具，协助我完成我的私心；只看重结果，而没有把对关系的"承诺"放进来考虑。

我之前在和吴的互动过程中，没有把话说清楚，在得知她和胡都要当导演的消息后，一直到选择前这段过程，我内心虽然有想法，但我也没有勇气向吴说出我内心的想法；在吴和我互动的过程中，我回应吴的说法是：我想和她一组，我喜欢她的剧本，我会再考虑。

然而我最后选择的时候，却很直接地说要和胡一组，当时吴问我原因，我回答是我想和胡合作看看，却没有说出心中最真实的原因；我不敢说，但这样的举动及选择深深伤害了吴。事后我跟吴坦承了当时自己内心真实的想法和选择背后真实的原因。

我们的关系和互动到达冰点，我不知道该怎么面对吴以及这份关系，也不知道该怎么面对我自己；吴需要一些时间，思考今后如何面对我，怎么和我互动。这是我在关系中遇到的困境，而这也一直是我在面对关系时担心害怕的——关系的不和谐。熟悉的双方，彼此之间却没有熟悉的互动方式，转而变成冷冷的、陌生的。当这样的情况发生时，我更没有勇气去表达、去互动，因为在乎让我觉得很痛苦，因为鼓起勇气的响应并不是自己所希望的。我变得别扭，甚至出现自己不该和对方互动的想法，被动地等待对方和我说话，或是不切实际地期待有一天我们的关系会变回原本好友时的模样；过去的我在面对关系出现裂痕时也会这样放着。

在这个事件的前期，我同样有上述的想法与被动的心情。我想逃，我陷在强烈罪恶感及负面思维中，这让我无法好好面对自己，无法真正接受自己，更无法好好面对吴。我知道这样面对自我的方式很不健康。我做错了！我的行为和选择深深伤害了我在乎和我所看重、爱的人；这不是我所希望的状态，也不是我所希望成为的自己。这些伤害和补过是我必然要去面对和承担的，对吴我要勇敢地面对和承担，让她感受到我的在乎。

但某些表达还是显得笨拙而且不知所措，我自己也知道做得还不够，但我会继续努力。我更要谨记这次经历和教训，更真实面对自己的感受及想法，勇敢地说出来；真诚地面对自己和所看重的人，不要再犯同样的错，不要再让不正确的行为伤害所爱的人和自己。

当关系必须面对正确性的考验时，不去碰的确是常见的选择，但这种选择会直接带来不安，而不安造成疏离的原因是不想碰那个做错的自己，偏偏做错的自己和做得正确的自己是连体婴。有人以为切掉不喜欢的部分就会留下喜欢的部分，听起来蛮有道理的，但人不是切掉就可以把问题处理好，因为人有良知，还会挂念、焦虑，如果人可以用切割来解决问题，那不如去当西瓜还容易些！是吧。

卡缪想要重新建立一个理由，让人可以有意义地活在世界上。他提出的"荒谬"看起来很消极、可怕，事实上却很积极。他提出几个重要的关键，把"荒谬们"联结在一起，而过每一个关卡就像过关斩将一样，一步一步地从荒谬到反荒谬，活出真实自我。这就像电影里的迅猛龙一样，不断去尝试，希望找到生命中另一个出口的闸门。电影《侏罗纪公园》里面，迅猛龙站在电网围墙内，它的目的是想要逃出围墙，但是电网通电，碰到就触电，很痛苦，迅猛龙就暂时放弃，下次再来！但迅猛龙每一次触电都抱着"触电就触电，有什么了不起！"的态度；而我们人类一旦触电，就觉得"好可怕喔！不要再电了，我受不了了！"只有积极的人，为了活命会千方百计地实验。

电影中，有一次电网因为打雷而断电。迅猛龙就乐了，跑出电网外大饱口福。把谁给吃了？把最懂迅猛龙的管理员吃了，而且他看到迅猛龙攻击自己还很兴奋，为什么？因为他认为这才是迅猛龙应有的本事（迅猛龙不荒谬的正确表现）！他知道自己快要死了，还发出赞叹："Good girl！好家伙！"很兴奋、很快乐地迎向死亡。死亡不是一件快乐的事情，可是他知道自己要死了，还很快乐，因为迅猛龙的表现完全符合他的研究结论。于是被不屈不挠的迅猛龙吃了，还觉得自己死得其所。今天我本来不应该死的，但因为停电了，这个意外必须要接受，所以死吧！死得心甘情愿，而且是被自己养的迅猛龙吃了，这一点都不荒谬。被迅猛龙吃掉还欣慰地感叹："太值得了！"只差没有说："等一下，你吃我的时候，最后一定要舔一下嘴巴，代表我很可口，我才觉得很安慰。"这就是不荒谬的幽默，**有真相的死亡是愉悦的。**当人们都知道什么是真相的时候，就可以接受荒谬的事实，而如果我们不知道真相，那就成了另一种荒谬了；是人怎么能够允许自己这么模糊、荒谬呢？这是不能同意的。

人要抛除这种荒谬，首先，人对大自然要有适当的认识，人和人之间也要有适当的认识，《异乡人》之所以精彩，能够得到诺贝尔奖，最主要是因为它说出了人们内在的疏离、冷漠、不经心，而这种不经心的态度在现实世界有时候是不被同意的，所以当《异乡人》男主角梅尔索的妈妈过世，梅尔索却不知道母亲什么时候过世时，大家就会质疑他到底爱不爱他的母亲。

人都知道，亲人过世要赶快回家奔丧，而梅尔索在母亲过世了还姗姗来迟！到底对母亲有没有感情？决定会涉及他人的批评；别人怎么看我，我可以不在意，但我不能拒绝别人对我的评价。再强调一遍：我可以不在意、不在乎，但是我无法阻挡别人对我的批评，因为这是人伦的世界，而伦理道德在社会中有其基本的要求。

举例来说，阿强做了不恰当的事情，还说："小琪你不可以反对我！"小琪应该说，我是受害者，当然要提出反对意见或抗议不公。如果这个时候小琪不提出反对意见，就代表小琪同意阿强对她做不当的行为，这就是荒谬。

另外，小琪更不能因为自己的修养好就不说，因为对阿强来说，小琪不说就等同于"小琪同意阿强下一次继续以不当对待小琪"。**我们常说沉默不语等于同意，往往我们也认知到没有响应也是响应的一种方式。**荒谬的人需要被提醒，不说就不知道，不知道就会继续做荒谬的事情。所以一定要说，说出来提醒对方也保护自己——我让你知道，你不要再让自己处在伤害别人、让别人不舒服的状态。提醒是对自己真诚，同时也是对别人真诚。

经常我们会有"不说了！"的心情，不说代表我忍住不说，然而保持这样，却悄悄地流失了热情，让疏离和冷漠渗入心里！**没有热情就会影响情感表达，就像一滴毒液，慢慢渗入心灵里的真实自我，而不自觉，还以为自己没问题，即使察觉有问题，也会用化约的方式，甚至别人的说辞来说服自己。**这也就是为什么齐克果的深度自觉在一般人身上很难发挥作用。**有时我觉得不能情理兼备地说清楚，所以选择不说，那是一种悲哀；不说就是同意荒谬存在，而我们正受荒谬之苦，这是卡缪的想法。**

梅尔索的荒谬在于，他让自己走向死亡的旅程；他本来不应该这么早死，但因为他对自己不能够充分认知，却自以为对自己很清楚，而且他认为反正迟早都要死——那个人和我打架，我开第一枪他就死了，那多开几枪也没有什么关系。但现实世界里，开一枪代表自我防卫，而连续开五枪则代表蓄意致人于死！就像你打人家一下，可以说自己是为了防卫，但如果噼里啪啦一阵乱打，就只能说是刻意泄愤。这就是梅尔索不知道社会上伦理运作的分寸，因为不知道自己不知道，以至于把自己送上了不归路，提早走向死亡！这是梅尔索的悲剧。

（1）人与大自然之间的隔绝

《异乡人》让我们看到人和大自然的隔绝到底是什么。梅尔索好久没去看妈妈了，对于妈妈活着或死了，好像也没什么特别的感觉。他照样饮酒作乐，周末带女友出去过夜。在朋友家聊天的时候，朋友告诉他正要跟一个阿拉伯人决斗，于是他就拿了匕首跟到海边助阵。那个阿拉伯人躲来躲去，最后朋友把枪交给梅尔索，这时太阳光照在阿拉伯人的刀上，又反射在梅尔索眼里，他忽然觉得很刺眼，就开枪了！反射的阳光让梅尔索很不耐烦，结果他不只是开一枪，而是连开五枪！然而真相是：阳光反射刺激了眼睛，眼睛看不见的同时心生恐惧，梅尔索因恐惧连开五枪！

人对于自然有一种情感的抒发，还有一种和谐的隐藏性需求。看看教室外，如果一片光秃秃、尘土很多，你会喜欢这个环境吗？不会喜欢。现在外面都是绿树，所以我觉得和同学们分享时，树好像也在后面静静听我上课，好幸福！人和树一同欣赏人籁，当然是幻想，树哪里听得懂呢？这样的想法显然自作多情。情感对人来说，是很自然的发散，所以一定要记得这是幻觉，**要提醒自己，不要三不五时地活在幻觉里，不当的幻想会带来不当的希望**。卡缪认为人类喜欢为大自然加上人性化的色彩，使它可以跟我们建立和谐的关系，而这一切在根本上都是幻觉。卡缪不是反对移情、幻想，而是即使在这样的状态中，也要在心灵深处保有理性的思维。

（2）人与人之间的隔绝

人和人之间的隔绝，从认识自我、认识他人当中就可以体会——我真的认识了吗？生命是动态的，我能够继续认识对方吗？死亡在眼前，在不远处等待，我能够走过这样一段充满荆棘、孤单又恐惧的旅程吗？我们都很清楚，恋人相爱是一段困难、紧张又刺激的旅程；选择之后，就想证明这个选择是正确的，而为了证明选择是对的，于是假想对方不会变或自己不会变，这样才能够证实自己当初的选择是对的。但这就是误解！这样的思维本身是个误解，必须勇敢地把这些想法撞掉、抛掉、爆掉！转为：**"是我选择的，因此我将竭尽所能去完成，竭尽所能去探索，找到原因，竭尽所能去超越；万一在我肝脑涂地之后，最后发现不是，我也愿意接受这样的命运。"选择正向的积极态度，正确面对动态的生命，就证实了自己与他人联结的关系深具意义**。这其中存有非常细致的差异，如果静下来听，就会听得很仔细，静不下来就听不仔细，无法知道之间的差异是什么。这正是幸福背后的理性奥秘。

我们常说我选择了，所以只要发生不符合我原来选择时所预期的，就暴跳如雷，却不能冷静地思考初衷、面对为什么现在是这样，而我想要的又是什么。卡缪说，**"如果幸福是终点的话，请问在这段旅程里，我们应该做什么样的选择才能走到终点？"**这里面有可能是抛弃自我，也有可能是拥抱自我；有可能是反抗控制，也有可能是反抗经验，或对付自己；有可能是没有自由，也有可能会有无限的自由，或者从死寂变成热情，才会走向幸福。所有的可能都会发生，而我们有胆子来挑战吗？尼采说：**对我们的欲望说 No，因为欲望不会带给你希望；对我们的生命说 Yes，因为生命要的是幸福。**

2. 在荒谬中生存

这里有一个非常重要的观念——侵蚀。侵蚀就是那一滴毒液，一旦进去之后就会渗透。当我有一个侵蚀的念头时，我就魂萦梦系那个念头，就像当我爱一个人的时候，他（爱）就侵蚀了我所有的心灵，让我没办法吃饭睡觉，这就是完全不了解真爱。侵蚀代表渗入，而我必须要反抗，因为它侵蚀了我，会让我没有办法清醒稳定。什么样的毒素最坚强？相对于"爱"就是"恨"，"恨"的侵蚀力量非常巨大，就像卤蛋的故事——公交车上卤蛋从最后一排滚到最前面，拿饭盒的人急急忙忙追到那颗卤蛋，一脚踩下去，啪！"我得不到的，别人也别想得到"。这是非常可怕的心态，非常恐怖的毒素。人真正要追求的是"我得不到，但是我祝福你"。而这需要良善知识的学习、领悟与开阔，才能表里如一地表现。

为什么要谈侵蚀？因为我们要在荒谬的世界活下去。荒谬已经发生了，没有办法拒绝荒谬。有些比较能够探究真相的人，他活在世界上每天都很痛苦，因为整个世界都非常荒谬。怎么办呢？你必须要激励自己，给自己灌入热情，如果等别人来支持你、赞美你，而别人又不想、不会这样做，你就没有热情了！生命变得消极而被动，觉得人生没有什么激情，你就不想动了。许多学生都期待我给他们赞美，而我心里也曾想过："谁来给我肯定和鼓励啊？"有一天我突然觉悟了，我已经是成人了，不能再靠别人来赞美我、鼓励我，我必须要有能力赞美和鼓励别人；同时也学会自己赞美自己。当然，赞美不是唯一的答案，而在赞美背后还有个非常重要的答案，那就是要知道什么是"究竟真实"。如果不知道什么是究竟真实的人生，也就不知道什么是人生真相，那就成了荒谬的幸福。因为你的幸福都是别人自我的割舍、牺牲，还自以为贡献良多！十足荒谬。

3. 反对自杀

人生的旅途中辍跟探究真理的中辍不一样，前者如果是自己决定要中辍，就是自杀。就哲学来说，做任何事都必须弄清楚它的定义，所以必须先知道，自杀有几种？自杀有两种，一种是身体上的自杀，另一种是思想上的自杀。所以反对自杀也分成：反对身体上的自杀，和反对思想上的自杀。孔子说过："贤者辟世，其次辟地，其次辟色，其次辟言。"（《论语·宪问》）避开世界、避开地方、避开无礼、避开言论，都是保护自己的做法，让自己不要受到伤害；有的人受伤之后必须远离家园，因为只有离开那个环境，才能够有新的开始、有勇气再站起来。

卡缪面对自杀是严肃的，他说过："真正严肃的哲学问题只有一个，那就是自杀。"（《西齐弗斯神话》）为什么这么说？当你思考生命的时候，你会想到什么？通常会想到，"人生有生必有死，现在活着，未来还是会死。"依照这种观点，接着会问：那为什么要活着？为什么不去自杀？所以说，真正严肃的哲学问题只有一个，就是自杀。而判断生命是不是值得活下去，才是关键。

生命为什么值得我们活下去？卡缪讲到一个故事：有个大厦管理员，他的女儿过世之后，这个老人家每天都在想他的女儿，女儿在的时候是什么样，女儿不在的时候是什么样……，整日魂萦梦系，这些想法常常侵蚀他。有一天他的老朋友来了，用漫不经心、忽视感受的语调和他说了一句话，没想到就因为这句话，大厦管理员走上大厦的顶楼，跳楼自杀了！因为他每天都是靠女儿给他的记忆，才有一点点温暖，而这个温暖在五年后越来越淡了，而这个老朋友却跟他说了无关痛痒的话，完全不在乎他内在的感受，因此他就崩溃了，觉得自己活着已经没有意义了！他最爱的女儿过世了，对女儿的思念越来越没有办法掌握，非常脆弱！绝望侵蚀他，让他完全没有求生的欲望。**卡缪认为不能轻慢看待说话的渲染力，也不能轻视侵蚀的力量。**侵蚀使人心灰意冷，当一个人心灰意冷时，就没有爱了，一切终将结束。很多女人最后为什么会离开男人，因为她的心死了、冷了。所有谈恋爱的人切记：不要让你的对象心灰意冷，因为情感是会降温的。

然而卡缪反对身体和思想的自杀，他认为：**责任不是别人给的，而是自己扛下来的，所以自己必须为自己负责，而为自己负责就要活**

着，既然活着就要了解活着的意义。我活着代表我要扛下这个责任，如果我没有扛下这个责任就死了，那是我对自己不负责任。所以这个哲学议题得到了答案，也因此卡缪反对自杀。

超越荒谬

接下来我们来探讨"超越荒谬"。超越荒谬是因为我们知道人生旅程里，荒谬无时无刻不在；世界与荒谬共存，甚至共舞，越荒谬大家活得越快乐！每次看到荒谬剧，我们都快乐无比，看完之后却笑中带泪。为什么？因为我们好像回到自己生命里的实况——总是重复这些荒谬。荒谬剧演出了我们的荒谬，让我们觉得自己好可笑、好可怜！所以就为自己掉泪了。荒谬剧之所以好看，是因为它渲染了笨拙、打到了无知，让人必须直接面对。如果同意卡缪所说的，荒谬是与世界共存的真理，但又不能自杀，那我们要怎么样才能够找到出路呢？卡缪的答案是：我的反抗、我的自由、我的热情。

卡缪说，反抗、自由、热情都是属于我的，只能由我来提出；**当我看到不义的事情，我不反抗，就代表我同意不义继续存在，也就等于我参与了对正义的谋杀！** 严不严重？非常严重，因为我谋杀的不是别人，而是我所相信的正义。所以我反对同学不出声，因为不出声就代表同意。我们常常认为和谐很重要，但为什么不能训练自己讲道理又维持和谐的能力？这就是情理兼备的挑战！我现在正在学习，也希望各位早一点学习，因为只有真正懂得这个本质，世界才会因为我们有具体作为而越来越好。

1. 我的反抗

卡缪说，当我发现人生是荒谬的时候，代表我对生命的质疑和否定，这个时候才能出现"我的反抗"；当我反抗的时候，就代表我对我所相信的、不荒谬的事情持正面的、支持的态度。

讲一个高端完整的反抗：就拿道德勇气来举例，假设有人插队，你说："喂！先生，大家都在排队喔，请你站到后面去！"他绝对不舒服，因为你没有将心比心、不会为人家设想——急着插队代表有需求，没有需求那就要小心有没有躁症。如果你说："先生你赶时间，有困难吗？"他就会觉得不好意思："没事，我到后面去。"如果你进一步说："既然你赶时间有困难，那我这个位子让给你，我去后面排队。"他就觉得更不好意思了！

没有关系的人插队代表想占便宜、有困难或需求。他想：或许大家会集体对抗我，但也可能让我插队成功，或许碰到姜涵那种人还会说"先生你赶时间，我的位子让给你，我到后面去，反正我不赶时间。"而最荒谬的是："先生你赶时间，来，站我前面。"这就太荒谬了！因为这么做代表我愿意做好人，却不愿意失掉自己的利益。所以荒谬！

对抗荒谬是非常痛苦的事情，因为只要稍具清晰逻辑的人，一睁开眼睛就遭遇荒谬。有的时候我心想，我不要看了！可是脑子非常清楚、耳朵又不能关闭，这就是我的苦难。不要以为思绪清楚的人就不会受苦，思绪清楚反而苦不堪言！我也会有情绪，我也会不爽。因为我认为这些都是常识，应该知道却不知道，应该明白却不明白。这时该怎么办呢？"我的自由"。

2. 我的自由

"我的反抗"之后就是"我的自由"。自由的意思是什么？人最伟大的，就是人有自由以及自主的意志。你可以决定这样，也可以决定那样。这代表什么？代表我有心灵的空间，我的心灵是自由的。我可以选择自由，也可以选择不自由，所以卡缪说自由分成两种，一种是无所约束的，一种是自我约束的。也因此卡缪才说："好吧，沙特，既然你说自由没有任何束缚，那你就去告诉德军，让德军来抓我吧！"沙特一想，不行。这代表自由的本质里还有良知，良知让我不做不符合道义的事情。

当自由与良知、真理、道义等价值链接在一起的时候，我们享受这种有拘束的自由。当违背责任的时候，我就不自由。当我愿意去认识道义责任的时候，即使不自由我还是自由的。所以自由是什么？**自由就是我接受心中的标尺，用标尺来衡量什么是正确；接受标尺，我就自由，不接受标尺，我反而可能不自由。**就好像婚姻中，我遵守了忠诚的标尺，我就是自由的，我不遵守忠诚，我就不自由，因为它违反我的良知。那我为什么会愿意这样做？因为"我的热情"让我知道我必须走在正确的道路上。

卡缪的《乔那斯或工作中的艺术家》提到，艺术家在作品上写了一个词，这个词的字母当中 t 和 d 是模糊的，所以看起来像是孤独（solitary），又像是团结（solidary）。很多人就想，到底艺术家想要告诉我们什么？我认为，他要告诉我们：**人是孤独的，又是合作的；因为合作所以幸福，而我在幸福的同时又是孤独的人。这就是真相！**如果有任何人可以代替你得癌症的话，这个真相就不成立了。事实上这个真相成立，因为没有任何人可以代替别人得癌症，但是我们可以从人群当中得到温暖，即使得了癌症还是很幸福。

3. 我的热情

接着谈到"我的热情"。**既然一切都是荒谬的，我可以有热情，也可以没有热情，但是借着无穷自由的可能性，我内心的热情可以和人类生命结合在一起。**卡缪有一本著作《瘟疫》，是继《西齐弗斯神话》之后写的。故事中说，有一座城市流传黑死病，城里的人一个个死去。其中有两个人，一个是医生，以科学方式救助人类；一个是牧师，则以精神、宗教拯救人类的灵魂。人在痛苦的时候需要医生也需要牧师，医生拯救身体，让身体可以免于疼痛，而牧师则是让心灵得到安定，对死亡不再恐惧。苏格拉底曾经讲过："我关心的不是城外的树木，而是城邦里面的人。"看到城里的人受苦，医生和牧师就想："我们两个人应该怎么办？"这两个人决定分工合作，尽管自己也会死，但决定一起来面对命运！从了解命运、接受命运到超越命运。

我们知道这两派往往是对立的，学科学的人认为宗教不理性，而宗教家对于强调实证、不相信超越界的科学家抱持等待的态度，但是卡缪内心渴望医师和牧师是同一个人，兼具科学的知识和慈悲的胸怀。医师理解真相，是理性的代表；牧师支持情感，则是感性的代表。人活在世界上，需要有理性的能力去认识荒谬，同时也要珍惜心灵的变化，所以他大胆希望两派合作。合作代表在形式上不同的人可以合作，人的心灵可以既是医生又是牧师，所以自己和自己合作，就超越了自己的命运！这是他的想法。我知道很多学哲学的人没有办法这样诠释，但是我认为必须要这样诠释，因为他的用意就是这样。这也响应了《乔那斯或工作中的艺术家》。借由作品，卡缪告诉我们，只有这样，才可以从孤独走向不孤独，也就是你和自己和好之后，才能成为不孤独的人。你自己就是真正存在的人——我反抗，所以我存在。我反抗，所以我们存在。

当我在执行责任、认识责任的时候，发现了一个奥秘，这个奥秘是在我承担责任之后才发现的，我创造了我自己！这正是"从自我出发"的七个步骤：第一阶段自我认识、自我定位、自我雕塑、自我实现；第二阶段自我超越（超越自我的限制）、自我整合；第三阶段自我创造。很简单的三阶段七部曲，这是《自我经济学》（本书作者即将出版的另一部著作）的思想路径。

活在荒谬的世界里，可以同情荒谬，知道有人需要救赎，而自己又不被感染。不被瘟疫感染，真的可以做到！当有了热情之后，就会希望"知道"；当你知道你"知道"之后，就有热情希望所有的人都知道，所有人都超越荒谬！卡缪说："当你知道世界荒谬之后，你会有个冲动希望写一本幸福手册。"我就是受到他的感召，写了这一本《存在的幸福》，纯粹从教育的角度来引导生命，只有落实良善知识，才能够让每个人保有自己心灵的独立性和自主性。这是我对自己深切的期许！

让我们对卡缪的思想稍作整理：**在生命的旅程中，不做无谓的幻想与荒谬的举动，唯有彻底明白理性与感性对自身具体的意义，才能在无解的问题中，即便有着人性上的波动与挑战，遭遇无法回避的命运，仍要保有热情，锻铸那一颗炽热的心，勇于面对命运的作弄。**卡缪充分肯定人类生命的价值，因为人类本身就有一种高贵的本质与向往。

卡缪对人生的看法是，假如人生是荒谬的，那么接着可以推出三点，我的反抗、我的自由、我的热情。我的反抗，是因为荒谬"鸠占鹊巢"；**反抗是为了夺回自己的存在与尊严，严正地宣告生命的自主权。我的自由，是因为理解荒谬之于人间的必然性，因此与其受到绑架，不如抛开枷锁、抉择自己的抉择（背后就是我的自由）。抛开枷锁的抉择反而使我拥有更多的可能性，甚至碰触到自己最深的灵性自我。**最后是我的热情，人除了幸福之外还有责任，这一向都是卡缪非常坚持的人伦精神，所以**热情要摆在推己及人的方向上**，希望别人跟我一样拥有幸福，进而让我们一起创造彼此的幸福，让大家都活在幸福中。如此一步步地推理，就构成了卡缪的人生哲学。

卡缪获颁诺贝尔奖时，在致词中说："这代人不得不带着独有的清醒，为自身和周围重建一点生存和死亡的尊严。""……真理难以捉摸、稍纵即逝，永远有待追求。自由之路困难重重、难以生存却又令人振奋。我们必须朝着真理和自由的目标前进，艰苦卓绝却坚定不移，长路漫漫却要勇往直前。""……今天的作家不应为制造历史的人服务，而要为承受历史苦难的人服务。"

他秉持了作家"为真理与自由服务"的信念，于是不难联想"在我作品的核心，总有一颗不灭的太阳"。北非的太阳是卡缪童年的记忆，太阳是生命中核心的象征，是上帝启发人类最直接的礼物。太阳的温暖、热源及其力量和能量的表现，处处显示上帝十足十的诚意。依此特性，卡缪即使描写《瘟疫》、《西齐弗斯神话》等作品时，心灵深处仍保有追求理性的热情，他不为自己或他人找借口，认真地认为："一切真诚的创作，都是对未来的献礼！"卡缪以真诚的态度面对世界，朝向自己口中的新世代艺术家"为真理与自由服务"。

卡缪名言

一，我反抗，所以我们存在。

二，幸福不是一切，人还有责任。

三，我只承认一种责任，除此无他，那就是——爱。

四，自由是能够使自己变得更好的机会。

五，你的生命是你所有选择的结果。

六，自疑与疑人都是一种智慧的虚无。

七，反省可以改变现况，避免灾祸。

八，真正的艺术家什么都不蔑视，他们迫使自己去理解，而不是去批判。

结 语

爱是生命的核心动力，有他即生、无他即灭。

存在让我领悟：我们生命中有一个非常幸福的角色，那就是身为"父母"的角色。父母的角色正是老子的"为而不争"，也就是努力去做，不带任何目的，只因为我爱。

"爱"是生命的核心动力。

为爱盗火：神话中普罗米修斯为人类盗火，然后被宙斯惩罚，绑在高加索山上，每天让老鹰啄食他的肝脏，日复一日，直到医神愿意替他受罚为止。

我的启示：普罗米修斯（后文皆以"普氏"代称）为人类盗火"为而不惧"，他去做，但他不害怕。为什么可以不害怕？因为他确切知道自己是为了人类的需求；他知道人类需要火，才能够免于不便。普氏就好像我们身为父母一样，很清楚孩子的需求，如果我们不做，孩子无法成长。这样的心情，身为父母就会理解；同样的道理，为人父母之后，我们就可以体会，过去我们的父母也是用同样的心情来照顾我们。

为而不惧，为而不争。去做针对孩子需求的事，就能让自己免于困难吗？我是母亲，当我为孩子去做超出我所能承担的事情时，我就需要付出代价。然而，当我必须要付出代价的时候，我可以像普罗米修斯一样没有任何怨言吗？每日承受被啄食肝脏之苦！当普氏被绑在高加索山上的时候，他知道自己是为了人们而受苦（就如同父母知道自己是为了孩子们受苦），而人们是否知道普氏正在受苦（孩子们是否知道父母正在受苦）？很不幸的是，他的双眼清清楚楚地看到人们仍在自创苦难（同样不幸的，父母的双眼清楚地看到孩子们仍散漫地对待生命）。时间依旧向前流淌着，而苦难仍在进行中，仿佛没有人记得他（仿佛没有孩子记得父母），他仍得继续俯视山下的人们（父母仍得继续挂念孩子）。苦难的命运何时才能结束？

在生命中等待、无尽地等待，这仿佛是上苍赐给父母最高明、吊诡的惩罚，但惩罚不是来自宙斯，而是来自当事人自己的希望！我常常会想，普氏会期待有人来代替他受苦吗？如果从人性的角度来看，当然会这样想，可是一旦这样想就陷入另一种看不见的惩罚。唉！我希望他不要抱着希望，以免受希望之苦。这个想法后来得到证实，普氏如同西齐弗斯推石头上山一样，一旦了解为爱受苦，就欣然接受；普氏是西齐弗斯的前辈，想必他不会幻想，而是很务实地接受惩罚。为而不惧、为而不争是普氏的具体表现，他让我想到，做母亲也当如是！但没有任何幻想与抱怨真的很难！这或许是神与人之间最大的差别吧。

换个角度来看，通常我们说，为自己是利己、为他人是利他。有谁愿意接受苦上加苦、痛上加痛呢？这需要好理由，没有正当的理由无法说服人。普氏为人类盗火的利他之举，引发克隆的反省与共鸣；先谈反省，克隆被大力士的乌龙箭所伤，相较于普罗米修斯为人类盗火而蒙受的苦难，克隆发现自己的伤太荒谬了！差别如此之大！至于共鸣则是义所当为，克隆很羡慕普氏可以为人类贡献自己。普氏的义举，让医神克隆更觉得自己挨的这一箭，简直莫名其妙透顶！克隆心想，受苦需要有价值有意义，但无论如何绝对不是乌龙箭！自己反正已经受伤，不如抱着疼痛的身体，接替普氏承受苦难，让原本的乌龙伤增添具体的价值。关于类似的想法，我倒是听过一个故事：

> 有一个生意人，因为做生意失败，欠银行两百万，实在筹不出钱，于是想自杀，这一日，坐在山崖边，想着往事不禁哭了起

来。哭着哭着，不知不觉当中，身旁多了一位中年大胡子男人。大胡子等生意人的哭泣稍微停顿了，问他为什么在山崖边这么伤心？生意人就把前因后果夹在哭泣中说了，最后连自己到山崖边是为了要自杀都说溜了嘴。大胡子听了之后，告诉生意人，要自杀，最起码从两亿起跳，两百万根本没有资格！生意人听了之后觉得好像有点道理，顺口就问大胡子那你来山崖边干嘛，大胡子说跟你一样准备跳崖，生意人一听吓了一跳，连忙告诉大胡子，你不是说两亿才有资格跳吗？大胡子笑着对生意人说，我就是欠两亿的人。

故事到这，你认为生意人是要劝大胡子别跳？还是他们两人干脆手牵手一起跳崖？还是……大胡子欠人两亿的债，能欠这么多，代表他事业够大、见多识广；他告诉生意人自己可以先无息借他两百万，所以生意人就不用自杀了。至于大胡子自己，他说他很高兴在临死前还有帮助别人的机会，他发现这个"帮助别人"的力量，使他不想自杀了。他决定要继续好好照顾员工，并邀请员工一起渡过难关。故事的结局，他们两人都没有自杀，就像克隆一样，活在这世间总有比受乌龙箭更有价值的事，那就是超越自己的苦难，使它产生意义。

活在这个世界上真的永不孤独，普氏的善行，使我们产生善的共鸣；克隆自修学习，了解生老病死的变化，运用知识的力量照顾人们免于病痛。修己利他一直都是生命中可贵的情操，**每个人所拥有的力量不同，然而人性中有一个部分是我们都相同的——开发自己最重要的那份良善，怀抱着"我可以超越现有痛苦"的情怀，先于别人（孩子）去承接更大的苦**。绝大多数的父母都是这样在面对孩子的。

所以苦的重量与质量加起来，决定一个人生命的高度与厚度。克隆要承受自己的莫名之苦，愿意承接普氏的苦，把两种苦加起来。这里面最大的吊诡是，他是医神，却没有办法治好自己！是啊，有很多医生都有类似的遭遇——专门治疗肝癌的医师，自己却得了肝癌。在思想上，我们可以轻松地厘清，哪一种苦有意义，既然有意义，承受就没有问题。反之，没有意义却要我们承受，我们就会很生气，对自己很生气。克隆在思想上不愿意乌龙箭伤污蔑了他神圣高贵的灵魂，而承接普氏的苦难正足以弥补这份遗憾，换句话说，唯有承接普氏的苦难才能解除荒谬的诅咒。然而卡缪告诉我们，当我们不参与荒谬时，才能看清楚世界的模样。即便是医生（科学的代表），也会在不知不觉中被人性的旋涡卷入荒谬的演出中。

这样的吊诡与谬误存在于世间，透过故事，我把医生、生意人、普氏等具象化的人物展现给各位，说明人间之苦。相较起来，我们的苦常常是爸妈爱哥哥多一点，所以我苦；朋友对他比对我好，所以我苦；我的情人不爱我却爱别人，所以我苦……，这些苦从克隆的角度来看都是"基本苦"，就像皮肉伤一般。人生如果连面对基本苦都哇哇叫的话，那要如何面对更困难的处境！知识最棒的价值就是让我们知道，还有人更厉害、更能受苦！于是我们就懂得受苦的意义与价值，不再害怕受苦了。诚如尼采所言：当一个人知道自己为什么而活的时候，就可以忍受一切苦难。

2013年之前，我将法兰柯（Viktor Frankl）所谈到的人生三种价值不断注入自己的生命旅程中，并根据辅导学生的实况重新界定、调整为：从态度价值，通往体悟价值，再升华至创造的价值，依序而进。我认为：每一个人都有别人无法实现的意义，这些独特的意义有三类：

一，在相会与经历中，借由实践，从世界得到什么——态度的价值。

二，忍受痛苦，接纳限制，勇敢走过自己无法改变的命运——体悟的价值。

三，在自己的创造中完成什么，或给予世界什么，让自己站在新的高度上面对命运——创造的价值。

我把三者合一了，从身的态度价值，通往心的体悟价值，再升华到由灵来引领的创造的价值——首先回答生命的要求，其次由灵引领创造自己的新生命。

活着本身就不容易，活着需要勇气，我想邀请您和我一样，有自觉地活在爱的纪律中（不逞一时之快、忠于真相、承担责任、保持平衡）；记得肯定、鼓励自己的正确实践，不要焦虑别人的评价，要正面看待自己的价值。我清晰地知道，要得到健康的虚无人生，就得决心成为自己，而成为自己唯一不会错的道路，就是像孔子一样把自己投入"真正"的使命。

创造自己的新生命，成为自己生命的艺术家，这样的说法吸引了我自发的意愿，因为我爱那个真诚、上进、谦虚的我。每一个形容词的背后都有爱的动力支持，使爱如灵魂的使者般照顾着每一个有我的地方（身、心、灵）。"人的知识"架构生命的系统，同时完成自我、人我之间的适当关系；灵魂快乐，于是你真快乐。爱在创造的活动中落实意义，并孜孜不倦地精炼出兼容并蓄的圆满，我想即便在"千年虚无"的背景下，那浑厚丰润的圆满依然能衬托虚无中的不虚无！

存在之旅的终点是由起点出发而得，在建构根本而完整的人生时，得到智慧的知识，让自己在虚无的世界里，拥有永不虚无的智慧。存在之旅诉说着精神不死的苏格拉底、深度自觉的齐克果、有强悍生命力的尼采、探究界限的雅士培、真正的奔跑者海德格、临在玄妙的马塞尔、自由执著的沙特以及荒谬大师卡缪。这些哲学家构成了一幅幅立体的生命图像，让我们由外而内、由浅而深地发现，生命的成长就是对抗虚无；在遮蔽的封印里，我们越过山岭、突破荆棘，总算来到一望无垠的大海。

这一段令人惊心动魄的旅程所引发的起伏动荡、焦虑难耐都只是通往宁静的阻隔，而令人着迷的则是孤独背景下所得到的智慧，且让我们在面对虚无的积极态度中不仅享有存在的幸福，也能成为拥有幸福的艺术家，更是贡献幸福的艺术家。

我将结束我的导览，祝福各位从今而后的爱智旅程永远幸福！

八位哲学家表格式重点

八位哲学家：苏格拉底、齐克果、尼采、雅士培、海德格、马塞尔、沙特、卡缪。以下为表格式重点：

苏格拉底 公元前469年~前399年 1. 世界上最快乐的事，莫过于为理想而奋斗。哲学家"为善至乐"，乃是从道德中产生出来的，而为理想奋斗的人，必能获得这种快乐，因为理想的本质就含有道德的价值。 2. 教育不是灌输，而是点燃火焰。 3. 知道的越多，才知道知道得越少。 4. 逆境是人类获得知识的最高学府，难题是人们取得智慧之门。 5. 世界上有两种人，一种是快乐的猪，一种是痛苦的人，我宁做痛苦的人也不做快乐的猪。 6. 一个人接受教育之后，不仅自己得到幸福，能管好家务，还能使人、城邦幸福。 7. 禀赋好的人越要受教育，如果他受的教育不好，意志越坚强，越容易犯罪。	一、背景 1. 雕刻家 & 助产士之子； 2. 从军（克利提阿斯）； 3. 我的朋友是城邦内的人而非城外的树木。 二、思想主张 1. 主张："认识自己"而不是认识自然。 2. 追求真理：一无所知，善是知识。 3. 肯定传统：法律，信仰。 4. 内心之声：精灵，良知。 5. 选择："死亡"而非活着（存在）。 三、身为老师的观点 1. 没有人故意为恶 2. 没有人因为知道了善而不向善的 ※受教育选择善德拥有至乐，真的知识必须由内而发，由主体觉悟而发生，永恒的真理才能具体存在。 3. Eros "爱"综合了三种人的特质： 勇敢——像是强悍不懈的猎人， 智慧——像是个深思熟虑的"爱智者"（哲学家）， 创造力——有如出神入化的魔术师。

齐克果 1813~1855 1. 每个人都肩负一项任务，那就是——活出你的内在自我。 2. 爱不是种感觉，而是具体的行动。 3. 不决定仍然是种决定，不选择也依旧是种选择。 4. 人活着才能够思考，思考则让人能够好好活着。 5. 绝望是种疾病，它引领人走向死亡。	一、思想核心 1. 选择成为自己、个人：存在"自由抉择"。 2. 自由：决意要成为灵性自我本身，此可能带来焦虑。 3. 主体性真理：自己相信并实践的真理才有意义与价值。 4. 跳跃与信仰：生命充满吊诡与奥秘，人同时需要理智与信仰。 二、人生的进程与困难 1. 人生三阶段： （1）感性：外驰亦即向外追逐。 （2）伦理：道德上的骄傲、权力的骄傲。 （3）宗教：依信仰（祂）找到生命的基础。 2. 人生的三种绝望： （1）不知道拥有（灵性）自我。 （2）不愿意成为（灵性）自我。 （3）不能够成为（灵性）自我。
尼采 1844~1900 1. 人要在爱中成长，才能拥有创造力。 2. 人的目标是成为超越自己、走过自己的超人！ 3. 拥有坚强的意志才能获得自主与力量！ 4. 人要学会领导自己，不然只能听从别人。 5. 受苦的人没有资格悲观，他必须拿出勇气与力量与苦难对抗。 6. 勇敢肯定生命，向你的生命说 Yes！ 7. 所有杀不死我的东西，都让我变得更坚强！ 8. 当一个人知道自己为了什么而活，他就能忍受一切苦难！ 9. 人要尊重、珍惜自己才能长出高贵的灵魂。 10. 习惯使我们的生活更方便，却也会令我们不用思考。	一、健康的文化——希腊悲剧精神 1. 太阳神阿波罗与酒神狄奥尼索斯结合而创造出希腊悲剧。 2. 单靠理性无法解决生命的痛苦，拥有对命运的爱才能肯定生命。 3. 后来的时代只追求理性，丧失肯定生命的力量。 二、时代的危机——虚无主义的时代已经到来 1. 上帝已死：价值危机，否定一切目的与价值，如真、善、美。 2. 消极的虚无主义：否定自己身处的世界有价值，否定生命。 3. 积极的虚无主义：危机亦是转机，从虚无中重估、创造价值。 三、创造一切价值的根源——权力意志 1. 生命的本质：做自己的主人，珍惜并成为自己。 2. 精神三变：骆驼、狮子、婴儿。 3. 超人：走过自己的人，超人是"大地"的意义。 4. 永劫回归：就算一切不断重复，仍要向生命说 Yes；对命运的爱。 四、克服虚无主义——重估一切价值 1. 扩展自己的权力意志，向生命说 Yes！ 2. 知识价值的重估：诠释、观点主义 Vs. 不需解释的客观真理。 3. 道德价值的重估：主人道德 Vs. 奴隶道德。 4. 艺术价值的重估：悲剧精神 Vs. 纯凭欲望、感觉创造与审美。

雅士培（又称雅斯贝尔斯） 1883～1969 1. 对人来说，只有行动才能展现自由。 2. 只有人类拥有成为自己的自由。 3. 行动时若缺少充足的知识，就像船只航行在大海时却发现没有舵与指南针。 4. 爱使生命提升，它让生命活出自己的真正样貌。	一、人的自由：人类拥有"成为自己"的可能，并且要让每个人都能成为自己。 二、界限状况：生命充满限制，在限制中我们遇见更真实的自己。 1. 身体界限 2. 心理界限 3. 灵魂界限 三、刹那与永恒：抉择发生在刹那之间，永恒的奥秘也展现于刹那间。 四、密码与超越界：生命充满密码，人类从中发现生命的根源与赠礼。 五、四大圣哲——人类的典范：苏格拉底、佛陀、孔子、耶稣。 ※思想启发：受康德、齐克果、尼采与海德格等哲学家影响，并称自己的哲学是"存在哲学"。 ※关于康德（I. Kant, 1724～1804）： 雅士培："我的生活，受圣经与康德的指导，使我与超越界可以保持关系。" 康德关心四大问题： 1. 我能够知道什么？ 2. 我应该做什么？ 3. 我可以希望什么？ 4. 人是什么？ 雅士培要探讨的是：科学（助我认识世界）、沟通（使我与人相处）、真理、人、超越界。
海德格（又称海德格尔） 1889～1976 1. 人生如一所学校，而苦难是最好的老师——他让我们认清自己的真实处境。 2. 人活着的时候总是不断地挂念各种事物，却时常遗忘自我。 3. 面对死亡让人脱离浑浑噩噩的生活。 4. 每个人必然身处在世界之中，并与他人共同生活。 5. 唯有静下心来，我们才能听见良心的呼喊。 6. 责任来自勇敢面对自己有限的生命。 7. 当每个人都成为别人，那么就没有人成为自己 8. "存在"就是：人有成为自己的可能。	——前期思想 一、被忽略的"存有"问题：存有者≠存有，这必须从追问此一问题的存有者（人）着手。 二、人是"此有"（Dasein，存在在此）与"在世存有"（在世界中的存有）。 1. 此有与存在：人的存有表现在存在上，而存在就是"站出来"，也就是在世界中活出自己（而非成为他人或群众），海德格称之为"本真存在"。此外，人一直处在"挂念"中，关切自己的存在。 2. 在世存有：人与世界的关系不是主客对立的，而是人被抛掷到这个世界中，与他人、世界建立关系。 3. 此有的三重结构：心境、理解与言说。 4. 此有的沉沦：在"闲谈、好奇与模棱两可"中，此有遗忘了真正的自我。 三、此有与时间 1. 人受"过去"支配而被抛掷于世，"现在"存在于世界中筹划与开创自己的"未来"。

2. 人是"走向死亡的存有者",随时都可能会死,这般处境使人忧惧而不得不面对自己,从沉沦中惊醒。

3. 此时若能去除遮蔽,倾听自己的良知,便将领悟自己承继历史与文化,身负成为自己的自由与责任,必须经由抉择而真正存在。

——后期思想

一、从存有到存有者:放弃前期思想进路的切入角度,改为直接聚焦存有本身,但仍思索人要如何成为自己,为被抛掷且终将一死的命运找到意义并安住于世。

二、存有当前的命运——虚无主义:完全以人为中心而强调统治、主宰世界的技术,将世界当成工具,由此失去了"家"。

三、真理的本质:真理不是人的判断与事实相符,而是"去除遮蔽"。世界中的事物既遮蔽又无蔽,若只紧抓无蔽的部分便会走向遗忘存有而紧抓存有者的虚无主义。

四、艺术与技术、思想与哲学、诗与语言:在现今强调技术、以人为中心的哲学跟日常语言之外,存有仍有展现自身的机会——在艺术、古希腊思想与诗之中。在这些事物中,人将发现存有便是能让事物去除遮蔽的根源,人必须开放自己才能倾听存有的奥秘,找出如何与万物共同安住在这个世界上的方式。

五、克服虚无主义:放弃人类中心,聚焦于存有以"回家"。

1. "真":不再是以人为中心的"判断与事实相符",而是去除遮蔽,揭去人类的遮蔽(包含自我中心),保持开放、去迎接事物的各种可能,发现事物的真实面貌。

2. "善":不再是以人为中心的道德判断,而是人与万物和谐安住在这个世界上。不再是单纯的谁是谁非,而是基于大家共同身处在这个世界上,必须一起去除遮蔽,找出共同和谐安住的方案。

3. "美":不再是以人为中心的审美或创作,而是从艺术中发现人与世界的关系、存有的展现,领会(去除遮蔽而发现)美乃是因为存有充实其中。从艺术与美中发现存有以及人与世界的关系,人便有机会找出安住在世界中的方案,并且返回家园。

马塞尔 1889～1973 1. 爱一个人，就等于对他说：你永远不会死！ 2. 拥有就是被拥有。 3. 人必须不断在自我实现与自我超越中努力前进。 4. 人间只有一种痛苦，那就是孤独无依。 5. 除非创造者长期忍受四分五裂的痛苦，否则不可能产生艺术作品。	思想精华 一、人类当前的困境：人以错误的方式生活、自欺，于是陷入孤独与痛苦之中，并因逃避而未思索本质与痛苦的意义，导致无法脱困。 二、面对困境的解决之道：自觉地调整观念与态度，勇敢参与并抉择。 1. 两种反省：人可以选择用旁观、对立的方式看待事物（当成"他"）；也可以用参与、分享的心态面对生命（看作"你"）。过于强调前者便导致分裂与对立，亦即当前的困境。 2. 问题与奥秘：问题有答案，但奥秘没有；问题有待解决，奥秘需要参与。生命是奥秘而非问题。 3. 有与是：有代表的是拥有外在之物，是则代表自身、本质；有带来对立与宰制，是则给予自由跟分享。 4. 欲望与爱：欲望以对立的方式看待彼此，把对方当成问题而要求拥有；爱则是以参与、分享的心态投入，视对方为奥秘，追求让对方成为他所是。 三、存在的旅程：人生有如一趟旅程，勇敢参与并开放与提升自己才能与存有接轨。 1. 临在、我与你，我与他：从我有且我是我的身体以具体参与世界，进而实现临在关系，由我与你走向我们与你（上帝）。 2. 忠信、创造、光：忠信得以延长临在；创造让人参与和分享存有；人要怀抱希望、开放自己才能在人生的旅程中迎向光芒与发光，进而和存有接轨。
沙特（又称萨特） 1905～1980 1. 存在先于本质。 2. 无论人是否愿意，他生来就是自由的。 3. 平庸的人自己选择了平庸，他们自己折磨自己。 4. 使生命活得有意义是人的责任。 5. 我们可以选择逃避、犹豫不决，甚至可以选择不去选择。	思想精华 一、思想的起点：批判继承笛卡尔的"我思故我在"，以现象学的"意识"为起点。 二、存有者的类别：沙特将存有者分为"在己存有"与"为己存有"两类。 1. 在己存有（being-in-itself）：仅是单纯存在的存有，乃是被意识的对象，本身没有意义与目的，但人类可赋予其目的与意义。 2. 为己存有（being-for-itself）：透过否定（虚无化）而存在的意识，存在先于本质，具备赋予意义的能力，并可不断超越与被超越。 三、人生 1. 自由：人被判定是自由的；上帝已死，一切都是可能的；人有真诚面对自己的自由。

结　语

	2. 责任：人必须承担由自由而来的责任，并因为自由的无垠而与焦虑共处。人若不想承担而追求安稳便会陷入自欺，骗自己没有自由而拒绝承担。 3. 他人：人因自由而在对待他人时会支配对方（否定对方以保有自由）或被对方所支配（被对方否定）。
卡缪（又称加缪） 1913～1960 1. 我反抗，所以我们存在。 2. 幸福不是一切，人还有责任。 3. 自由是能够使自己变得更好的机会。 4. 你的生命是你所有选择的结果。 5. 我只承认一种责任，那就是——爱，除此无他。	思想精华 一、从"荒谬"出发： 1. 何谓"荒谬"？ （1）人与大自然之间的隔绝 （2）人与人之间的隔绝 2. 如何在荒谬中生存？ 3. 反对两种自杀： （1）反对身体上的自杀。 （2）反对思想上的自杀。 二、超越荒谬： 1. 我的反抗 2. 我的自由 3. 我的热情

参考文献

傅佩荣：《西方心灵的品味》，洪建全基金会，1994～1995。

傅佩荣：《论语》，立绪，1999。

傅佩荣：《哲学与人生》，天下远见，2003。

傅佩荣：《傅佩荣解读孟子》，立绪，2004。

傅佩荣：《傅佩荣解读老子》，立绪，2003。

傅佩荣：《傅佩荣解读庄子》，立绪，2002。

傅佩荣：《傅佩荣解读易经》，立绪，2005。

威廉·魏施德：《通往哲学的后门阶梯》，郑志成译，究竟，2002。

《非理性的人》，彭镜禧译，立绪，2001。

考夫曼编著《存在主义哲学》，陈鼓应、孟祥森、刘崎译，台湾商务，1993。

索福克勒斯：《伊底帕斯王》，吕健忠译，《索福克里斯全集I》，书林，2009。

索福克勒斯：《伊底帕斯在科罗纳斯》，吕健忠译，书林，1992。

迈可·葛柏：《7 Brains：怎样拥有达文西的7种天才》，刘蕴芳译，大块文化，1998。

史蒂芬·科维：《与成功有约》，顾淑馨，天下远见，1995。

史蒂芬·科维：《与幸福有约》，汪芸译，天下远见，1998。.

史蒂芬·科维：《第八个习惯》，殷文译，天下远见，2005。

罗洛·梅：《创造的勇气》，傅佩荣译，立绪，2001。

菲力浦·科克：《孤独》，梁永安译，立绪，1997。

史考特·帕克：《心灵地图》，张定绮译，天下文化，1991。

柏拉图：《自述篇》，邝健行译《柏拉图三书》，结构群，1991。

柏拉图：《克里托篇》，王晓朝译《柏拉图全集》，左岸，2003。

柏拉图：《斐多篇》，杨绛译《斐多》，时报，2002。

柏拉图：《理想国篇》，王晓朝译《柏拉图全集》，左岸，2003。

柏拉图：《会饮篇》，朱光潜译《柏拉图文艺对话录》，网路与书，2005。

伊利特·柯恩：《亚里斯多德会怎么做？》，丁凡译，心灵工坊，2013。

齐克果：《非此即彼》，阎嘉译《或此或彼》，华夏出版社，2007。

齐克果：《恐惧与战栗》，Alastair Hannay 译，*Fear And Trembling*，Penguin Group USA，2006。

齐克果：《致死的疾病》，张祥龙、王建军译，工人出版社，1997。

尼采：《悲剧的诞生》，周国平译，左岸，2005。

尼采：《欢悦的智慧》，余鸿荣译，志文，1982。

尼采：《查拉图斯特拉如是说》，余鸿荣译，志文，2005。

尼采：《偶像的黄昏》，卫茂平译，华东师范大学出版社，2007。

尼采：《瞧！这个人》，刘崎译，志文，1971。

雅士培：《四大圣哲》，傅佩荣译，名田，2004。

海德格：《存有与时间》，王庆节译《存在与时间》，桂冠图书，1990。

海德格：《论真理的本质》，赵卫国译，华夏出版社，2008。

海德格：《演讲与论文集》，孙周兴译，三联书店，2005。

海德格：《诗·语言·思》，彭富春译，文化艺术出版社，1991。

项退结：《海德格》，东大，1989。

项退结：《人性尊严的存在背景》，三民，1993。

关永中：《马塞尔四重对比所显示的欲与爱之分野》，出自《哲学杂志》第五期，业强出版社，1993。

陆达诚：《马塞尔》，三民，1992。

沙特：《存在与虚无》，陈宣良、杜小真译，左岸文化，2012。

沙特：《呕吐》，桂裕芳译，志文，1997。

沙特：《间隔》，桂裕芳译，志文，1997。

沙特：《存在主义是一种人道主义》，周煦良、汤永宽译，上海译文出版社，2012。

卡缪：《异乡人》，颜湘如译《局内局外》，台湾商务，2000。

傅佩荣：《荒谬之超越》，《误会》，黎明，1985。

卡缪：《薛西弗斯的神话》，张汉良译，志文，2006。

卡缪：《瘟疫》，周行之译，志文，2005。

卡缪：《卡缪札记 I》，黄馨慧译，麦田，2011。

卡缪：《卡缪札记 II》，黄馨慧译，麦田，2013。

康德：《纯粹理性批判》，邓晓芒译，联经，2004。

康德：《实践理性批判》，邓晓芒译，联经，2004。

康德：《判断力批判》，邓晓芒译，联经，2004。

策兰：《策兰诗选》，孟明，倾向出版社，2011。

维基百科

百度百科

后记　共学的意义与价值

在鼎爱学院我们希望建立"共学"的观念;"共学"顾名思义就是共同学习,比方我们共同学习"孝"这个观念,先定义什么是孝——孝就是孩子对父母能够实现适当关系。如果关系不适当,就不是孝了。如果我们共同学习了"适当的孝道",那是不是爸爸就"不会"不像爸爸,孩子就"不会"不像孩子?这个家如果有了共学之后的共识,是不是彼此都知道游戏规则是什么?所以当我们共同学习,有了共同的观念之后,就会为了实现这个观念,去执行这个观念;执行这个观念就是要守住"共同观念"背后的原则,让关系可以实现。什么是原则?就是"我不可以对对方不尊敬不尊重",这就是原则。

我为了"实现适当关系"而尊重对方——尊重是当你在说话的时候听你讲完,不要插嘴。请问这个时候会不会发生火爆场面?不会了,有了这个原则是不是可以让我们实现"适当关系"的观念?我们要完成孝,"孝"的观念很清楚,就是儿女对爸妈的适当关系。我们常说要孝敬、孝顺。不过我对于"孝顺"的"顺"有意见,为什么?因为现在社会上有很多"不是"的父母,所以我比较认同"孝敬",简单地说,就是心里面有父母。

谈到"孝敬",有人会觉得"敬"这个字太抽象,要怎么样才能够让"敬"这个字在内心里真正生根、发芽、茁壮?先讲"舜"的故事,舜的母亲过世后,父亲瞽瞍再娶并生了一个儿子象。父亲性格顽固，宠爱后妻和幼子，甚至配合他们两人陷害舜，想要把舜害死！但即使如此，舜依旧孝敬父母，关心弟弟。"舜"是一个很特殊的案例，即使父亲不像父亲，甚至还参与谋害自己，他都不失孝"敬"。为什么说舜是"敬"而不是"顺"，因为顺是把自主权交给对方，而敬则是把自主权握在自己手上。

"敬"来自内心知道自己跟对方的关系，也知道对方对自己的意义与价值。"舜"的智慧在于他决定不管父亲如何对待他，甚至想要置他于死地，他都要尊敬父亲，把父亲搁在心上。曾有人问他，如果父亲杀了人，你怎么办？他说：我会放弃做国君，背着父亲逃到天涯海角，直到被抓到为止。父亲对舜来说是非常重要的关系人，不可被取代、复制，父亲就是父亲，是重要的关系人。如果提倡"顺"，那么以舜的案例来说，今天我们就没有机会讨论了，因为舜早就乖乖听话去死了。

孔子也曾因为曾参的"顺"而发怒。曾参小时候帮忙耕作，不小心把丝瓜的根部弄断了，父亲一怒之下把他打得昏死过去！曾参醒了之后，怕父亲担心，还在父亲面前表现得像没事一般，孔子知道之后非常生气，告诫学生说："你们难道没有听说过吗？舜在侍奉他父亲的时候非常尽心，每当瞽瞍需要舜时，舜都侍奉在侧；但当父亲要杀害他的时候，他都不在。当父亲以小的棍棒处罚的时候就承受；如果是大的棍棒，就必须先避开。这么一来，瞽瞍就不至于害死自己的孩子，而舜既保全了父亲的名声，也表达了自己敬爱父亲的想法。如今，曾参侍奉父亲，却不知道爱惜自己的身体，毫不逃避地去承受父亲的暴怒。倘若曾参因此而死，不就是陷父亲于不义吗？哪有比这更不孝的呢？再说，你难道不是天子的子民吗？杀了天子子民的人，他的罪又该如何？"

在人伦关系里谈孝，指的是父与子之间的适当关系；要做到适当关系的完成，首先不论父与子，都必须尊敬对方是完整、独立的生命；《诗经·烝民》："天生烝民，有物有则。"就是告诉我们：以敬为起点，每个人都是天的孩子，父母、孩子都是上天的孩子，最大的不同是站在独立自主的立场，才能往下走人伦关系的角色，接着父母养育孩子，孩子报答父母的养育之恩，如此才完整地实现彼此的角色与关系。这就是孔子要告诉我们的智慧。显然，舜对于诗经里的道理完全懂得。

顺着舜的智慧走下去，我是不是要先学会做一个尊重孩子的爸爸？如果我尊重我的孩子，不随便打他骂他，不随便操控他，他是不是内心会觉得：我爸爸跟我关系很好。所以孩子就会从爸爸身上学到尊重。这是对人的基本态度，有了这个基本态度，会让我们有更好的关系，因为如果没有基本的尊重，就会发生孔子常常讲的"怨"；怨就是抱怨——你都这样，你每次都这样！加个"每次"就严重了；你"总是"这样！没有例外，这更严重！代表你有什么？操控别人的欲望。所以对方说你总是这样。

我们常从对方的语言可以知道，在对方心中我们是什么形象，从对方的语言就知道我做了什么事情。换句话说，我跟爸爸之间适当关系的实现，就是我对爸爸如何实现孝的观念。这个定义一旦出来，该怎么做是不是就比较明确？所以只要爸爸觉得你这样讲话太过头了，觉得没有被你尊重，那孩子讲话适不适当？就不适当了。这个时候最好的响应是什么？"爸爸，请问我哪里做得不够？还是您觉得我过度了？因为我看到您皱眉了。"爸爸就会告诉你，举例来说，刚刚在讲话的时候，好像他是你的学生似的——原来儿子当老师当久了，说话比手画脚，爸爸看了觉得不舒服！所以儿子就知道，"我要把手放下来"，在家里我是儿子，不是老师，不可以把对学生的态度拿来对待父亲。因为这样的行径，就是不敬。

我们从这里就知道：儿子说话比手画脚会让父亲不舒服——原来姿态也是一种表达！这是第二个表达，言说是第一，第二就是姿态。要实现适当关系，代表你跟我心里面都可以有空间去找到"适当"，换句话说，只要你我觉得不适当，我们就可以调整。有人说，如果觉得不适当，可以吵？好。接着我就要谈到"换一个角度来看"——看到江峰（姜涵的先生）、姜涵老师他们家，用适当的方式在表现彼此的情感，知道是因为他们共学，所以能够适当表达。于是我就会想：为什么他们家可以，我们家不可以？

会不会羡慕？很羡慕啊！甚至很多孩子都希望做江峰、姜涵老师家的孩子，但老师家两个孩子已经够了！所以我以前开办读书会，后来决定要倡导共学，因为孩子大了，由过去所谓"身"的成长，慢慢长大到"心智"学习的需求，到现在许多孩子都已经大学要毕业，即将进入社会，爸爸妈妈再不进来共学会发生一个危险——这辈子离幸福好远，只因为我们没有共学。每天都很羡慕江峰、姜涵老师，结果人生就在遗憾中度过。怎么可以让我拥有幸福而你们不幸福？所以我非常渴望学生跟家长可以一起学习，让我们共同知道什么叫"定义"，然后在这个定义下有明确的指导方式，我们可以如何执行它的内容——让大家都幸福！

我讲一个故事给大家听：我在北京，有一天突然接到女儿的电话，"妈妈！"我说"怎么了？""妈妈我做错事了。""你做错什么事啦？"她说"管理员说有个访谈员想要访问住家，刚好我在，管理员就建议他来访问我。""喔，那就访问吧！"她马上说"那我是不是被骗了？"我就说"怎么了？"她说"他访问完之后，因为电梯必须要使用感应卡，我就去拿；就在我拿感应卡的时候，感觉到他看了我们家一眼——我担心他是小偷！我是不是做错了？"你看多敏感的孩子，她开始责备自己，然后说"妈妈我该怎么办？我问过主计处的朋友，有没有访视员、调查员？对方回答：好像没有。"结果她就更焦虑了！我告诉她："好吧，那你明天回家看一下，家里有没有被人做记号，有的话再说。"（因为我跟其他家人都在北京，女儿平常去朋友家住，访谈那天刚好回家拿东西；另外，如果对方想"闯空门"，可能会在门口做记号。）

接着我就跟她讲了一个非常重要的概念。各位想想看，如果是你的孩子告诉你，家里可能被坏人窥探，还说得那么活灵活现，好像你们家就要被搬走了！那怎么办呢？把她抓起来骂一顿，"谁叫你开门的！管理员可以信吗？"还是说，"天啊！不是告诉过你了吗？你怎么还放人进来？明天去看到底有没有被做记号。"还有没有别的？我们教过一个非常重要的观念，叫作"共识"；做人要怎么样？真诚嘛。真诚一定会不安、不忍。所以做一个真诚的人一定要接受考验。

换个角度来说，到底是真诚的人有错还是小偷有错？为什么我们都责备真诚的人——你怎么那么笨？开门放他进来！我不这么做。我跟女儿说"从你小时候我们就教你真诚，所以你会不安、不忍是正常的。我告诉你，你不忍别人到处吃闭门羹，所以把门打开并接受他的访查，后来又因为担心他是小偷而不安。其实，这不是你的错，即使我们整个家被偷光了也不是你的错！"这是我们要相信的价值，我说"他能搬就让他搬，我不会怪你，因为我教给你的就是这个。"物质算什么？我们可以为物质去伤害一个我们建构的价值吗？当然不行！

世界上最吊诡的事情是什么？就是当你面对"真诚"以及"你的家可能会被搬走"的时候，你还敢不敢相信真诚？如果你敢，你幸福；如果你不敢，你终究不幸福。我家纵使丢了，我还有女儿怕什么？我以前常跟儿子说：儿子你尽力就好，时局不好不能怪你，咱们俩去要饭，沿门托钵咱们又不是第一回——释迦牟尼佛早就经历过了，只不过他没有老妈陪！我陪你，你在前面要饭，我在后面敲锣打鼓，咱们要得更多！各位想想看，曾几何时我们为了生存而害怕、恐惧，不敢再相信人真正的价值是什么，这是我们的损失！所以为什么我们要找回自己，因为这就是"自性"。

禅宗六祖慧能说："何期自性，本自具足"。什么叫作"本自具足"？就是你本来就有那份真诚，它本来就在了，你不能因为生存而把它抛弃，然后就不算数了。换句话说，我们用最珍贵的资产去换最便宜的物质，十块、二十块，请问划算吗？真的很不划算。我们为了这样的目的给扭曲成什么样？我们要找回真正的自己，这就需要共学；有了这个共识之后，是不是觉得自己很踏实？你不会因为这个价值被怀疑、被抛弃、被骂，你会好好做人，变成一个（精神上）很强壮、很结实的人。换句话说，当你不真诚的时候，你不敢面对真正永恒的价值。这是多么可怕的事情——你抛弃了真正可以永恒的自己。

孔子为什么是伟人？因为他从来不曾抛弃过真正的价值，所以两千多年后他成了我的偶像；如果我心里没有孔子的话，我想我大概就会变成心理的孤儿！我必须跟孔子学习，才能够拥有他所看到的这些恒真价值；去学习他的选择，我才能够"生出"自己。所以共学的目的是，让我们变成一个真正能够踏踏实实、很坚强、很坚毅地活在这个世界上的人，这是我们责无旁贷的责任。

回到前面的故事，当孩子听完这样的说法时，她觉得很踏实，"幸福当下发生"，这孩子当下就觉得很幸福，即使她必须要面对明天那个门上有记号的家！我们在相信真诚的同时，也要有处理不真诚事务的能力。

过去我常常听到很多人说真诚有什么用？因为他们没有听到后半句——真诚的人必定知道什么叫不真诚。当你懂得什么是不真诚的时候，要有处理不真诚的能力，否则的话，我们做真诚的人，反倒变成傻子、笨蛋，被人家欺负，没有处理不真诚的能力，那怎么行！什么叫作完整？完整的意思就是：我做一个真诚的人，同时有能力面对、处理不真诚的事务，这样才完整。如果我们只听其一，不听其二，就会以为我们以前学的论语是半吊子的论语，了解吗？好像论语就是叫我们变笨蛋！怎么可能嘛！

这里面真的是有完整的道理，所以这就是幸福，当下就是幸福！当一个人心里面有幸福感的时候，福田就在这里，莲花就在这里！我常说"一经通一切经通。"这不是只有我讲，西方伟大的哲学家柏拉图也这样讲；在座可能有人追随净空老师，净空老师也这样讲；八万四千法门，用在不同人身上，最后只有一条道路，叫"殊途同归"。各位想想看，要到达最后顶端的这条路上，到底我们在理性思维上缺少什么，如果我们不能够真正有理性思维的话，那我们的人生将会是一场误会，而人生你只能来一次，这误会就大了！是不是很严重？这是我们共学的目的。

附录一　鼎爱学院亲子共学

——缘由。

人和事是人生中不可避免的根本问题，偏偏这两大主轴都不是生而知之的学问，它由浅到深、由低到高、由窄到宽，一步一步都是积累出来的程度。做人处事，是人生两大主轴，做人指的是做一个什么样的人；处事指的是以什么样的方针来做事。没有经过思考、练习、反省、调整的刻意认知，不会有深刻的体悟，而且生命徒有过程，既没有高度，更没有智慧。

从历史的角度来看人类，我们必须切入一个观点，也就是生涯的特性展现在每一个人的生命中，成长的特性亦可从归纳分析中得知，但是有谁会去特别注意我们如何从教训中重新出发？生命的奥秘在于：你跟懂数学的人问问题，数学变得很容易；你向有智慧的人问问题，生命开展新方向。回到生活中：你跟会做事的人一起做事，很轻松；你跟懂做人的人一起生活，很圆满。

在现在的社会，很多人都拥有专业的能力，却没有做人处事的涵养与态度，所以我们致力教导学生，除了具备能力以外，也要学习跟人相关的事物，人心、人性、品格与价值。

——"鼎"、"爱"。

"鼎"。《易经·序卦》："革物者莫若鼎，故受之以鼎。"最能变革事物的就是鼎。鼎在古代为炊煮之具；使生食变为熟食，没有比这更彻底的变革了。《杂卦》说："革，去故也；鼎，取新也。"先革后鼎，才是真正的去旧更新。鼎卦与革卦是正覆关系。鼎卦要开创新局，自然"元吉"而且"亨"。接着，重点来了：《象卦》说：鼎卦，是由鼎的形象来取卦名的。把木柴放进火内，是要烹煮食物。圣人烹煮食物来祭献上帝，进而大量烹煮食物来养育圣贤。

"爱"是生命的核心动力，有它即生、无它即灭。鼎下有徐徐之火（爱）来烹调鼎中的真善美，犹如孟子人格六境升华的过程。故爱所呈现的动静姿态，如同《易经》所言："天行健，君子以自强不息；地势坤，君子以厚德载物。"这背后伟大的性质就是爱。养育圣贤需要鼎，鼎即立足之地。

鼎爱学院

——教育理念。

真正的英才除了具备专业的能力以外，对于人的理解与品格也同等重要。专业的能力由大学负责教导与培养，那品格呢？谁负责教导人们正确的价值观、德行与待人接物的道理？又有谁教导我们了解他人脑中思考的内容、心中在乎的需求？

而我们又如何才能看见我们内在真正的渴望，了解这辈子究竟要成为什么样的人？什么样的人生才值得我们用一辈子经营，活出意义？对大多数人来说，爱是一辈子最大的课题，而谁来教导爱，怎么学习经营关系？

我们，鼎爱。

鼎爱的教育理念就是教导这些跟人相关的知识，我们称为"人的知识"。透过教育，培育有德性、能力和智慧的领导人。

能够为人们带来"新的形式、新的象征、新的典范"以因应多元复杂的生命情境，从而实现属己的终极关怀。

鼎爱核心精神：

做人：真诚、正直、进取、谦卑

处事：明智、勇敢、信实、节制

人生理想：老者安之，朋友信之，少者怀之。

附录二　HBDI 赫曼全脑优势模型
（Herrmann Brain Dominance Instrument）

1. 什么是 HBDI？

HBDI 是以大脑生理学为基础的人才测评发展报告。在 1970 年代由奈德·赫曼博士（Ned Herrmann）发明，并运用于通用电气（General Electric）公司，协助寻找、栽培专业经理人。

所谓"思维影响行动，行动影响习惯，习惯影响性格，性格影响命运"，HBDI 从了解一个人的思维开始，从中探究思维偏好跟兴趣、优势、盲点及潜能的关系。透过 HBDI 自评 120 题思维测验，我们能在个人报告中清楚完整地认识自己，并有效率地设计生涯规划、实力培养、潜能开发。

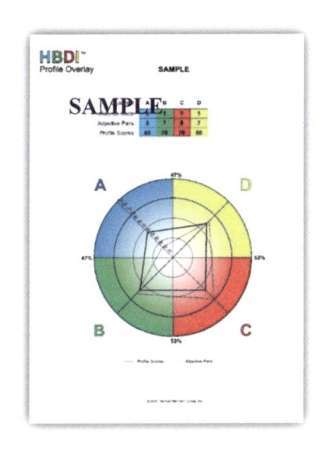

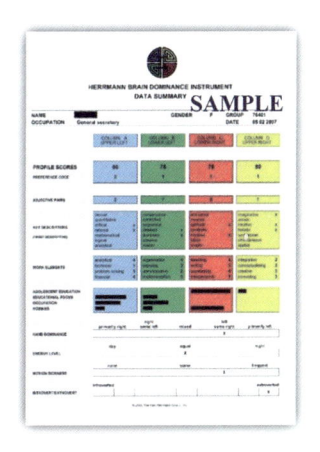

思维图型胶片　　**报告分数表**

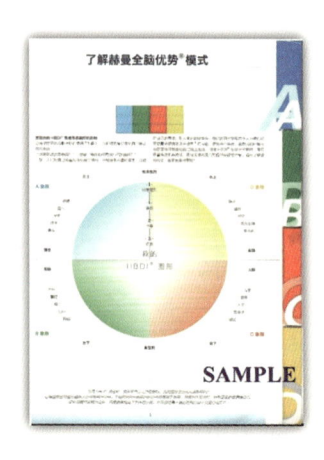

报告说明　　　　　　　HBDI®说明册

2. HBDI 原理

奈德·赫曼博士融合诺贝尔奖得主史培利教授（Roger Sperry）的左右脑研究以及麦克连医师（Paul Maclean）的"三位一体脑部演化"理论，发展出大脑思维运作的模拟模型——四象限"全脑模型"。因此，HBDI 是以大脑生理学为基础的科学测评，准确性高。

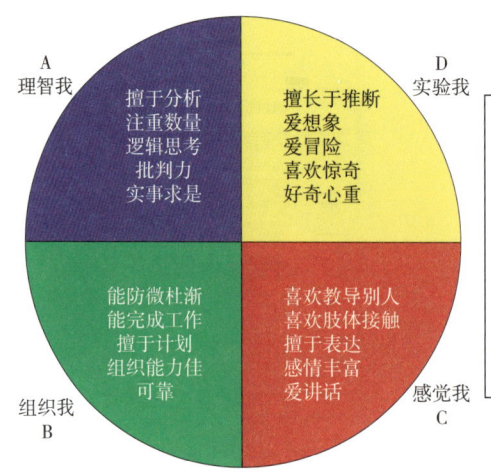

A 理智我
擅于分析
注重数量
逻辑思考
批判力
实事求是

D 实验我
擅长于推断
爱想象
爱冒险
喜欢惊奇
好奇心重

B 组织我
能防微杜渐
能完成工作
擅于计划
组织能力佳
可靠

C 感觉我
喜欢教导别人
喜欢肢体接触
擅于表达
感情丰富
爱讲话

● A 象限的风格是偏重逻辑、分析，面对决定秉诸事实。

● B 象限的风格是注重安全、有条理、务实、仔细，不会模棱两可、暧昧不清。

● C 象限的风格是喜欢与人分享、重视团体，看重人的价值与感受，将"人"当作最重要的资产。

● D 象限的风格是直觉力强、不拘小节，以全面观看待事物并敢于冒险。

3. HBDI 应用范围

- 认识自我：从思维偏好中，了解自我优势、限制与潜能。
- 潜能开发：拟定适合的学习方式、发展优势脑、培养换位思考、栽培个人全脑思维。
- 生涯规划：学生选大学科系、毕业生找工作、就业人士职涯规划。
- 选才用人：人才甄选、职位安排、栽培及选择接班人。
- 思维沟通：了解"不同 ≠ 不对"的观念，与他人拥有良好的互动关系。
- 团队整合：跨平台沟通、团队合作、危机处理。

4. HBDI 与生涯规划

鼎爱文化江峰、姜涵两位老师十多年来致力于推广家庭教育，重视孩子兼具人格、人文、人才的学习，希望协助孩子认识自己的天赋，并提前准备自己成为未来在等待的人才。

两位老师皆为"赫曼国际公司授证之全脑优势工具 HBDI"的授证讲师，多年来透过 HBDI 让许多人认识自己的思维偏好，定位生涯方向，在面对类组、科系、工作的选择时，能清楚知道什么是适合自

大脑优势
↓
兴趣
↓
偏好
↓
弱←动机→强
↓
低←能力→高

思维偏好与能力之间的关联：
由优势引发的兴趣，容易形成思考上的偏好，进而影响相关的学习动机，从而培养出高低不同的能力。其中的各个环节都会影响到最后养成的能力。

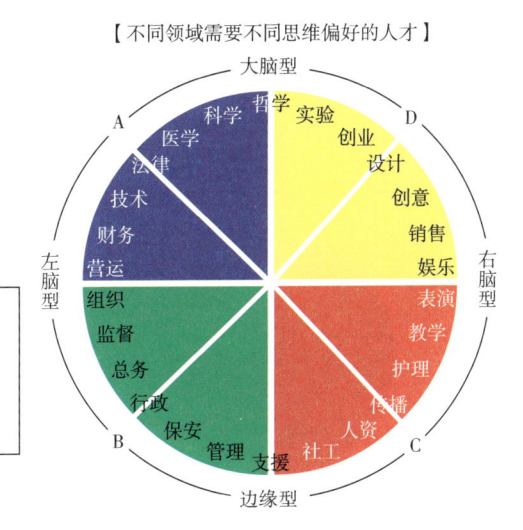

【不同领域需要不同思维偏好的人才】

己的规划；并秉持真诚、正直的原则引领人走向正确道路，活出自己，不蹉跎生命。

5. HBDI 实证：

- HBDI 通过德州大学、柏克莱大学脑电图仪的效度检测。
- 全美共有 60 几篇论文以 HBDI 为研究主题。
- 全球有 300 多万人的数据库，而且它是唯一一个没有被分割的数据库。
- 哈佛商业评论有多篇专文探讨 HBDI 的效益。
- 国际五百强企业多数使用 HBDI；在大陆，很多国营大型集团，像宝钢、中国移动、中兴通讯等，都以 HBDI 为管理阶层必修课程。
- 具体成功案例之一：1981 年 Jack Welch 担任 GE 通用电气公司 CEO 领导人，20 年后公司走进全球 10 强。HBDI 测评解决了 Jack 用人的困扰，帮助他让公司的市值从他刚上任时的 139 亿，经过 20 年成为 4912 亿，市值增长三十四倍、股票增值三十倍，并曾一度超越微软，成为全球市值最高的企业。至今通用电气仍继续以 HBDI 培养各阶层重要干部。

6. HBDI 思维偏好案例：在四十种常见的思维偏好图形中，择四种说明

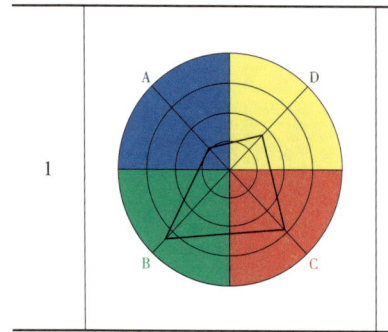

1		思维偏好：BC 脑 人物速写： 他总是以勤恳、踏实的态度面对课业、工作，擅长于针对目标制定详细的计划，并且确实执行。为人友善，对家人及朋友都不吝给予支持，与他相处时会觉得很温暖且可靠。较不擅长数字及技术相关事务，遇到这类的问题时会寻求他人协助。 适合领域：人力资源、老师、护理、企管

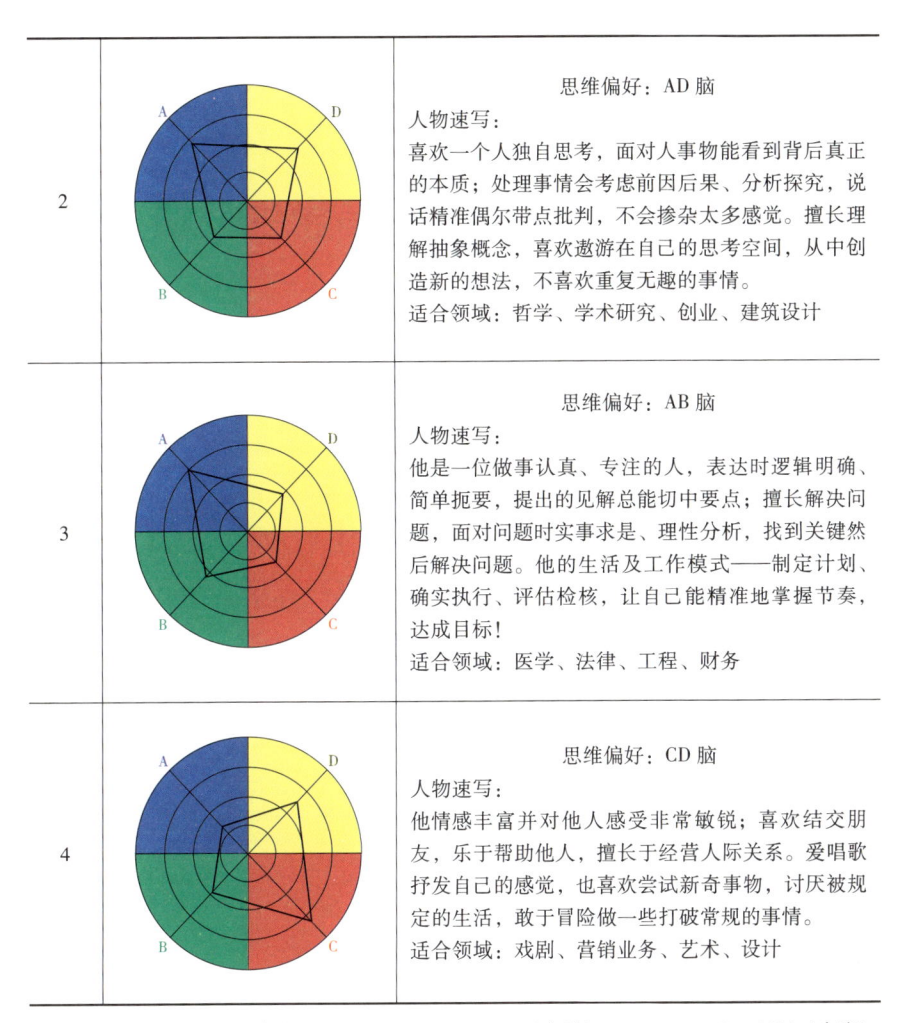

2		思维偏好：AD 脑 人物速写： 喜欢一个人独自思考，面对人事物能看到背后真正的本质；处理事情会考虑前因后果、分析探究，说话精准偶尔带点批判，不会掺杂太多感觉。擅长理解抽象概念，喜欢遨游在自己的思考空间，从中创造新的想法，不喜欢重复无趣的事情。 适合领域：哲学、学术研究、创业、建筑设计
3		思维偏好：AB 脑 人物速写： 他是一位做事认真、专注的人，表达时逻辑明确、简单扼要，提出的见解总能切中要点；擅长解决问题，面对问题时实事求是、理性分析，找到关键然后解决问题。他的生活及工作模式——制定计划、确实执行、评估检核，让自己能精准地掌握节奏，达成目标！ 适合领域：医学、法律、工程、财务
4		思维偏好：CD 脑 人物速写： 他情感丰富并对他人感受非常敏锐；喜欢结交朋友，乐于帮助他人，擅长于经营人际关系。爱唱歌抒发自己的感觉，也喜欢尝试新奇事物，讨厌被规定的生活，敢于冒险做一些打破常规的事情。 适合领域：戏剧、营销业务、艺术、设计

鼎爱文化事业 联络专线：+86－152－1040－1524（大陆）+886－2－7709－9926（台湾）

附录三　存在的幸福学生反馈

我的在乎

好好好基金会执行长林侃（1987 年出生）

我想说明关于在乎究竟是什么？

虽然我很想从哲学的角度入手，谈一谈"在乎是什么？""在乎怎么运作。""在乎从何而来？""在乎是否可以决定？"等议题，但这些并不是"我"的在乎，而是我所认知的在乎，是我的一部分，而非我。

既然谈到我，那势必跟意志有绝大的关系。换句话说，我的在乎跟选择有密切的关联，以下我将谈到，我在乎什么？我用什么方式在乎？我如何区别我的在乎？

我生命之中在乎的内涵以"爱"、"关系"、"自主"、"意义"、"本质"为主，我生命之中的大多数衡量也依据这些。

关于这些议题，我原本想透过它们关联的议题以及涉及的领域说起，然而这样不够精准，因为这些只会讲到在乎涵盖的范围，而非明确表达我怎么在乎。

我面对在乎会奋不顾身、义无反顾、全力以赴，为了我所在乎的事情，曾经发展出因生而死、以死而生的魄力，这句话同时具备几种意思：为了所在乎之事，愿意捍卫直至死亡，以这份死亡，唤醒更深沉、更具力量的存在。或者也可以说是为了在乎的事情而牺牲，即便局，自然"元吉"而且"亨"。接着，重点来了：《象卦》说：鼎卦，是由鼎的形象来取卦名的。把木柴放进火内，是要烹煮食物。圣人烹煮食物来祭献上帝，进而大量烹煮食物来养育圣贤。

"爱"是生命的核心动力，有它即生、无它即灭。鼎下有徐徐之火（爱）来烹调鼎中的真善美，犹如孟子人格六境升华的过程。故爱所呈现的动静姿态，如同《易经》所言："天行健，君子以自强不息；地势坤，君子以厚德载物。"这背后伟大的性质就是爱。养育圣贤需要鼎，鼎即立足之地。

鼎爱学院

——教育理念。

真正的英才除了具备专业的能力以外，对于人的理解与品格也同等重要。专业的能力由大学负责教导与培养，那品格呢？谁负责教导人们正确的价值观、德行与待人接物的道理？又有谁教导我们了解他人脑中思考的内容、心中在乎的需求？

而我们又如何才能看见我们内在真正的渴望，了解这辈子究竟要成为什么样的人？什么样的人生才值得我们用一辈子经营，活出意义？对大多数人来说，爱是一辈子最大的课题，而谁来教导爱，怎么学习经营关系？

我们，鼎爱。

鼎爱的教育理念就是教导这些跟人相关的知识，我们称为"人的知识"。透过教育，培育有德性、能力和智慧的领导人。

能够为人们带来"新的形式、新的象征、新的典范"以因应多元复杂的生命情境，从而实现属己的终极关怀。

鼎爱核心精神：

做人：真诚、正直、进取、谦卑

处事：明智、勇敢、信实、节制

人生理想：老者安之，朋友信之，少者怀之。

附录二　HBDI 赫曼全脑优势模型
（Herrmann Brain Dominance Instrument）

1. 什么是 HBDI？

　　HBDI 是以大脑生理学为基础的人才测评发展报告。在 1970 年代由奈德·赫曼博士（Ned Herrmann）发明，并运用于通用电气（General Electric）公司，协助寻找、栽培专业经理人。

　　所谓"思维影响行动，行动影响习惯，习惯影响性格，性格影响命运"，HBDI 从了解一个人的思维开始，从中探究思维偏好跟兴趣、优势、盲点及潜能的关系。透过 HBDI 自评 120 题思维测验，我们能在个人报告中清楚完整地认识自己，并有效率地设计生涯规划、实力培养、潜能开发。

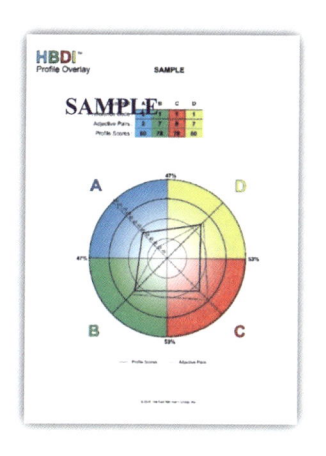

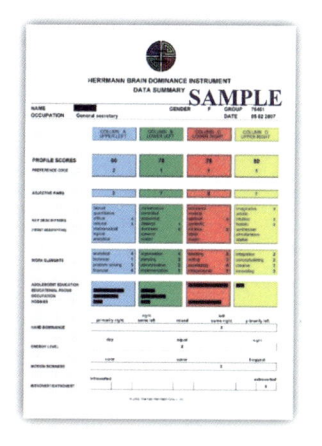

思维图型胶片　　　　报告分数表

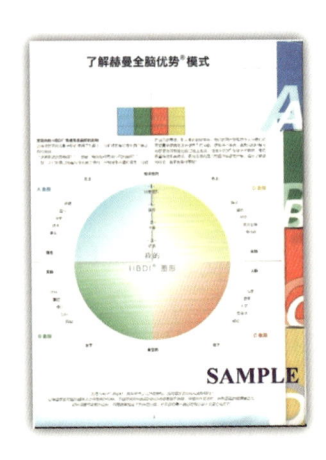

报告说明　　　**HBDI®说明册**

2. HBDI 原理

奈德·赫曼博士融合诺贝尔奖得主史培利教授（Roger Sperry）的左右脑研究以及麦克连医师（Paul Maclean）的"三位一体脑部演化"理论，发展出大脑思维运作的模拟模型——四象限"全脑模型"。因此，HBDI 是以大脑生理学为基础的科学测评，准确性高。

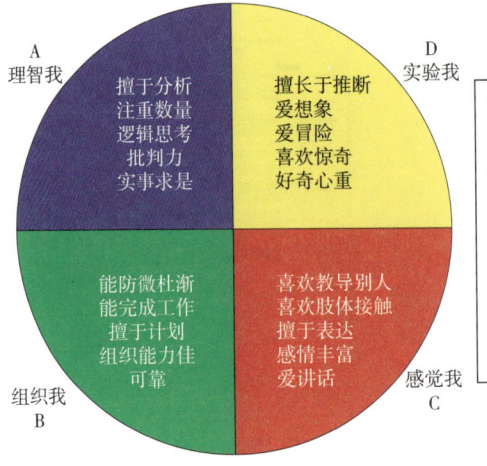

A 理智我
擅于分析
注重数量
逻辑思考
批判力
实事求是

D 实验我
擅长于推断
爱想象
爱冒险
喜欢惊奇
好奇心重

B 组织我
能防微杜渐
能完成工作
擅于计划
组织能力佳
可靠

C 感觉我
喜欢教导别人
喜欢肢体接触
擅于表达
感情丰富
爱讲话

- A象限的风格是偏重逻辑、分析，面对决定秉诸事实。
- B象限的风格是注重安全、有条理、务实、仔细，不会模棱两可、暧昧不清。
- C象限的风格是喜欢与人分享、重视团体，看重人的价值与感受，将"人"当作最重要的资产。
- D象限的风格是直觉力强、不拘小节，以全面观看待事物并敢于冒险。

3. HBDI 应用范围

- 认识自我：从思维偏好中，了解自我优势、限制与潜能。
- 潜能开发：拟定适合的学习方式、发展优势脑、培养换位思考、栽培个人全脑思维。
- 生涯规划：学生选大学科系、毕业生找工作、就业人士职涯规划。
- 选才用人：人才甄选、职位安排、栽培及选择接班人。
- 思维沟通：了解"不同≠不对"的观念，与他人拥有良好的互动关系。
- 团队整合：跨平台沟通、团队合作、危机处理。

4. HBDI 与生涯规划

鼎爱文化江峰、姜涵两位老师十多年来致力于推广家庭教育，重视孩子兼具人格、人文、人才的学习，希望协助孩子认识自己的天赋，并提前准备自己成为未来在等待的人才。

两位老师皆为"赫曼国际公司授证之全脑优势工具 HBDI"的授证讲师，多年来透过 HBDI 让许多人认识自己的思维偏好，定位生涯方向，在面对类组、科系、工作的选择时，能清楚知道什么是适合自

【不同领域需要不同思维偏好的人才】

大脑优势
↓
兴趣
↓
偏好
↓
弱←动机→强
↓
低←能力→高

思维偏好与能力之间的关联：
由优势引发的兴趣，容易形成思考上的偏好，进而影响相关的学习动机，从而培养出高低不同的能力。其中的各个环节都会影响到最后养成的能力。

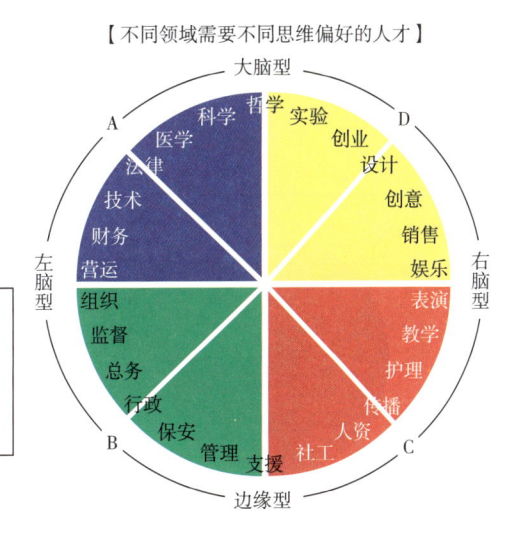

己的规划；并秉持真诚、正直的原则引领人走向正确道路，活出自己，不蹉跎生命。

5. HBDI 实证：

- HBDI 通过德州大学、柏克莱大学脑电图仪的效度检测。
- 全美共有 60 几篇论文以 HBDI 为研究主题。
- 全球有 300 多万人的数据库，而且它是唯一一个没有被分割的数据库。
- 哈佛商业评论有多篇专文探讨 HBDI 的效益。
- 国际五百强企业多数使用 HBDI；在大陆，很多国营大型集团，像宝钢、中国移动、中兴通讯等，都以 HBDI 为管理阶层必修课程。
- 具体成功案例之一：1981 年 Jack Welch 担任 GE 通用电气公司 CEO 领导人，20 年后公司走进全球 10 强。HBDI 测评解决了 Jack 用人的困扰，帮助他让公司的市值从他刚上任时的 139 亿，经过 20 年成为 4912 亿，市值增长三十四倍、股票增值三十倍，并曾一度超越微软，成为全球市值最高的企业。至今通用电气仍继续以 HBDI 培养各阶层重要干部。

6. HBDI 思维偏好案例：在四十种常见的思维偏好图形中，择四种说明

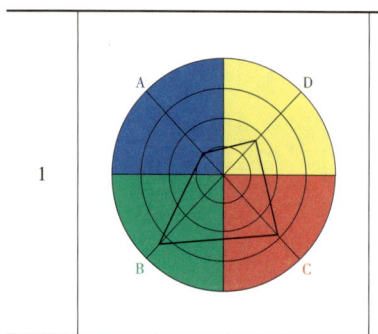

1	思维偏好：BC 脑 人物速写： 他总是以勤恳、踏实的态度面对课业、工作，擅长于针对目标制定详细的计划，并且确实执行。为人友善，对家人及朋友都不吝给予支持，与他相处时会觉得很温暖且可靠。较不擅长数字及技术相关事务，遇到这类的问题时会寻求他人协助。 适合领域：人力资源、老师、护理、企管

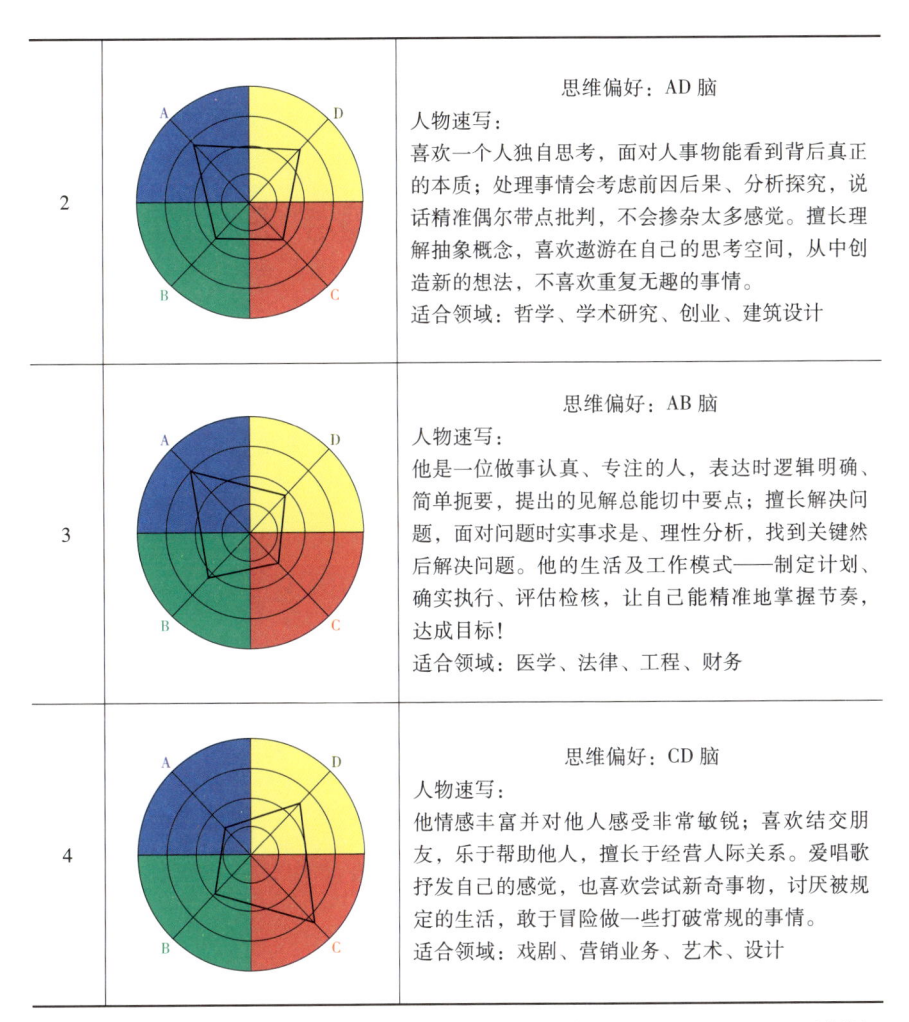

2		思维偏好：AD 脑 人物速写： 喜欢一个人独自思考，面对人事物能看到背后真正的本质；处理事情会考虑前因后果、分析探究，说话精准偶尔带点批判，不会掺杂太多感觉。擅长理解抽象概念，喜欢遨游在自己的思考空间，从中创造新的想法，不喜欢重复无趣的事情。 适合领域：哲学、学术研究、创业、建筑设计
3		思维偏好：AB 脑 人物速写： 他是一位做事认真、专注的人，表达时逻辑明确、简单扼要，提出的见解总能切中要点；擅长解决问题，面对问题时实事求是、理性分析，找到关键然后解决问题。他的生活及工作模式——制定计划、确实执行、评估检核，让自己能精准地掌握节奏，达成目标！ 适合领域：医学、法律、工程、财务
4		思维偏好：CD 脑 人物速写： 他情感丰富并对他人感受非常敏锐；喜欢结交朋友，乐于帮助他人，擅长于经营人际关系。爱唱歌抒发自己的感觉，也喜欢尝试新奇事物，讨厌被规定的生活，敢于冒险做一些打破常规的事情。 适合领域：戏剧、营销业务、艺术、设计

鼎爱文化事业 联络专线：+86－152－1040－1524（大陆）+886－2－7709－9926（台湾）

附录三　存在的幸福学生反馈

我的在乎

好好好基金会执行长林侃（1987年出生）

我想说明关于在乎究竟是什么？

虽然我很想从哲学的角度入手，谈一谈"在乎是什么？""在乎怎么运作。""在乎从何而来？""在乎是否可以决定？"等议题，但这些并不是"我"的在乎，而是我所认知的在乎，是我的一部分，而非我。

既然谈到我，那势必跟意志有绝大的关系。换句话说，我的在乎跟选择有密切的关联，以下我将谈到，我在乎什么？我用什么方式在乎？我如何区别我的在乎？

我生命之中在乎的内涵以"爱"、"关系"、"自主"、"意义"、"本质"为主，我生命之中的大多数衡量也依据这些。

关于这些议题，我原本想透过它们关联的议题以及涉及的领域说起，然而这样不够精准，因为这些只会讲到在乎涵盖的范围，而非明确表达我怎么在乎。

我面对在乎会奋不顾身、义无反顾、全力以赴，为了我所在乎的事情，曾经发展出因生而死、以死而生的魄力，这句话同时具备几种意思：为了所在乎之事，愿意捍卫直至死亡，以这份死亡，唤醒更深沉、更具力量的存在。或者也可以说是为了在乎的事情而牺牲，即便心灵枯槁，也要选择在乎，终将诞生更具备力量的生命力。

我在乎的并非更强的力量，我在乎的是为我所在乎的事，付出、奋战到最后一刻的精神，更强的力量不过是因着这份强韧的意志，伴随而来的一部分。我因为在乎，所以我会想尽办法面对，找到方法，以便完成我的在乎；如果没有方法，那我就得创造一个适合的舞台，以完成我的在乎。

从以上的说法可以看见一个事实，如果我在乎太多事情，那我就有找不完的方法，这是一个很大的问题，因为我的能量与时间有限，所以我必须要严格订定我所在乎的事情，回归到最本质、意义的介面。所以我面对事情的时候，会有很明确的价值量表，以调整我的时间。在一开始我能够在乎的事情很少，因为我的能力有限，这里的能力特别指的是，"找到适合的方式面对我的在乎"。

因为时间有限，我最初培养的能力是极高的专注，然而就算我有极高的专注，我依旧没有办法面对所有我在乎的事情，家人、朋友、学业、自我……所以第二个能力的培养便是"辨别"何谓我最在乎最不能割舍的事情。我的生命之中有很长的时间，只有"家人"与"自我"两大主题。因为其他事情，与这两大事情根本无法比较，显得无足轻重。当然那个时候的朋友，顶多就是学校同学。所以你们也会发现割舍的概念，并不是来自你不在乎什么，而是最在乎什么。

但不管怎么说也是一种牺牲的概念，所以光是培养这两种能力，就让我的人生充满撞击——明明想要在乎，却无法在乎的困境。我还是想要在乎，只是现在无法为此做些什么，我永远记得那样的一种怆痛，我总是跟自己说，我在乎，但我现在没有能力，那时我总是很窒息，所以我总希望我变得更强，更有力量，以便为我所在乎的事情付出。

随着找方法的速度越来越快，根据"适当"的概念，同时思考对方究竟是什么，加速了我制定方法的时间。然而最可怕的事情在于创造。

创造当然是快乐的，然而很难想象，创造的根源在于虚无与死亡，当发现你所认知的方法，社会、群体所认知的方法都没有用之后，是一种无法想象的绝望。换句话说，每当要开始创造之前，意味着我所知道的方法都没有用，我所认知的世界是不够用的，这种恐惧比起窒息还要更多，我称之为抹杀。由此可见当下的绝望，然而当时跳下断崖的精神支持我——如果没有办法了，就创造吧！

这里我想特别强调，为什么要试过大多数方法甚至所有，因为在乎，因为不想放弃，因为爱。因为这些，所以我不只是不想放弃，相反的我甚至渴望、热切到近乎疯狂地想要成全、完整我的在乎。

我最近常思考着，创造是一个人对于"存在恐慌"的极致展现。这里所表达的创造并非创作，而是无中生有的力度与决心。附带提一下，这当然也是一个领导人、企业家所需具备的创业精神。

要无中生有，你的对手就是现存的世界，然而如果没有前期的尝试，很容易就放弃，因为没有立场也没有办法证明非得如此不可。创造是一种能力，我从中培养而来，它不是创意，是创造。

在经过这些阶段之后，我开始能够在乎更多的事情，我能够做更多的事情。我所在乎的事情也逐渐变多。在一个阶段处理很多事，然而我非常清楚，我不是一心多用，相对的，我极端专注，只是速度快到像是可以同时。

就我个人的在乎而言，人心自有在乎的能力。我从来不否认我的在乎，因为在乎是精神介面的存在，在乎就是非实体介面存在的我的实体。有时我会称之为"意念"。

而在此同时，我才真正完整而非片段地诞生，如此强烈、如此暴烈痛苦，也伴随着狂喜与满足，我的意志。人的意志为什么经得起考验，因为意志的诞生，诞生于火焰。

正是，唯一能够驱动意志的就只有意志本身。

我所提到的，如果你在乎，你就必须想办法捍卫，想办法付出。这就是真诚。因为简单来说，你不这么做等于没做些什么，就会不安不忍。如果我在乎，我就会想办法，即便要无中生有，我也会在乎。想办法兼顾，想办法创造一个舞台，让我所在乎的事情可以同时运作，这时候会发现，我所提到的在乎，就是经得起考验的在乎。本质思考、意义思考后符合自我存在的考验。

所以，在乎必须经过审视，也就是在你为之付出的时候，就是个审视与考核的过程，我曾经会为了一些现在看起来不重要的事情在乎，然而透过实践，发现不值得，觉得空无。不同时期也会有不同的衡量，比重上也会有些许差异。

这一切的过程，像圆一样无尽，却也有无尽的可能。当我逐渐完成我的在乎，意志诞生之后，我可以选择，我选择在乎与否，像是某种魔法或力量，诞生于此的力量也驾驭这股力量。

总结一句话来说明我的在乎，现在我的在乎，经过意志的选择，是为了我所要成为的自我，而我愿意为了这份在乎，奋不顾身，永不停歇。

永恒的幸福

鼎爱执行长卢东江（1987年出生）

我非常盼望姜涵老师的书出版。

很少有一本书能够将西方哲学、东方经典与宗教这些艰涩难懂的领域结合在一起，并回应我们人生的真相与真实。这些领域的智慧其实有其互通之处，因为都起源于人；人是复杂的，生命是充满苦难的，所以我们需要学习比自身更高层次的智慧来明辨与回应生命对我们所提出的种种疑问与挑战。姜涵老师把自学多年，融会贯通、整合起来的智慧分享出来，启发与撞击我甚多。

我人生中的困境、遭遇、痛苦不外乎两大议题：存在与爱。在成长过程里，我时常陷入被动消极的状态，它渗进我的思考与做人处事，隐藏在我对生命的态度里，时不时翻搅我的内在。学习老师所教授的哲学后，我察觉到自己被动消极的基底原来是我对人终会死这件事很有意识，却不知道该如何思考相对的"活"。既然人会死，寿命短暂，过程荆棘遍布，在这样局促又悲伤的格局里，到底"我"是什么？我所认识的我真的是我本身吗？我只是现况这样吗？如果一切终将结束，人生为什么值得追求？我要追求什么？太多的疑问让成长中在各项领域都不杰出的我，更无法思考这样庞大的问题。简单来说，我不明白我的存在有何意义？我不懂渺小的自我在这些改变不了的命运里能有什么关键影响？

在鼎爱学习人的知识，我常内心一阵激荡，诸多议题回应了忧郁的我，也点明心里最想追寻的方向。我更加清楚知道原来我除了自己外还有我的灵魂，我能选择要对自己负责抑或不活出自己，当我发现除了实在界可见的事物外更重要的是我拥有精神向度长存的可能，原来我是自由的！我的选择代表了我，这不是他人他事可以取代的，我有自己的主权，我可以选择不再是时间长河里卑微又短暂的存在，我能成就自己的奥秘。我喜欢姜涵老师上的课，她萃取历经时间证明的种种智慧、许多哲学家精彩的思想系统的精华，以平易近人却力道十足的方式讲授给学生，唤起我对自身的责任，更重要的是唤起我对自己的爱。

当哲学家的材料进入人的知识系统后,再次开启我更深更广的视野,我不仅更懂得自己到底在学什么,也透过学习后的实践改变自己的命运,最重要的是能精准地对应我活着的意义进而确立人生的使命。能学习到这样精采的智慧,我非常幸运,有多少人在脑海与心灵里失去准头飘荡不定,偶尔有一小点领悟却无法有材料能更深入地思考与全面的联结,以至于那一点心得一下子又被社会价值观弭平、同化。我也曾是这样,但我对这样的循环感到很恐惧,于是我跟老师学习,在人的架构上,延伸整合各种教材。哲学所提供的理性思考与洞察,让我能够依循思考的脉络来探索自我与事物的本质,打开认知介面的同时学习知行合一,有爱的知识也培养爱的能力,并能行使自我意志,拥有心灵上的自由与快乐。

学习很漫长,苦痛也不曾停止,当我想要成为自己时,同时必须面对脆弱、逃避、负面思维等过去遗留下来的足迹,边整顿人生,边重复遭遇相同的困境,直到有天长出些理性的能力,可以将价值观、信念、感觉、理想一一思考辨别然后选择,接受现实处境和自我撕扯的挑战。这件事没有考核没有成绩,但是攸关死亡来临时我是否活得有热情,对世界有所回馈与贡献,我让自己的存在有意义并实践永恒不变的价值,而幸福就在其中。

这世界荒谬异常,我们不知道却以为知道的误会扰乱人世间的价值观与原则,并在无知中将自己变为不真诚不重视品格的人,所以我们需要学习,透过优质的思想学习将自己的存在活得有价值,并在实践价值中超越人性的限制,进而展开生命的不同层次与阶段。我在姜涵老师教授八位哲学家的思想体系当中学习到更深层的"人的知识",我看重这些内容,关于爱、理性、自由、意义,因为我希望我可以不仅仅只是我命定的样子，更可以在努力且具体的实践中，创造出新的自己，一个离开虚无地带拥有灵魂的自己。

意志的选择

国家药师、马偕医学院学生张智翔（1986年出生）

数十年前，卡谬揭示了人类所处环境的荒谬，希望人们透过反抗、真正的自由以展现生命的热情，超越荒谬。如今，数十载过去，社会进步、环境变迁，然而荒谬却以更多变的面貌充斥在我们的生活、生命中，因为大多数人依然选择视而不见，甚至用"合理化"为荒谬套上仿佛可以被接受的外衣。

医疗，是我主动选择的志业、是我愿意用一生的心力去贡献的领域。因为对我来说生命中最重要的莫过于生、老、病、死四件大事，而在现今社会，大部分人这四件大事发生的场所皆位于医院当中，医疗扮演着至关重要的角色。但是荒谬在这个领域同样无所不在，曾经在台湾的医学系，如果你想要选择外科，就必须是全系名列前茅的顶尖学生，因为大家都同意外科是与性命最相关的科别，我们当然希望如果自己或是自己的亲人，在面对危及生命的疾病需要动手术时，是由技术最顶尖、最能站在病患角度思考的医师负责。然而现况却是全系成绩最差的学生，因为没有其他选择所以只好选择外科，不久的将来为我们性命把关的医师将是在学校中表现最差的学生，而那些表现最好的学生都争相进入风险相对最低的皮肤科、眼科等科别。

当然，许多人都会说这是环境使然，因为病人意识抬头、医疗纠纷直线上升、医师地位大不如前，正所谓人在江湖身不由己，这样的说法就是我之前所提到的合理化，回到一个基本的问题去想：当我们或是我们所爱的人面临疾病而导致危急存亡时刻，我们想依靠的究竟是谁？我相信每一个人都会想选择技术、能力最顶尖的医师。然而还是有许多人会尝试找许多理由，说服自己选择会造就自己所不希望的未来的道路，这就是荒谬。

真正面对荒谬应该具有的态度是张开眼睛正视这个荒谬，透过选择的自由去实践对荒谬及不合理的反抗，我们才有机会超越荒谬，此时所展现的正是生命的热情与力度，而这也正是沙特所说："你的生命是你所有选择的结果。"透过学习，我看见荒谬、面对荒谬，面对大环境想要改变谈何容易？因此我不放过一丝一毫的机会提升我的能力，我知道现在的我还可以更好，于是我有热情去完成那个更好的我，以便对自己有交代，能够无憾地死去。

学习卡谬让我能够面对荒谬，然而给予我面对各种困难的动力的，无疑是尼采的精神："所有杀不死我的东西，都让我变得更坚强！""当一个人知道自己为了什么而活，他就能忍受一切苦难！"与其抱怨我们身处的环境，甚至诅咒我们的命运，何不付出代价、想尽办法参与改变？我相信人真正的价值也是在此展现。我不是天才，一路上的学习满是辛苦，但我拥抱我的命运，我爱我每一个透过意志的选择，即使生命重复无限次，每一次我都会选择一样的道路，这是我确信我可以死而无憾的方法。

过程中，一直给予我指导与支持的是姜涵老师，老师教导我的不只是知识，更进一步要拿出意志去实践。每个人都得对自己的生命负责，唯有透过意志的抉择与实践才能真正实现价值，活出生命的意义。没有姜涵老师我大概就不会有机会去认识卡谬、尼采、存在主义，更不用说去遇见并且雕塑那个真实、我想成为的自我了。

爱人爱我

鼎爱讲师、经理、广播主持人林佳（1990年出生）

我是一个很感性的人，或是说我很善感。从小到大我在一个充满爱的环境成长，以前不明白这有什么特别，直到长大后我才理解父母与哥哥的爱为我的生命带来多大的力量。

在重新阅读姜涵老师（也就是我的母亲）的材料时，我受益良多也非常感恩，因为她真的就是这么相信着、这么实践，在日常生活中她坚定地实践善的价值，而且她给我们的爱充足又适当。我很感恩在生命的道路上能有这样的典范在前面指引我，因为她让我相信真诚究竟为何可贵，也让我在遇到许多挫折时透过想着前方的她是怎么渡过重重难关而继续前进。生命中很多抉择是困难的，但透过学习，我拥有了很多思考的材料：我想成为什么样的人？我该怎么做才能成为我想成为的人？

我的理想自我是"成为一个有能力爱人的人"。这看似困难又简单，但没有学习过的爱常常是"自以为"的，成长过程中，我因为太感性，很多事情想不明白，因而学习对我来说，有一点非常重要的就是"理性"的能力，理性让人可以分析、看懂很多事情，不再是陷在情绪中的本能反应。爱究竟是什么？"爱是让对方成为对方所是"，尊重是其中不可缺少的元素，我具体而深切地体会尊重为何重要，我的父母在教导我时非常尊重我，并秉持让我成为我所是的原则：我从小成绩很差，但待人很热情，他们从不因为我的成绩打压我，他们肯定我的特质，让我始终相信我的热情是我美好的一部分，也因为这样，我从来不因自己成绩不好而否定自己，这还让我在大学时因为选了适合自己的科系而有不错的成绩。

对我来说，我常常希望事情能有好的发展，或是能顺着我希望的方向发展，所以很容易支配他人或事情，但当我学习过后，我才理解这是多么的可怕——支配让一个人无法成为他自己所是，当我伸出手干涉的时候，对方原本的决定、样貌是什么我都不会知道。这与我的理想自我有严重的抵触，也因此我开始学习尊重一个人、尊重对方的心灵，给对方心灵的空间。我很珍惜这样的体悟，因为我知道没有学习过的我，是不可能理解这样的道理，更遑论成为我想成为的那个人。

在听姜涵老师分享时我很有体会，因为我们每个人就是亲身经历着这世界的一切，但是有没有意识？学习让我开始有意识、有所联结，透过学习这些材料，我觉得我一点都不孤单，因为许多前人也有过这样的烦恼、有过这样的省思。每一位哲学家在老师的分享下，都更靠近了自己些，存在主义不再是遥不可及的深奥思想，而是具体落实于生活中的重要观念。我喜欢姜涵老师，因为她非常努力，她从来不仗着自己懂了多少来教导我们，她面对自己的生命非常用力，当内心不安时勇于认错调整，并且她的反省从来不只在犯错时，而是为了更好，所以她不断学习、不断实践，更可贵的是她不吝于将自己的心血分享给我们，为的就是希望我们能因为理解，少走些冤枉路。

老师的分享常常让我不断咀嚼，因为一样的道理，随着自己的成长会带来不同的体悟，我很荣幸能学习到存在主义的材料，它让我不但开始意识自己的生命，同时让我看懂爱对我的意义，让我进一步想要实践、成为。学习之所以精彩，是因为我们多了许多可能，不再是经验式的经历后才学到教训，透过学习，我们可以正确选择、用心经营、努力实践，成为我们真正想成为的人；学习的精彩，也在于

"开始意识",意识自己的行为、想法与理想自我是否相符。

生命中的确困难重重,或许对很多人来说,20 多岁的年轻人哪能有多大的苦呢?我想说,我在二十岁时罹患红斑性狼疮,曾发病住院 20 多天,但我不害怕,因为学习、因为爱,我能勇敢地面对疾病,我知道我拥有什么,我也知道我想要什么,更重要的是纵使辛苦我仍愿意付出、愿意实践,因为爱就这么真实地推动着我——爱是推动生命的核心动力,我这么相信着。

从认识自身的限制,踏上存在之旅

国考生,毕业于实践大学应用外语系许智筌(1990 年出生)

去年跟姜涵老师学习存在主义哲学,其中有三位哲学家的理念让我很有感应,分别是提出"权力意志"的尼采、"界限状况"的雅士培与提出"当每个人都成为别人,那么就没有人成为自己"的海德格。

在还没学习存在主义哲学之前,我不会特别意识选择这件事与自己的关联在哪,而在学习哲学家尼采的权力意志的观念后,我理解到"选择的可能"得依靠意志力来驱动,才有办法逐渐贴近甚至成为理想自我。

雅士培的界限状况(特别是身体界限)则让我体会到:先天的缺憾依然得以在未来圆满。他有先天性的心脏疾病,仍勇敢克服先天身体上的限制而不逃避,同时想办法以规律、有纪律的生活度过往后的岁月,成为一位举足轻重的哲学家。

对照自身的例子:从小我就患有过敏性鼻炎,过敏会让我无法专注,严重一点会发展成鼻窦炎,我总得用力擤鼻涕才有办法好好顺畅呼吸。以前每当症状发作，我常常抱怨并用负面的态度问自己："为什么自己得承受如此不堪的痛苦？"看到别人开心畅饮冰凉的饮料、吃冰时，我得有所节制，即便如此，我却没有积极想办法改善过敏的情况，当时虽透过些许的运动与吃中药、西药来调整自己，但过敏的情形直到高中毕业都没有太大的起色。

上大学后我开始寻找、学习治疗过敏的方法，以运动为主、食物为辅，例如：配合呼吸长期甩手一百下、慢跑、拉筋、习武等来调整自己的体质。现在，过敏的情形偶尔才发作，持续的时间也大幅缩短，我比较能够与它好好相处，尽管病痛存在，但我不再以如此负面的态度面对了。

而海德格的这句话："当每个人都成为别人，那么就没有人成为自己。"则提醒我要更认识、看见和接受更真实的自己，而非一直羡慕他人的光彩。我切身的例子是：在学习的进程上相较于一般人，我的领悟力、反应都相当缓慢，看到身旁有不少聪明、反应快速，别有创意的人让我不禁羡慕他们的才华，隐约觉得自己不如他人，没有他人的才干，因此忽略自己既有的能力。长期的自我否定、负面思维让我没有自信、不喜欢自己，后来经过学习才意识到原来说穿了，我不够认识自己以及不能接受完整的自己：为什么要拿其他人擅长的项目来要求自己做得一样好？我也有自身的优点不是吗？愿意反复操作、练习得到的背诵、长期记忆的能力以及循序渐进、有耐心实践目标难道不是能力和优点？

最终我认为还是得回归自我，从认识自身的限制开始调整，别对未来的自己漠不关心而把自己当作陌生人一般栽培。现在的自己是过去的积累，而未来的自己则是在每个抉择当下透过意志力雕塑而成。存在先于本质，我相信提高自觉与意识，知道为何选择的自主行为会比纯粹顺从感觉、经验的选择更加洗练。现在，我已经在路上了。

抉择的体会

小牛顿科学教育编辑助理刘玟孜（1990年出生）

谈到存在，不免就会想到古代流传下来的一句话："人死留名，虎死留皮。"或许不论何种生物，都希望能够留下什么，以证明自己来过这个世界，因为我们都不想被遗忘。在这次姜涵老师带领的存在主义之旅中，我经历了一次身、心、灵的洗涤，从古希腊时期的苏格拉底到近代的卡缪，这些西方哲学家所体认到的关于存在的思想，经由老师的分享，让我发现原来它们也可以如此贴近生活，不再是遥不可及的概念，而是能够在日常中实践，更让我感受到自己活着，其中让我最有感应的是关于抉择的体会。

齐克果提到人生的三种绝望：不知道有自我、不愿意有自我跟不能够有自我，从中可以知道认识自我以及实践自我的重要。但自我是什么？我所认识的自己真的是真正的自己，还是我所以为的自己？而在认识自我这条路上，究竟我有什么？我能够成为什么？这些对我来说都是重要的课题。

在去年，我体认到接纳真正的自己的重要，那是我认识自己的重要转折点，一直以来，我会以我所希望成为的自己来看自己，甚至以为自己就是这样的人，但其实这是对自己的错误评估，甚至是一种骄傲。在犯错的时候，我会不想承担，甚至开始合理化自己的行为，以便让自己当下的感觉好过一点，但同时内心感到不安，我知道自己又以巧饰的方式来掩盖自己的错误，对别人不真诚，对自己不真诚，活在营造出来的虚假自我中，并渐渐开始自我疏离。我很难从容自在地面对内在的感受、想法，因为我已经不知道哪个是我真实的想法，只能把心思放在我要保护那个虚假的自己，仿佛那是我唯一能掌握的自己，即使他就像"虚像"一样，但我不能让他破灭，而心中的不安正对自己提问：这真的是我想要过的人生吗？

在没有为生命主动抉择以前，我都是以被动的姿态回应生命中所遭遇到的一切。有次主管希望我能在假日到公司加班，因为书展将近但工作进度落后，然而我已经在假日安排活动，我知道自己有身为员工的角色，但我又不想放弃假日所安排的事情，很平常的生活两难议题。以往，我可能就会被动地从这两个选择中选出一个答案，但当我主动回应这个两难时，我找到了第三方案，我打电话给我的主管，如实地跟他说明我的情况，同时也向他表达我愿意为我假日不能到公司加班承担责任，所以我想到在往后的日子中，我可以提早到公司完成工作，而我的主管同意了我的请求，最后我也心甘情愿地每天提早半小时到公司逐一完成工作。当我主动地回应生命的提问时，我才发现自己是有力量的，我是踏实地活着的。我喜欢这样的自己，这让我觉得自己跟自己是贴近的，因为我能为我的生命有所选择、有所承担。

去除遮蔽，与更好的自己相遇

德明财经科技大学流通管理系学生王羿静（1994 年出生）

海德格用真、善、美克服虚无主义，并特别指出必须要"去除遮蔽（包含自我中心）"。过去我会认为眼见为凭或者我听到什么就是如此，在与人互动上造成很多的误会。像是以前我有一次切水果，妈妈看到后便把水果拿过去且告诉我要怎么切，我跟她说我会，于是她就把水果给我让我自己处理。然而当我切完在洗水果刀的时候，她突然冲过来夺过水果刀来洗，这个举动让当时的我气炸了，原来我在她的眼中就是个小孩子！还是个连水果刀都不会洗的小孩子！我很生气且难过，整个人掉进情绪之中，一直回想刚刚的过程，越想越气，但我一边气也一边想为什么她会夺刀？没有一位母亲会平白无故这样做，此时内心有个声音浮现："母亲担心小孩"。在那之后我再次回忆当时的场景，不仅感受到情绪还听到了别的内容。

她夺下水果刀时说的是："小心！"她是担心我、爱我才这么做。而我要做什么前她都要抢过来先做一次，关于这点我想到以前我曾跟她说过："以前都没有教过我们，我们怎么可能突然什么都会？"妈妈调整了她的做法，她把我说的话听进去且放在心里，舍弃原本的方法，付诸实际改变。

愤怒又悲伤的眼泪停止了，一阵暖流从心底涌窜。拨开无法自拔的情绪，拿掉理所当然、妈妈就是爱找我麻烦的遮蔽之后，我看到的是妈妈对我的爱，妈妈会那样做是因为我，因为我之前的作为，就像沙特说："你的生命是你所有选择的结果。"这个结果也是我之前所做的选择累积而来的结果。所以我该气的不是妈妈把我当小孩看，反倒是要气自己为什么总希望别人把我当大人看，但又总是以忙碌或者是其他状况为借口，把该承担或能承担的事物推给爸妈，像是觉得自己很忙就不做家事，对很多事情都认为我现在没空，爸妈做就好。如此依赖还要父母把自己当大人看，若要成为个不让父母担心的大人，我就不能耍赖、任意地变换立场：这时候你们就要把我当大人看，那时候我是小孩喔！

唯有去除遮蔽，才能听到那些对方没说出口的话语，甚至是一些已经说出口但自己气到忽略的关键字，不然便错过了与"美"相遇的可能，也错过了反省自己的机会。

感谢姜涵老师也谢谢海德格、沙特，让我能有不同于学习前的思考，能拨开情绪，看见背后的美与背后的真相，我会再继续努力、意识自己的生活，谨慎选择与行动，让自己成为真正可靠的大人。

自主意志的力量

安侯建业联合会计师事务所审计员詹智傑（1991年出生）

参与了存在主义之旅的学习，我最重要的收获莫过于哲学家沙特提出的"存在先于本质"。人有自由选择自己该如何存在：选择要如何雕塑自己，选择要实践怎样的价值观来成为我的本质。

尚未学习这概念之前，我常会遇到这样的事情，举家中例子来说，过去父母吵完架后，往往会提到彼此争吵的原因来自原生家庭，或是觉得这是过去生活经验、现实处境造就出来的问题，没办法改变。这样的想法，让家里常会有没什么希望的氛围，发现每次吵的问题都一样，而且因为这些没办法改变，久而久之，我也受其影响，觉得那就这样吧，对于这些争执觉得消极无力，渐渐地漠不关心。

举自己的例子来说，过去的我负面思维很严重，很容易变得悲观、负面，当我遇到挫折，尤其是看到自己的缺点、意识到自己的黑暗面时，很容易就负面消极地觉得自己真的就是这样的人，觉得自己很可怜、毫无希望，一切都没办法改变。

但真的就是这样吗？在我学习过存在先于本质的概念后，我发现人会觉得没办法改变是因为他们没有意识到自己有抉择的力量，人们认为自己已经被原生家庭的教育、求学经历、社会经历甚至整个时代氛围所定型。确实这些都会在我们不经意下造就了我们的本质（像是个性、价值观等），但上天给了每个人最重要的礼物，也就是自主意志，它让我们得以自主地抉择，而这样的抉择透过实践，就如同环境给予我们的一般，也会渐渐形成我们的本质。

这样的概念带给我最大的感动是"希望"，当遇到困境、发现自己阴暗的一面或觉得一切都没法改变时，存在主义给了我希望，我可以随时重新做人，随时选择我要成为怎样的人！我们可以跳脱出悲惨负面的剧本，重新改写自己的命运，我能掌握自己的命运。当意识到这样的力量时，真令人感动。

好在父母和我一起参与"存在主义之旅"的学习，如今，争执还是会发生，过去很多习性也还残留着，但我们已经鲜少重提过去消极的宿命观点，而是会主动地思考我们可以怎样改变，我们家可以如何变得更好。这让我们家得以有转变的契机，我觉得很幸福，也很感谢老师的教导与能有这样的机运。

我怎么存在会形成我的本质，这背后更含有重大的"责任"。因为我们最终是善是恶都是自己选的，自己脱不了责任，尽管有些选择是不经意的，但也是因为我这样存在所以它成为我的一部分。这样的概念让我必须全面承担自己的生命，不能有任何的推诿与侥幸，它会让人严正地面对自我，而沙特也强调哲学家是竞技场中的战士，不再是一旁的观众，这代表我们要真正地走入战场之中，确确实实地为自己的生命奋战。

学习了这样的知识，让我感到这是一场至死方休的存在之旅，它不会随着课程结束而结束，而是跟着我们一辈子，我们要无时无刻都认真面对我们的存在，它让我们自由地成为我们想成为的，让我们开启生命新的篇章。

很感谢姜涵老师将这些过往哲人所思考出的道理教给我们，并让我们意识到自己可以成为自己的英雄。也很开心全家人能一起学习，彼此相互砥砺、支持，一起走向幸福。

接地气哲学

鼎爱工程部经理林文皓（1987年出生）

哲学，是我一直很难跨入的领域，原因是我就读的科系，并没有让我有机会能够接触它，而从技职体系出来的我，压根没有哲学的基础，我也从来没想过我会碰到它，当然更不会想到"哲学"对我有什么意义。可是不论到底有没有机会碰到哲学，我都会碰到"我为什么会在这里？""为什么我要存在在这个世界上？"这类的问题，而我在存在主义之旅中找到了入口。

先不论哲学带给我在知识上的进展，光是几句哲学家的名言，就足以振奋人心："没有经过反省的人生是不值得活的。""当一个人知道自己为什么而活，就能忍受一切苦难。"虽然还未想清楚这些话语背后真正的意思，但它们已经先在我心中注入一股能量，我希望我懂得反省，我希望我知道我为了什么而活，而这样在面对苦难时我是不是就有更多的勇气？在老师一次次的解释下，我才明白，我一直以为我会反省，但我实际上只有检讨，我懂得在事后找到问题、解决问题，可是真正懂得反省的人，是可以在发生问题之前，就先预想自己可能会遇到的困难，并基于对自己的期许提早努力调整自己，而在未来一一印证。

我不是一个擅长于反省的人，但是从老师的分享中我了解了反省的重要，我了解能够从反省中印证自己是透过选择来决定自己要如何活着，这便是一个人活着的价值。虽然过程很痛苦，必须要一次次面对自己的软弱、自己对于困难的被动、对于自以为是的错误认知，但是这并不只是为了别人，更是为了自己决定要怎么活在世界上而努力，这样难道还不值得我们去努力反省，努力去理解为什么要吃苦、接受痛苦，然后努力前进吗？

但是即便如此，我在进门之后，却也不一定能够如自己所想地实践，因为苦难并不是在知道原因时就结束了，也不是知道苦难的原因就可以欢天喜地地接受，而痛苦也会因此消失。在自己不懂得事情的轻重缓急，不懂得如何确实地执行之前，自己的所作所为往往会是一场空，花了许多时间并没有得到真正要的东西之外，甚至还会因此失去自己所看重的人事物，原因是自己所谓的看重，只是嘴巴上面说的，但没有真正实践到位。这时马塞尔的话语马上跳进我的脑海："是不等于有。"即便我做的事情是工程类型的，应该跟哲学八竿子打不着边，却在做事情的时候一个个得到印证。

然而我并不是真正听懂这些话的含意，或者我以为自己听懂了，但只有在第一层努力，而在话语背后更重要的精神跟内涵，则是我接触到却没有理解、知道概念却没有转化为生活中实践的，这也是我在存在主义之旅中很大的收获。如果真的像我所说，我这个人不存在，因为许多事情并不是我自己选择的，像是我过往不在乎自己是否存在，我只在乎别人要我做什么就做什么，大家满意就好……，然而即便如此，我在这样的情况下也依然做出选择，我选择了不选择自己，让别人来选择我，而这也造就了我，我依旧存在。这下可好，那时候听了讲座半年多，听下来差点搞得自己都不认识自己了，好在老师每次最后都有把哲学家真正要表达的意思解释清楚，我才比较容易知道我大概在哪个位置，而这也是重要的地方：生命的存在早就毋庸置疑，但是我们必须决定要带给自己的生命什么样的结果。

无论如何，本来在学院里探究的哲学，却在老师的话语提醒中，一个个在生活里找到它的位置；而我要面对的问题还很多，却也渐渐清楚知道问题是什么。

活出存在，我责无旁贷

台湾大学经济学双修会计学系古轩宇（1989年出生）

去年因为正在服兵役，很遗憾不能全程听姜涵老师讲存在主义，直到退伍后才能参加下半年的讲座。以前存在主义对我来说只是个概念，是曾经在高中历史课本上出现的名词，会将其主要精神与著名人物列为考试重点之一背诵，却跟我的实际生活没有太大的关系。直到听了姜涵老师讲课，我才终于明白，原来存在主义竟跟我自己如此密切相关。

过去我是个成绩还不错的学生，求学过程一路都很顺遂，然而我却很少去思考自己到底要什么，也很少主动为了自己在乎的东西去争取。我期许自己变得更好、更有能力，想要拥有幸福，然而在现实生活中，我习惯以分数、结果看事情，有多少能力做多少事，只要能达成同样的结果，过程能省则省。看似很实际，但其实这样的生命态度并没有使我成长，因为我在其中追求的并不是让自己提升，只是让自己安逸于现状，不想要做超出现有能力范围以外的事情，怕辛苦也怕麻烦。我希望有好的人生，却没有决心甘愿为了更好的未来接受磨炼与考验，没有即使吃尽苦头也要继续努力的意志力，于是我成为生命的投机分子，企图以微薄的付出换取匹配不起的美好结果。依卡缪的说法，我容许荒谬在我身上发生，并且任其侵蚀我对生命的热情，最终当我都不相信我自己的时候，我不知道自己还能要什么，也不相信自己能做到，全盘否定了自己的价值。最可怕的是，我对于自己正在一点点缓慢抹杀自己的生命没有自觉，心底深处似乎有某些东西在隐隐躁动，甚至有时会突然蹿出变得强烈，但是我说不清楚是什么，不知道问题在哪，只觉得自己内心越来越空，越来越感受不到自己的存在。

在我逐渐走向自我疏离与虚无的时候，姜涵老师教导我该如何把自己从中拉出来。老师让我明白，我之所以会越来越感受不到自己的存在，是因为我总是回避了内心良知的声音，因为贪求安逸而将对自己的期许抛诸脑后。我并没有真正为自己想要活出的样子而选择，因此我只活出了好逸恶劳的平庸人生，而不是真正想活出的自我。老师协助我看见，其实我的内心深处仍是希望自己不只是现在这样，我想要活出相信的正确价值观，想要成为真诚、正直的人，想要活得更有意义与价值，但若是如此，我就必须勇敢主动承担正确抉择所伴随的苦难，自发地认真面对每一件事，迎接更多考验来磨炼自己，而不能只是得过且过，被动地等到麻烦不可避免时才勉为其难地面对。我所相信的恒真价值，会因为我即使要吃更多苦也愿意坚持正确抉择而被彰显，也才能在我身上被我活出来。

我还在学习、调整，许多时候仍被情绪、欲望遮蔽，甚至在面对重要大事时都不够用心，造成对自己的耽误与对别人的伤害。但是如今不同的是，我知道如果要变得更好，要让自己真正存在，我是最责无旁贷该给自己力量的人，因此即便犯错，也要学会以健康的态度承担、反省，而非全盘否定地一味批判自己，沉溺于自我否定的泥淖中。正如沙特所说："存在先于本质。"我在每一个时刻里都可以决定我要成为什么样的人，不被过去的成长背景与经历所注定。

非常感激姜涵老师的教导。老师是我生命中非常重要的恩师，以身作则让我看见人格的高度与厚度。如果没有老师，我可能至今都仍在自我疏离与虚无的旋涡中不断耗尽生命，看似能在社会中自给自足，但只能将理想自我束之高阁，活在世俗评价中而无法拥有独立自主的人生。

伟大哲人的思想，只是我没有学到这些美好的事物能如何用在我的生活中，如何让我更有智慧与幸福，能有意义地存在且面对死亡。

而在向老师学习时，我发现哲学真正可以用在生活中，真正展现爱好智慧而带来的光芒与幸福，我看见哲学真正吸引人也真正吸引我的地方。我不只是喜欢思考，我更爱好因为学习、爱好智慧而活出生命的可能、意义与价值，活出人真正应该是的样子。虽然我们从虚无中来，也终将归于虚无，但我们仍能在虚无中绽放一瞬的火花，不仅如雅士培所说"刹那即永恒"，透过学习更能与永恒的道同行，体悟虚无中的究竟真实，经由抉择而真正、真实地存在——大概这便是存在主义哲学家们常常谈到的奥秘。

我很幸运能向老师学习存在主义哲学，学习如何存在，不是抽象、概念的存在，而是在每一天日常生活中真正"存在"，感受到自己经由抉择而活出自我、活出意义与价值，更明确感受到什么是"生命"，面对心中悬挂的死亡议题能坦然无惑。另一方面，我也很幸运能将在学校所学到的知识重新整理、消化，在老师贡献她长期学习与实践所积累出来的智能时，尽一份心力，而在这过程中，我也看见哲学的本质与根源，那便是对生命的热爱。

现在我从事律师工作，尽管以前我从未想过自己有这样的可能，然而这样一条路也是在老师的指导下所开展出来的；我看见了人世的更多面貌，接触到更多人；我不仅因为担任律师而理解哪些是人们所需、社会许可的法律服务，律师能为人贡献什么，也发现这些人如此需要哲学，需要存在的哲学来让自己安定，追寻幸福。虽然目前从事这个行业不到一年，但我已遇过几位家庭破碎而罹患忧郁症的人，也遇过几位执著于功成名就的人，还有因为亲身遭遇而有些以偏赅全、担心胜败而不自觉企图支配对方的人；他们如此需要这些知识与智能，然而他们却不自觉、不认为自己需要；而对与他们讨论、开会的我来说，若我未曾学习，那我自然会深受他们影响，甚至现在也罹患忧郁症，执著于名利胜败而愤世嫉俗，成为客户的奴隶，更遑论幸福了。幸好我有学习，幸好我能抉择；也许我还不算真的见过人世间的大风大浪，然而当再度以心中悬挂的死亡议题来衡量种种遭遇，那些烦恼与欲望犹如过眼烟云，而抉择存在让我俯仰无愧亦无惧。

实在很感谢老师，也很感谢存在主义哲学家，让我终于能坦然面对长期的挂念，认识人生的意义与价值，勇敢接受这终将一死却能活出人性尊严与契合永恒正道的一生。我相信《存在的幸福》能让更多人认识存在的幸福、抉择存在的幸福、拥抱存在的幸福！

致 谢

北京大学资深翻译家顾蕴璞教授

北京大学中国职业研究所陈李翔先生

社会科学文献出版社·皮书出版分社邓泳红社长、电子音像出版社顾婷婷社长、设计总监孙元明先生等贵人鼎力襄助

鼎爱文化：

牟君志助教完整的企划与执行

林侃执行长、卢东江执行长、许智媖主任、林佳老师、朱毓扬老师、林子豪、陈彦蓉等伙伴们，参与书稿整理；当然还有我的挚爱江峰一路上"为爱润稿"